Nuovi Saggi Bollati Boringhieri

106

Kate Marvel

Nove emozioni

La natura umana di fronte al pianeta che cambia

Traduzione di Leonardo Ambasciano

Bollati Boringhieri

Prima edizione ottobre 2025

Titolo originale *Human Nature. Nine Ways to Feel About Our Changing Planet*

Torino, corso Vittorio Emanuele II, 86
Gruppo editoriale Mauri Spagnol

ISBN 978-88-339-4101-1

www.bollatiboringhieri.it

Stampato da Rotomail Italia S.p.A. di Vignate (Mi)

MISTO
Carta | A sostegno della gestione forestale responsabile
FSC® C109190

Anno 2028 2027 2026 2025

Edizione 1 2 3 4 5 6 7

Indice

Nove emozioni

Nove emozioni

Per i miei ragazzi

Introduzione

«Mi contraddico, forse?
Molto bene, allora mi contraddico
(Sono vasto, contengo moltitudini)».
Walt Whitman, *Foglie d'erba*[1]

Un bel giorno d'inverno il mondo inizia a girare al contrario. Il sole sorge su New York, crepita debolmente a mezzogiorno, e poi si inabissa al di là dell'Oceano Atlantico. Gli alisei soffiano nella direzione opposta rispetto a quanto accade di solito, e le correnti oceaniche cominciano a scorrere al rovescio. La pioggia inizia a cadere sul deserto del Sahara e si ferma prima che possa raggiungere l'Amazzonia. Nel giro di un anno l'intera foresta tropicale va in fumo, lasciando come ricordo solamente una coltre di terra bruciata che presto si trasformerà in un nuovo deserto. La costa occidentale della Francia viene ricoperta da spessi banchi di ghiaccio. Nel Regno Unito, il discorso di fine anno con cui il re si rivolge alla nazione viene registrato in una capitale completamente ricoperta dalla neve. In Russia, al contrario, il clima si fa piacevolmente temperato; di lì a poco arriveranno sul mercato i primi vini prodotti nei vigneti siberiani. Tuttavia, solo i più fortunati potranno permetterseli; la maggioranza della popolazione ha già iniziato a migrare alla ricerca di cibo, acqua o di un posto sicuro dove vivere in questo nuovo e incerto futuro dove tutto sembra girare al contrario.

Il mondo non fa in tempo a finire che ne comincia subito un altro. Questo nuovo mondo ferve febbrilmente di attività per anni, decenni e secoli; poi, a un tratto, senza alcun preavviso, la terra comincia a tremare. Un'enorme eruzione vulcanica imbratta la stratosfera di acido solforico; lassù nel cielo questo composto chimico si cristallizza in un sottile particolato capace di bloccare i raggi solari. Il mondo intero piomba nell'oscurità. In alcuni luoghi piove ogni giorno per mesi interi. I raccolti marciscono, i prezzi delle derrate alimentari schizzano verso l'alto e tutti cercano qualcuno a cui addossare la colpa della catastrofe. I demagoghi fiutano l'aria e si fanno avanti con le loro bugie velenose, additando capri espiatori e promettendo di essere in grado di riportare tutto a com'era prima.

Un altro mondo ancora emerge dall'oscurità. Qui il clima cambia con il trascorrere delle stagioni e con il casuale e ritmico andirivieni dei venti e dell'acqua. I giorni caldi e quelli freddi si alternano gradevolmente, e le distese d'acqua sono tranquille a eccezione di catastrofi saltuarie. Eppure, tutto ciò non conta assolutamente nulla, perché questo mondo è disabitato e privo di vita; nessuno ne può godere e nessuno può intervenire per modificarlo.

Nuovi mondi nascono e si avvicendano senza sosta. Alcuni sono interamente ricoperti di acqua, altri non ne ricevono neppure una goccia. Ci sono pianeti ghiacciati che assomigliano a colossali palle di neve cosmiche e altri più caldi con oceani vastissimi e niente ghiaccio. A volte l'atmosfera che li circonda ha poco ossigeno, altre volte è priva dello strato di ozono, e altre ancora contiene gas capaci di intrappolare il calore che proviene dal pianeta sottostante. Questi mondi esistono fino all'inevitabile avvento di una temibile catastrofe: eruzioni vulcaniche che offuscano il sole, ere glaciali o cambiamenti repentini nella composizione dell'atmosfera. Esistono e resistono finché non decido che è venuto il momento della loro distruzione.

Tutti questi mondi hanno una caratteristica in comune: li ho creati io. Sono una climatologa e mi occupo di Scienze della Terra; in pratica, studio il pianeta usando modelli climatici fatti di equazioni e di righe di codice. Su questi mondi digitali in miniatura posso attivare eruzioni vulcaniche, interrompere la circolazione dei venti e fare girare il pianeta al contrario. Posso oscurare il sole e alterare la composizione chimica dell'atmosfera digitando semplicemente un paio di tasti sul mio computer. Non è difficile immaginare che questi mondi siano abitati; ogni giorno queste povere popolazioni devono subire l'ira funesta delle mie terribili decisioni. La cosa buffa è che non importa a nessuno delle mie azioni; dato che nulla di tutto ciò è reale, è impossibile provare tristezza, rabbia, o angoscia riguardo a eventi immaginari che hanno luogo esclusivamente all'interno del disco rigido di un computer.

Tuttavia, questi pianeti fittizi rappresentano il modo migliore che abbiamo a disposizione per comprendere il nostro pianeta com'è oggi e come sarà nel futuro prossimo. Da decenni gli scienziati fanno ricorso a modelli climatici per estrapolare i futuri possibili che ci attendono; oggi i cambiamenti correttamente previsti tempo fa sono sotto gli occhi di tutti. Non si tratta più solo di un'atmosfera digitale che si riempie pericolosamente di gas serra – qui c'è in ballo la *nostra* atmosfera; al posto di un pianetino digitale che va in fumo c'è il *nostro* pianeta che brucia. Il cambiamento climatico non è qualcosa che riguarda esclusivamente una sequenza di uno e di zero codificati all'interno di un elaboratore elettronico; al contrario, sta accadendo qui e adesso, e tocca da vicino tutti noi – io che scrivo queste righe e voi che le state leggendo. E in questo caso è del tutto inconcepibile restare freddi e impassibili.

Il legame causale tra gas serra e riscaldamento climatico è noto da più di un secolo; sapere che non abbiamo fatto praticamente nulla per smettere di produrli e di rilasciarli nell'atmosfera mi riempie di rabbia. Poi mi ricordo da dove provengono questi gas e mi sento colpevolmente complice. Avverto una profonda tristezza quando penso a tutte le cose che abbiamo perso. Ho timore dei disastri che so per certo che arriveranno. Provo orgoglio, sorpresa, speranza e amore quando penso a questo nostro bellissimo mondo. La lista delle emozioni in gioco è lunga.

Forse questo non è l'atteggiamento più appropriato per una scienziata. I ricercatori non dovrebbero essere perfettamente obiettivi, privi di emozioni e neutrali riguardo ai loro oggetti di studio? Io non riesco proprio a essere distaccata. Ho un chiaro conflitto di interessi riguardo alla Terra: qui è dove abitano tutti coloro che amo e a cui voglio bene. Eppure, temo che una simile confessione possa espormi al fuoco di fila dei critici e che in qualche modo possa contribuire a delegittimare la climatologia. C'è tutta una serie di persone disoneste pronte a utilizzare le mie parole contro di me allo scopo di dichiararmi emotivamente instabile e pertanto inadatta al ruolo di scienziata obiettiva. Mi ritrovo purtroppo a vivere in una società che ha a disposizione un intero vocabolario per etichettare le donne emotive, e nessuna delle parole in esso contenuto suonano come complimenti. Ciò nonostante, sono e resto una scienziata e ciò significa che sono sempre alla ricerca di dati nuovi e migliori. Agli scienziati non viene insegnato a ignorare elementi di particolare rilevanza. Pertanto, ritengo che dobbiamo essere onesti tanto con l'osservazione e la documentazione dei nostri stati d'animo quanto con le misurazioni pluviometriche o con il grado di umidità del terreno. Fingere altrimenti, far finta di non provare assolutamente nulla mentre studiamo il nostro mondo che cambia ci renderebbe solo dei gran bugiardi; e i buoni scienziati non mentono mai.

Ho scritto questo libro per tre motivi principali. In primo luogo, volevo condividere i metodi con cui la climatologia studia scientificamente il cambiamento climatico per mostrare a tutti ciò che sappiamo e come facciamo a saperlo. In secondo luogo, volevo spiegare come ci si sente a studiare in prima persona questi cambiamenti. Infine, banalmente, desideravo descrivere tutte le emozioni che ho provato durante le mie ricerche. Spesso, le storie che circolano sui media riguardo al cambiamento del clima sembrano spingerci verso una reazione emotiva ben precisa: panico, indignazione oppure disperazione. Personalmente, ritengo che non ci sia un unico modo «corretto» di sentirsi. Studio la Terra da anni e non penso ci sia bisogno che io vi dica che è un luogo alquanto complicato: vulnerabile e allo stesso tempo resiliente, meraviglioso e orribile. Come si può pretendere di ridurre un intero pianeta a un solo stato d'animo?

Credo che il sottotitolo di questo libro – *La natura umana di fronte al pianeta che cambia* – descriva bene lo stato del nostro pianeta. Gli esseri umani hanno modificato l'atmosfera, le terre emerse e gli oceani in modo talmente profondo che oggi non esiste più un solo luogo incontaminato sulla faccia della Terra. Il sottotitolo vuole anche essere una provocazione. Non credo esista alcuna «natura umana» intesa come repertorio di caratteristiche immutabili capaci di rendere inevitabile un certo esito. Il mondo è pieno di cose prive di emozioni i cui comportamenti predeterminati sono descritti dalle leggi della fisica e da equazioni valide ora e per sempre. Lo so bene perché quelle cose le studio da anni. Le persone però non possono essere costrette con la forza a entrare dentro queste equazioni. Un oggetto in movimento non si fermerà fintanto che la sua traiettoria non verrà alterata da una forza esterna, ma una persona in movimento continuerà a muoversi finché ne avrà voglia. Non esistono leggi fisiche capaci di stabilire con precisione il futuro degli individui e delle società. Gli esseri umani sono stupidi e cattivi, ma sanno anche essere brillanti, gentili e rispettosi delle regole sociali – e magari riescono persino a mettere in pratica queste qualità tutte insieme nel giro di un'ora. Proviamo rabbia, dolore, speranza, amore e orgoglio; ci sentiamo in colpa o intimoriti, ci sorprendiamo e ci meravigliamo. Infrangiamo le leggi e i nostri comportamenti sono difficili da prevedere, ma siamo gli unici in grado di dare forma al nostro futuro.

Genero un nuovo mondo. L'acidificazione dei suoi oceani ha soffocato tutte le creature marine, e i loro corpi galleggiano privi di vita sulla superficie delle acque. Le coste sono sommerse a causa dell'innalzamento del livello del mare. Le vaste distese dei deserti sono intervallate da alcune sparute foreste destinate a essere consumate dagli incendi. Il Mar Mediterraneo è quasi secco come il Sahara e la costa pacifica dell'America settentrionale oscilla tra siccità estrema e allagamenti. Il cielo è carico di anidride carbonica e di metano, e la temperatura continua a salire. È un inferno senza fine.

Decido di porre fine all'esistenza di questo pianeta da incubo e do vita a un altro mondo. La nuova creazione è di fatto molto simile alla precedente: ci sono ondate di caldo e siccità e allagamenti disastrosi che di norma avrebbero luogo grosso modo ogni mille anni ma che si ripetono ogni decennio. Il livello del mare è molto elevato. Tuttavia, dopo decenni di tentativi, gli esseri umani hanno finalmente smesso di rilasciare anidride carbonica e metano nell'atmosfera. La temperatura, ancora pericolosamente elevata, non sale più. Quello che ho di fronte è un pianeta che ha negoziato un nuovo equilibrio, che si è adattato alla nuova realtà e che è riuscito a venire a patti con una situazione a tutta prima spaventosa.

Un'ultima simulazione ci mostra un nuovo mondo – forse il migliore dei mondi possibili. Verso la metà del secolo gli esseri umani non solo hanno smesso di emettere anidride carbonica nell'atmosfera, ma hanno anche imparato a rimuoverne una piccola percentuale. Quasi ogni edificio e infrastruttura può vantare un'adeguata copertura di pannelli solari – strade, canali, parcheggi e persino aziende. Molta gente vive in città piene di spazi verdi. Ai margini delle zone urbane le foreste prosperano rigogliose. Non è comunque un mondo perfetto; è un mondo più caldo di quello in cui viviamo ora, con i mari che sono cresciuti di molto. Persino in questa utopia le condizioni climatiche ottimali che hanno accompagnato lo sviluppo delle civiltà umane sono andate perdute per sempre.

Ignoro quale di questi scenari abbia le maggiori probabilità di avverarsi. La scienza è chiara: finché gli esseri umani continueranno a emettere gas serra tagliando gli alberi e bruciando combustibili fossili il pianeta continuerà a riscaldarsi. La fisica ci dice che in questo modo i mari continueranno a crescere, le precipitazioni ad aumentare e i periodi di siccità a inasprirsi e a diventare più lunghi. Né la scienza in generale né la fisica ci dicono *come* ci dobbiamo sentire in merito. Non ci dicono nemmeno *cosa* decidere di fare. Il futuro è incerto, ma è il luogo dove sto mandando i miei figli, ed è un viaggio di sola andata. Ci penso ogni singolo giorno, e ogni volta sono sopraffatta dalle emozioni.

1.

Meraviglia

«Esci alla luce delle cose
Fa della Natura la tua nutrice».
William Wordsworth, *Il rovescio della medaglia*[1]

Il sole sorge sulla città ormai condannata. Fuori dai bastioni gli scheletri meccanici dei carri bruciati e le ossa eburnee di uomini e cavalli sono il ricordo di dieci anni di devastazione. Cassandra è in piedi sulle mura e cerca di dimenticare le visioni della notte appena trascorsa. Quando riesce a rilassarsi, Cassandra *vede* cose. La sua visione ricorrente riguarda la caduta di Troia: ha visto la sua famiglia sterminata, si è vista catturata e alla mercé dell'acheo invasore. Ha visto la sua stessa morte per mano della moglie dell'atride re dei prodi. L'unica magra consolazione è aver visto anche la morte del suo rapitore.

La mattina procede tranquillamente. I greci se ne sono andati e l'enorme cavallo di legno che hanno abbandonato sul posto non è ancora stato trasportato all'interno delle mura cittadine. Cassandra è a conoscenza dei piani dei perfidi greci e sa che questa non è altro che la quiete prima della tempesta. Socchiude gli occhi per un momento. Il futuro si infrange ai suoi piedi come una marea – caldo, salmastro e spietato. Vede i conquistatori, carichi del bottino strappato alla città deturpata, che salpano sulle onde del mare color del vino. Li vede perduti in un mondo di ninfe e mostri, un mondo ricolmo di una magia che essi non riescono a comprendere. Questi uomini, pensa Cassandra, questi soldati che si considerano degli eroi, non sono altro che dei deboli. Le raffiche dei venti si accompagnano a eterne bonacce, il mare si annoda in vortici spumeggianti e le tempeste spezzano le loro navi come fuscelli – e non sia mai che qualcuno di questi uomini riesca a comprendere cosa stia *veramente* succedendo.

Cassandra lo sa. Solo lei capisce la logica dietro al mondo, i fili invisibili che legano insieme gli oceani e i cieli. Per vedere il futuro occorre conoscere il presente a partire dal quale avrà origine il domani, e Cassandra si concentra su questa meravigliosa mattina troiana, assaporandola per un'ultima volta. Il sole ora è quasi allo zenit e Cassandra sa che il sole sorgerà domani e dopodomani e il giorno seguente ancora, fino a quando l'astro non avrà consumato tutto il suo carburante e ingoiato il mondo intero durante i suoi ultimi rabbiosi spasimi di agonia. Anche se trovasse qualcuno a cui raccontare queste visioni nessuno le crederebbe. Questa è la sua maledizione: avere sempre ragione ma non essere mai creduta. Apollo, il dio del sole, ha stabilito così. «Quello *stronzo*», pensa Cassandra, e per un momento le sue visioni la trascinano alla deriva. Ormai deconcentrata, Cassandra viene travolta dal futuro: il suo domani, quello della città di Troia e il destino del cielo e del mare. Avverte per un attimo il calore del sole sulla pelle – la banale luce di una stella qualsiasi in un giorno come un altro – e si lascia riportare al presente da questa piacevole sensazione.

Migliaia di anni più tardi, il sole del primo pomeriggio svanisce dietro un palazzo di New York e io non vedo più nulla. Di fronte al mio ufficio ci sono solo i mattoni a vista di un edificio molto più alto di quello dove lavoro io, e la luce che sgattaiola come un topo lungo la facciata e che attraversa le mie finestre è troppo debole per illuminare la stanza intera. Invece della luce naturale mi devo accontentare di una lampadina bluastra che emette i suoi tristi sfarfallii a fianco di una vistosa macchia d'umidità sul soffitto. Sulla mia scrivania trovano posto una pila di articoli scientifici, un computer, un mucchio di posta arretrata, riviste che non leggerò mai, questionari che ho dimenticato di compilare e la solita lettera che mi spiega, a caratteri cubitali, che sono stupida, cattiva o entrambe le cose. Getto la corrispondenza nel cestino della raccolta differenziata. Esco dall'ufficio e mi sorprendo di quanto tempo sia passato. È già buio? Inizierà a piovere?

Capire il *tempo* che fa oggi non è il mio lavoro. Il mio lavoro è comprendere il *clima*. Sono una scienziata, un'esperta della fisica dell'aria, dell'acqua, del ghiaccio e della terra e posso manipolare in tutta sicurezza queste variabili (e altre ancora) all'interno di pianeti digitali chiamati *modelli climatici*. In queste simulazioni vedo il futuro. Il computer mi mostra le ondate di calore, la posizione delle nuvole, le mappe delle coste erose dall'innalzamento del livello del mare. La temperatura sale, New York subisce allagamenti disastrosi a causa delle piogge violente e il Mediterraneo precipita in una siccità dalla quale non si riprenderà mai più. Un secolo intero trascorre così; un nuovo secolo comincia. Sul computer osservo la visione del mondo che verrà. In questa profezia siamo spacciati. Si tratta ovviamente di un terribile avvertimento, ma in fondo è quasi un miracolo.

Il paragone tra la mitica Cassandra e i climatologi come me è particolarmente incisivo. Vediamo chiaramente la tragedia che ci attende e cerchiamo di avvertire la società. A oggi sono disponibili sei esaurienti rapporti sul clima commissionati dalle Nazioni Unite e cinque Valutazioni sul clima della nazione promosse del governo degli Stati Uniti. Ogni volta ci mettiamo alacremente al lavoro, senza nemmeno essere pagati, e ogni volta la risposta dei media è la stessa. «Scienziati preoccupati dal riscaldamento globale»; «Scienziati angosciati dallo scioglimento dei ghiacci»; «Scienziati allarmati dall'aumento delle emissioni di CO_2»: in prima pagina vengono sbattuti sempre e solo gli scienziati, come se si trattasse di un problema riservato ai membri di questa categoria professionale. Come se tutti gli altri vivessero su un altro pianeta. E poi, una volta che lo scoop è passato, non cambia assolutamente nulla o, perlomeno, nulla che sia davvero proporzionato alla gravità della situazione. Gridare senza essere mai ascoltati, fare previsioni che non possono non avverarsi e mettere in guardia senza sosta la società per cercare inutilmente di evitare che il mondo sia avvolto dalle fiamme: questa è la nostra maledizione.

Tuttavia, il maleficio che ci condanna ha anche un altro aspetto ben più positivo. I modelli che utilizziamo per predire i pericoli che ci attendono ci mostrano anche meraviglia, gioia e bellezza. Guardare il futuro che si svela senza segreti di fronte ai tuoi occhi è qualcosa di semplicemente meraviglioso, ed è altrettanto stupefacente filtrare il mondo attraverso equazioni eleganti per ottenere qualcosa che è molto simile alle antiche profezie. Per comprendere però il futuro del pianeta occorre prima di tutto capire il suo presente: i tropici roventi e i poli ghiacciati, la risalita dell'aria carica di umidità lungo i versanti roridi delle montagne e la brezza leggera che spira dal mare in un giorno assolato. Occorre stare seduti e aspettare con calma che il mondo mostri i suoi segreti, sia quelli straordinari sia quelli più orribili, sintonizzandosi con precisione per percepire i deboli segnali dei futuri che verranno. La gravità che attira le stanche foglie autunnali verso il suolo è la stessa forza che fa girare vorticosamente il pianeta attorno al sole, e il movimento di ogni singola foglia che cade è la promessa messa nero su bianco del ritorno della primavera. Essere vivi ed essere in grado di percepire ciò che ci circonda è un dono senza pari. Noi scienziati siamo tra le creature più fortunate della Terra perché possiamo *sapere*. Come Cassandra possiamo *vedere*. Ma il punto non è tanto che Cassandra veniva regolarmente ignorata; il punto è che aveva *ragione*.

Anche noi abbiamo ragione. I climatologi non devono la loro capacità di vedere il futuro a un qualche folle essere celeste che ci avrebbe concesso il dono della profezia. Vediamo nel futuro perché è la fisica a permettercelo. Per una qualche ragione indescrivibile e stupefacente, l'universo è fatto di equazioni che sono valide in qualunque contesto: sulla sommità di un ghiacciaio, nel vuoto dello spazio siderale e nelle oscurità abissali dei mari più profondi. Risolverle significa poter capire perché il mondo è fatto così: perché piove, in quale direzione soffiano i venti, perché esiste la temperatura e perché quest'ultima sta salendo. La fisica è la cosa più simile alla magia che siamo stati in grado di elaborare.

I modelli climatici funzionano grazie a questa magia. Costruiamo i nostri piccoli mondi con una bacchetta magica fatta di equazioni, e impiliamo strutture man mano più complesse su solide fondamenta. Partiamo da una stella e da un pezzo di roccia, poi aggiungiamo un'atmosfera, ossia una colonna nel cielo all'interno della quale l'aria possa essere libera di salire e di scendere. Procediamo poi a espandere il cielo in ogni direzione per poter dare ai venti tutto lo spazio necessario affinché possano soffiare ovunque. Scaviamo delle buche profonde e le riempiamo di acqua salmastra per capire il comportamento delle correnti oceaniche. Il risultato di tutto questo paciugo di codici e di matematica è qualcosa di bellissimo e, soprattutto, di vero, che abbiamo deciso di chiamare *modello climatico*.

Ogni modello della Terra parte dal sole. I greci lo chiamavano Apollo; questo dio nutriva molti desideri, aveva abitudini sessuali alquanto problematiche ed era propenso a trasformare persone innocenti in cose. In fin dei conti a Cassandra è andata piuttosto bene. Avrebbe potuto essere trasformata in un arbusto, in un delfino o in una costellazione, un gruppo di flebili stelle lontane invisibili alla luce accecante del giorno. A ogni modo, il suo fato fu segnato nel momento stesso in cui Apollo si era invaghito di lei: nessuno sopravvive indenne a un incontro ravvicinato col sole.

Ora sappiamo che il sole è solo una stella tra un centinaio di miliardi di altre stelle della Via Lattea, la quale è a sua volta solamente una tra un centinaio di miliardi di altre galassie.[2] Il sole non sorge perché un uomo dalla bellezza abbacinante guida un carro dorato attraverso la volta celeste, ma perché ogni ventiquattr'ore la Terra ruota sul suo asse ed espone alla luce il suo lato prima avvolto dall'oscurità. Sappiamo che il nostro pianeta è inclinato su quell'asse e che, nel corso del suo viaggio intorno al sole, l'inverno giunge nella metà inclinata e lontana dalla luce. Dato che tutto è retto da rigide leggi fisiche, l'intero processo è banalmente prevedibile. Eppure, anche all'interno di un ordine categoricamente inflessibile c'è spazio per eventi strani e meravigliosi.

Se consideriamo le dimensioni delle stelle, il nostro sole è un astro di media grandezza, ma è abbastanza grande da poter risplendere con forza. All'interno del suo nucleo, la temperatura è così alta che le normali regole della fisica non si applicano più e le minuscole particelle cariche che dovrebbero respingersi si fondono invece nel miracoloso processo della fusione nucleare. Il sole è costantemente impegnato nell'attività alchemica di trasformazione della materia in luce, ossia in pura energia luminosa. Siamo fortunati a poter godere di una natura che ha già sistemato in questo modo il nostro angolo di universo: se il sole fosse alimentato a carbone si sarebbe già consumato molto tempo fa.

L'energia che si crea nel nucleo incandescente del sole impiega un tempo molto lungo per giungere fino a noi. Questa energia si muove alla velocità della luce, ossia alla velocità massima che si possa raggiungere nell'universo; tuttavia, anche i migliori velocisti rallentano quando si trovano davanti degli ostacoli, e al centro del sole di ostacoli ce ne sono parecchi. La luce si schianta contro i muri di gas incandescente che la imprigionano, rimbalza, va di nuovo a sbattere – e questo processo si ripete finché non trova un pertugio attraverso il quale può finalmente fuoriuscire. Una volta raggiunti i limiti esterni del sole ci vogliono circa otto minuti affinché la luce possa raggiungere i vostri occhi. Ogni infinitesimale frammento luminoso che scalda la vostra pelle in un giorno di primavera è il sopravvissuto di una battaglia durata centinaia di migliaia di anni per liberarsi dalla cattività solare[3] alla quale era stato condannato dopo essere stato generato da una reazione nucleare che ha avuto luogo prima della mia nascita, prima dell'avvento dei nostri antenati e prima ancora del sorgere della nostra civiltà.

Se la Terra fosse più vicina a questa fonte di energia luminosa, il pianeta sarebbe troppo caldo per poter ospitare qualsiasi forma di vita. Le temperature diurne su Mercurio, il pianeta del Sistema Solare più vicino al sole, raggiungono all'incirca i 425°C. Se al contrario siamo troppo lontani, come capita ai poveri e freddi Urano e Nettuno, allora ci troveremmo in uno stato di gelo perenne. Siamo fortunati a trovarci un po' come nella favola di Riccioli d'Oro, ossia nella giusta via di mezzo e a una distanza ottimale dalla nostra stella.[4] Ma non adagiamoci troppo sugli allori: una posizione congeniale alla vita non è abbastanza per rendere il pianeta vivibile. Infatti, sulla base della semplice distanza dal sole, la temperatura media della Terra sarebbe intorno ai −18°C. Troppo freddo perché si possa sviluppare la vita come la conosciamo.

Per capire perché la Terra è più calda di così dobbiamo sapere tre cose fondamentali. Innanzitutto, il sole risplende, ma anche noi risplendiamo. La fisica ci dice che tutto ciò che possiede una temperatura – in altri termini, *tutto* – emana la sua propria luce verso l'esterno. Gli oggetti caldi emettono più luce di quelli freddi, ma tutto risplende sempre e ovunque. Anche voi che state leggendo queste righe emanate tanta luce quanto una lampadina da 100 watt. Il pianeta sul quale viviamo emana luce: la riceve dal sole, si scalda e rilascia l'energia presa in prestito nello spazio.

In secondo luogo, il pianeta risplende in modo diverso rispetto al sole. Ciò avviene perché il modo in cui un oggetto emette luce dipende dalla sua temperatura. Un oggetto riscaldato emette infatti tipi differenti di luce in base alle varie fasi di riscaldamento: rosso, arancione, blu e poi luce bianca come quella del sole, ossia una combinazione abbagliante di tutti gli altri colori. I nostri occhi si sono evoluti per vedere ciò che viene emanato dal sole e che noi chiamiamo spettro della luce «visibile». Questo spettro va dal rosso più intenso e baritonale agli acuti assordanti dell'ultravioletto, più tutta la gamma variopinta che occupa lo spazio tra questi due poli. Tuttavia, nonostante la loro incredibile varietà, i colori che riusciamo a vedere non rappresentano che deboli note all'interno di una smisurata sinfonia cosmica. Là fuori si staglia un intero universo di luce invisibile, colori che sono più porpora della porpora a cui siamo abituati e rossi meno rossi dei nostri rossi. Questi colori restano invisibili ai nostri occhi e vengono irradiati da oggetti più freddi o più caldi del sole; la Terra, in particolare, emana ciò che chiamiamo luce «infrarossa».

La terza cosa che dobbiamo sapere è che noi esistiamo perché il cielo esiste. Mi spiego meglio: una frazione minima della nostra atmosfera consiste di molecole che assorbono luce infrarossa. Si tratta dei gas serra che sono naturalmente presenti nell'aria: vapore acqueo, anidride carbonica, metano e ossido di diazoto (noto anche come monossido di diazoto o protossido di azoto). Questi gas catturano la luce in uscita dal pianeta perché sono in grado di *ballare*. Quando queste molecole vengono colpite dalla radiazione infrarossa in fuga verso lo spazio, i legami che tengono assieme i loro atomi iniziano a vibrare trasformando l'energia-luce in movimento. Al termine di questa danza atomica la luce, finalmente libera, può andarsene in giro in ogni direzione. I gas serra sono in gran parte indifferenti alla luce visibile e permettono ai raggi solari che non vengono bloccati dalle nuvole o che non sono riflessi dai ghiacci di tornare indietro verso la superficie terrestre. Questi gas però bloccano la luce infrarossa emanata dalla Terra che se ne sta andando via verso lo spazio siderale e ne rispediscono una parte al mittente, riscaldando così la superficie del nostro pianeta. Il risultato di questi microscopici e frenetici balli è l'aumento della temperatura del pianeta.

Il nostro cielo è composto per la maggior parte da azoto e idrogeno, una coppia di molecole flemmatiche, ciascuna composta da due atomi, che è insensibile al fascino della luce infrarossa. I gas serra sono invece molto rari: la loro partecipazione alla composizione dell'atmosfera si attesta a meno dell'1%. Ciò nonostante, compensano la loro scarsità con una straordinaria abilità nel ballo. Se i gas serra non assorbissero e non reindirizzassero la luce infrarossa, il pianeta ghiaccerebbe; grazie a loro, invece, la temperatura media è all'incirca di 15,5°C.

Ecco quindi un modello semplicissimo per creare un pianeta abitabile: prendiamo una stella normale. Alla distanza di centocinquanta milioni di chilometri circa aggiungiamo una piccola roccia. Dopodiché non ci resta altro che allontanarci e osservare come avviene la magia. Il sole risplende, il pianeta cerca di restituire allo spazio la luce che ha preso in prestito e i minuscoli gas che ballano nell'atmosfera giocano a trattenere per un po' la luce che se ne va via, per poi rispedirne una certa quantità indietro verso la Terra. La temperatura sale e si stabilizza e la roccia continua a girare attorno alla sua mediocre piccola stella mentre tutte le storie che conosciamo hanno luogo sulla Terra.

Dedalo osserva gli uccelli che volteggiano sull'isola dove è tenuto prigioniero, immagina le ossa delicate sotto le ali e conta le piume che le ricoprono come piccole lame affusolate. Due giorni prima suo figlio Icaro, ormai un uomo, ne ha catturato uno e gli ha tirato il collo con le sue mani forti. Dopo l'uccisione, Icaro si era incupito e chiuso in se stesso, come se l'atto brutale nato dall'impulso di fare del male a un essere vivente lo avesse scioccato. «Dobbiamo mangiare», gli aveva detto suo padre. «Dobbiamo *andarcene via da qui*!», gli aveva risposto seccato Icaro, insofferente a causa della prolungata detenzione. Ed è in quell'attimo esatto che Dedalo, quasi come se avesse ricevuto un'ispirazione divina, seppe di colpo cosa dovevano fare. Di lì a poco, fecero la loro comparsa due paia di grandi ali – o, meglio, rami, bastoni e piume tenuti assieme con un po' di cera e lasciati ad asciugare in un cantuccio.

Quando sorgerà il sole, Dedalo e Icaro legheranno le ali alle loro braccia e, sbattendole in alto e in basso, si libreranno finalmente al di sopra del mare lucido e piatto come uno specchio. Il padre avvertirà il figlio di volare in basso, lontano dal calore del sole. Dedalo non vede il futuro; non ha né il dono di Cassandra né la sua maledizione. Dedalo non può vedere il cambiamento all'orizzonte, inevitabile come la condensazione del vapore in goccioline nelle nuvole più fredde e lontane. Non sa ancora – ma forse già lo sospetta, dato che è stato giovane anche lui – che suo figlio, inebriato dalla meraviglia del volo, si dimenticherà immantinente del suo monito. Non sa che Icaro salirà sfruttando le correnti ascensionali, che la cera che tiene insieme quelle imitazioni raffazzonate d'ali si scioglierà e che alla fine suo figlio precipiterà rovinosamente verso la Terra. Il domani cinico e baro trasformerà Icaro, il suo amato ragazzo, in un brutto esempio da non seguire, nel perenne avvertimento contro chi, per troppa spavalderia, intende avvicinarsi eccessivamente al sole. Povero Icaro, povero Dedalo. È una storia terribile. Ma non è vera – non può esserlo.

Tutti sanno che non è vero che più si sale più fa caldo: le cime delle montagne più alte sono infatti fredde e spesso innevate. L'atmosfera diventa più fredda con l'altitudine: più in alto si vola, *minore* è la probabilità che le vostre ali di cera si possano sciogliere. Questo dato è una delle informazioni più ovvie e forse meno interessanti tra tutte quelle relative al nostro pianeta, ma se facciamo attenzione possiamo trovare meraviglie nascoste anche nelle informazioni più banali. Come avviene con le ali posticce di Dedalo, l'aria più fredda è ciò che permette alle cose di volare.

Quando la luce solare scalda la superficie della Terra, l'aria calda si sposta più in alto, galleggiando sopra l'aria più fredda come una cucchiaiata d'olio in un bicchiere d'acqua. L'aria diventa più fresca man mano che si allontana dal suolo più caldo. Se salendo questa incontra aria ancora più fredda, continuerà a salire, ma se si trova circondata da elementi più caldi affonderà e si troverà a scendere verso il suolo. La temperatura del cielo che la circonda governa il sollevamento e l'abbassamento dell'aria, rendendo possibile predire ciò che succede quando l'aria che sale si avvicina al sole.

Perché è importante sapere cosa succede in questi casi? Perché l'aria che sale trasporta con sé una sostanza invisibile ma stupefacente, nonostante non possa godere di alcuna proprietà straordinaria. Anzi, è proprio la sua banalità a renderla unica. Parliamo dell'acqua, praticamente perfetta per un pianeta come il nostro. La variazione delle temperature alle quali l'acqua passa da uno stato a un altro è la norma sulla Terra. La sua abilità mutaforma rende questo composto chimico un viaggiatore instancabile capace di sentirsi a casa negli angoli più remoti del pianeta. L'acqua può farsi dare un passaggio verso il cielo sull'aria che sale, fluire come un liquido sulla terra e chiudersi in se stessa in un blocco di ghiaccio. Nella sua forma gassosa è capace di ingabbiare il calore con un'efficacia senza pari: il vapore acqueo concorre da solo quasi alla metà dell'effetto serra naturale che rende il pianeta abitabile. Come se ciò non bastasse, l'acqua sa perfino ballare.

Quando l'acqua cambia forma, l'energia cambia proprietario. Ogniqualvolta l'acqua subisce un passaggio di stato (liquido, solido o gassoso) il calore viene preso dall'ambiente circostante oppure viene rilasciato nell'ambiente. L'evaporazione, per esempio, raffredda una superficie perché preleva energia per trasformare un liquido in un gas. Questo è il motivo per il quale il nostro corpo suda nei giorni più caldi, nella speranza che l'evaporazione porti via con sé energia termica dalla nostra pelle surriscaldata. Questo meccanismo è talmente efficace che persino il pianeta intero «suda» quando fa caldo. L'evaporazione è il processo grazie al quale acqua e calore vengono trasportati dalla superficie terrestre al cielo tramite le correnti d'aria calda.

Nell'alto dei cieli l'aria si raffredda, rilascia il vapore acqueo e si condensa in nuvole composte da goccioline liquide e cristalli di ghiaccio. Alcune di queste goccioline si coagulano in palline gonfie che vengono spinte di nuovo verso la superficie del pianeta dall'insindacabile forza di gravità. In pratica, la pioggia è sudore di vecchia data: la superficie del pianeta suda sotto il sole, il sudore impregna il cielo con il suo vapore invisibile e un bel giorno, quando le condizioni sono giuste, quel sudore cade nuovamente sulla Terra.

Il primo autentico modello climatico moderno bilanciava radiazione (luce) e convezione (moto) e riduceva il mondo intero a una singola colonna di cielo.[5] Il modello riusciva a spiegare che l'aria calda sale e che, raffreddandosi, trasforma il vapore che reca con sé in nuvole e pioggia. Era inoltre in grado di dimostrare che i Tropici sono molto piovosi perché l'aria calda sale e rilascia la sua umidità, e che i deserti dovrebbero trovarsi di norma nelle regioni subtropicali perché su queste ultime gravano masse calanti d'aria calda. Grazie a una singola colonna atmosferica, quel modello climatico poteva creare spesse nuvole cariche di tempesta e piatte distese di plumbei stratocumuli. In buona sostanza, ci diceva ciò che Icaro avrebbe dovuto provare nel suo volteggiare sempre più in alto e sempre più lontano dal suolo terrestre.

Nel 2021 Syukuro Manabe, il co-creatore di quel pionieristico modello climatico, vinse il premio Nobel per la Fisica.[6] Tutti i climatologi con i quali ho parlato quasi si commuovono di fronte a un simile riconoscimento, e io non faccio eccezione. Il premio Nobel viene solitamente assegnato a chi ha svolto studi dalla portata inimmaginabile su elementi talmente esoterici da non essere mai nemmeno contemplati nella vita reale. Il riconoscimento istituzionale che è stato attribuito a Manabe significa aver finalmente riconosciuto che anche le più banali esperienze quotidiane possono celare sorprese meravigliose. Dopo aver premiato quark, buchi neri e materia oscura, finalmente c'è un premio Nobel anche per la pioggia.

La fisica è spesso descritta come qualcosa di freddo, clinico e noioso – in pratica, l'antitesi di ogni buona storia che si rispetti. Il racconto alquanto ingenuo di Icaro si scioglie come cera al sole se riletto alla luce delle conoscenze della fisica. Io penso però che ci sia qualcosa di meraviglioso nel conoscere i meccanismi che stanno dietro alla realtà del mondo, come ad esempio sapere che il raffreddamento dell'aria legato all'aumento dell'altitudine sta dietro alla formazione delle nuvole e della pioggia. La realtà è una tela magnifica per dipingere storie e, se devo essere sincera, io la preferisco a qualsiasi mito. Mi pare uno scambio equo: perdiamo certamente una bella favola con tanto di morale finale, ma guadagniamo un mondo intero di nuove possibilità, di futuri possibili e di lieti fine.

La fisica del mondo reale ci dice che mentre Icaro sale l'aria si fa più sottile e più fredda. È impossibile rimanere in quota lassù per più di pochi secondi, e il ragazzo allora sfreccia via lontano, tuffandosi in una corrente d'aria fredda e riscendendo nel tepore confortevole del mondo quaggiù. Sente il vapore invisibile presente nell'atmosfera che si raffredda e si trasforma in goccioline che risplendono iridescenti alla luce del sole. Con la rapidità di un rapace, Icaro spiega le ali e cavalca il calore di una corrente ascensionale. Osserva l'oceano screziato dai filamenti consumati di nuvole bianche come il cotone, i candidi cumuli torreggianti e l'incudine piatta dei cumulonembi che scintillano lontani. Non c'è nulla che non abbia mai visto milioni di volte, ma questa volta è davvero unica. Il ragazzo fa un cenno al padre e gli sorride, indicandogli la terra che ora si intravede all'orizzonte. «Guarda laggiù, papà!», dice, prima di ascendere un'ultima volta sulla scia del vento gelido, fino a quando, stanco, umido e senza fiato, ridiscende piano in vista dell'atterraggio. Una volta poggiati i piedi sulla solida terra, Icaro si disfa felice delle ingombranti ali di cera.

Ho iniziato a lavorare sulla climatologia nella prima metà degli anni dieci del nuovo millennio, quando ho deciso di usare l'esperienza maturata durante il mio dottorato in Fisica teorica per cercare di risolvere quelli che ritenevo essere problemi più urgenti. In particolare, mi affascinavano le grandi domande essenziali che si potevano esplorare con i modelli climatici. Si tratta di questioni tanto imponenti quanto disarmanti nella loro semplicità: cosa succederebbe se la Terra iniziasse a girare al contrario? Cosa succederebbe se sul pianeta non ci fossero terre emerse ma soltanto oceani? Cosa succederebbe se il vento dovesse finire?[7] Quest'ultimo in particolare era stato il mio primo oggetto di ricerca nell'ambito, e rimasi di stucco quando appresi che nessuno si era mai preoccupato di trovare una risposta in merito. Il tema era estremamente attuale. In quei giorni di facili entusiasmi futuristici, la possibilità che qualche azienda tecnologica decidesse di investire i guadagni del boom digitale in fantatecnologie come generatori eolici installati su aquiloni progettati per volare nelle correnti a getto non era poi così remota. A essere del tutto sinceri, di primo acchito non si trattava nemmeno di un'idea così strampalata. Molto al di sopra della superficie terrestre esistono rapidi fiumi d'aria che potrebbero, in teoria, essere sfruttati per generare un'energia costante. Nessuno però conosceva quali ricadute sul clima avrebbe potuto avere una simile operazione; non era così improbabile che risucchiare questi torrenti atmosferici in piena per soddisfare la nostra insaziabile fame di energia avrebbe potuto rallentare la circolazione atmosferica e così facendo modificare il clima. Volevo saperne di più: il vento è una risorsa rinnovabile oppure no? Tanto per cominciare, dovevo capire l'origine da cui provengono i venti.

Dopo la guerra di Troia, nel bel mezzo delle decennali peripezie che costellano l'*Odissea*, l'eroe greco Odisseo (meglio noto come Ulisse) approda sull'isola di Eolo, il dio dei venti. Il dio convoca Zefiro, la brezza gentile che soffia da ponente, perché soffi e gonfi le vele dei greci che vogliono fare ritorno a casa, dopodiché consegna a Odisseo un otre chiuso con un filo d'argento in cui egli aveva preventivamente racchiuso tutti gli altri venti. «Odisseo», gli dice il dio, «ricorda di liberarli una volta giunto a destinazione». Una notte, però, i compagni di viaggio di Odisseo aprono l'otre convinti che il dono di Eolo nasconda tesori inimmaginabili. Finalmente liberi, i venti furiosi per la prigionia subita soffiano con forza e spingono la ciurma sventurata di nuovo verso l'isola di Eolo. L'equipaggio contrito fa mestamente ritorno da Eolo. «Ci puoi aiutare di nuovo a fare ritorno a casa?», lo implorano. «Neanche per sogno!», gli risponde questa volta il dio contrariato. Gli uomini di Odisseo erano davvero degli idioti: tutti sanno che l'aria *odia* essere confinata e che una volta rinchiusa e sotto pressione questa troverà sempre un modo per sfuggire alla reclusione.

I fisici chiamano questa «cosa» che accelera l'aria e la fa muovere *forza di gradiente*. Come i venti rinchiusi dentro all'otre, l'aria non vuole fare altro che fluire da zone ad alta pressione a zone di bassa pressione; la pressione dell'aria varia a seconda del calore irradiato dal sole, che non è identico ovunque. La nostra stella risplende ai Tropici in modo uniforme, ma nelle regioni polari fa capolino solo in certi periodi. L'aria calda e umida sale dall'equatore e scorre verso i poli fino a diventare abbastanza fredda e densa da colare a picco. Nel corso della sua discesa, l'aria ora raffreddata preme fortemente sulla superficie e obbliga in questo modo l'aria sottostante a farsi da parte. Quando invece sale, l'aria rimasta nella regione sottostante corre a riempire il vuoto che si è venuto a creare. Ciò significa che il vento è in pratica il risultato della distribuzione diseguale dell'energia solare.

Le dinamiche dei venti necessitano però di un modello climatico più complesso. Costruire un modello che permetta di far piovere significa creare un'elevata colonna d'aria atmosferica e guardare l'acqua che si condensa, evapora, sale e cade. Questo l'aveva già fatto Manabe quasi sessant'anni fa. Tuttavia, per costruire un modello capace di rendere conto delle dinamiche dei venti occorre fornire loro una direzione verso la quale soffiare. Ciò significa che occorre da un lato ampliare il modello alle tre dimensioni, e dall'altro costruire e allineare più colonne d'aria a nord, sud, ovest, est, una accanto all'altra. Spingere giù una colonna equivale a far scorrere l'aria alle altre colonne adiacenti; ridurre la pressione in un'altra vuol dire attirare altra aria verso di essa. Questa griglia tridimensionale permette all'aria di fare molto di più di salire e scendere; ora può soffiare.

Per avere dei venti realistici c'è inoltre bisogno che il mondo giri. L'aria desidera calma e tranquillità, ma queste sono caratteristiche particolarmente difficili da reperire su un pianeta in movimento costante. La Terra gira sul suo asse e noi le andiamo appresso. Il movimento del pianeta fa sì che le correnti d'aria vengano deviate verso il levante nell'emisfero boreale e verso il ponente in quello australe. Potete provarci voi stessi: cercate di disegnare una linea diritta su un mappamondo sferico da scrivania capace di ruotare su se stesso e osservate cosa succede. Se la vostra linea si trova in una qualunque regione a eccezione dell'Equatore, questa si incurverà mentre il globo ruota. La deviazione è il risultato della cosiddetta *forza di Coriolis*, che in realtà non è propriamente una forza come lo sono la gravità, l'elettricità o il magnetismo; è semplicemente ciò che capita quando si prova a fare una cosa qualsiasi su un mondo che ruota incessantemente sotto i nostri piedi.

La forza di gradiente e la forza di Coriolis riconoscono la complessità strategica di questa situazione e firmano un armistizio precario che permette la generazione di tutti i venti del mondo, sia quelli tempestosi sia quelli più placidi. Quando si formano piccole sacche di bassa pressione, l'aria corre verso di loro; tuttavia, l'aria viene deviata dalla rotazione terrestre prima che possa raggiungere la sua agognata destinazione. Più velocemente si sposta l'aria, più marcata sarà la deviazione. Nell'emisfero boreale le spirali d'aria si spostano in senso antiorario attorno a una piccola regione di bassa pressione; se ci spostiamo a sud il movimento procede in senso orario. Se la pressione è molto bassa, l'aria scorrerà molto velocemente e la deviazione provocherà un vortice molto forte. Questo è il modo in cui si formano gli uragani e ciò spiega anche la loro rotazione vorticosa.

Le stesse forze dettano il movimento dell'atmosfera su scale ancora più grandi. Se la Terra non ruotasse l'aria salirebbe dai Tropici verso i poli, scenderebbe e poi farebbe ritorno al luogo d'origine. Non ci sarebbero venti occidentali né venti orientali ma solamente correnti gemelle di aria che scorrono dai poli verso l'equatore. Tuttavia, dato che il pianeta gira, l'aria che sale dai Tropici viene deviata nel suo viaggio verso i poli e viene invece indirizzata verso le zone subtropicali. Qui l'aria scende e si scalda, mentre l'umidità che contiene permane sotto forma di vapore acqueo; si tratta di zone troppo calde perché il vapore acqueo possa condensarsi e trasformarsi in pioggia. È a queste latitudini che si trova la maggior parte dei deserti del nostro pianeta. La Terra che ruota devia l'aria sottostante in fuga dalla schiacciante pressione esercitata verso il basso, e così si creano gli alisei. Nei pressi dell'equatore l'aria sale di colpo senza soffiare orizzontalmente, e con il mare abbonacciato i marinai più sfortunati si trovano seduta stante immobilizzati su una distesa di calma piatta.

L'aria polare scende verso l'equatore alla ricerca di luoghi più caldi; nel corso del suo tragitto si scalda e comincia a risalire. Nella parte più alta dell'atmosfera, l'aria che sale viene incanalata all'interno di rapide impetuose note come correnti a getto. Queste ultime scorrono sempre da ovest verso est perché questa è la direzione della rotazione della Terra sul suo asse. Zefiro, il vento occidentale noto anche come vento di ponente o espero, è placido solamente in apparenza: otto chilometri più in alto lo zefiro soffia con forza costante e la sua velocità è solitamente al di sopra dei centotrenta chilometri orari. Un volo di linea diretto partito da New York impiega all'incirca dieci ore per raggiungere la Grecia, ma il viaggio di ritorno dura un'ora in più. Il motivo sta nelle correnti a getto: nel primo caso abbiamo un vento a favore che spinge nella direzione giusta, nell'altro si è costretti a viaggiare faticosamente controvento. Ogni compagnia aerea che voglia pianificare razionalmente i percorsi e i tempi di volo deve prendere in considerazione questi dettagli e calcolare le condizioni del futuro a partire dai dati che esistono nel presente.

Dato che non ho poteri divini e che non sono onnipotente, non mi è concesso di cancellare con un colpo di spugna i venti del mondo intero solo per condurre un esperimento. D'altra parte, l'ufficio universitario che si occupa di etica e di integrità della ricerca non mi permetterebbe di farlo nemmeno se ne avessi davvero la capacità. Quello che invece posso fare è ritirarmi nei confini immateriali del mio modello climatico digitale. Come una divinità malvagia, inizio a riempire la corrente a getto di miriadi di turbine invisibili per prosciugarla in modo graduale. Le turbine fanno la loro comparsa nel flusso dell'aria, e iniziano subito a soffocarla con la loro azione. Mi accingo allora a collocare ancora più turbine, e osservo la corrente che arranca fino al totale collasso. Senza i venti capaci di trasportare messaggi dalle diverse aree del globo terracqueo, il clima smette di essere mutevole. Dove piove, le precipitazioni non finiscono più; dove non piove, non pioverà mai più. Il risultato è un vero e proprio disastro. Ecco finalmente la risposta: c'è un limite naturale alla quantità di energia eolica che possiamo usare.

Per fortuna, questa calamità si è verificata solo quando ho raggiunto un livello di estrazione energetica colossale, abbastanza da soddisfare l'intero fabbisogno mondiale di energia centomila volte di seguito. È realistico pensare che le terribili conseguenze che ho potuto osservare all'interno del mio modello non avrebbero mai luogo nella realtà del nostro mondo; gli effetti sul clima erano infatti praticamente irrilevanti per qualunque ragionevole scala di sfruttamento dell'energia eolica. Il punto però non è tanto la previsione in sé; nessuno, infatti, stava minacciando di estrarre quantitativi esorbitanti di energia eolica nel mondo reale. Ciò che mi riempiva di stupore era piuttosto il fatto di essere in grado di comprendere le dinamiche dei venti. Sapevamo in quale direzione i venti avrebbero soffiato, conoscevamo le loro velocità medie e quanto potessero essere affidabili e costanti. Capire perché i Tropici fossero così umidi e perché i deserti fossero tanto aridi era alla nostra portata; allo stesso modo, potevamo ricostruire i vortici delle tempeste alle medie latitudini e le pigre bonacce. Potevamo osservare i venti che legano insieme le più diverse regioni del mondo, portando novità da terre lontane e bagnando l'entroterra con l'acqua proveniente da lande straniere. Dato che avevamo colto il presente nelle sue molteplici sfaccettature, potevamo ora progettare futuri potenziali, ipotetici o persino quelli più folli.

Soddisfatta del mio lavoro, ho rimosso quelle turbine invisibili dall'atmosfera del mio modello climatico. Ho osservato l'aria risalire dai Tropici verso i poli. Ho guardato le aride regioni subtropicali riprendere vigore e ho immaginato i deserti ai loro piedi. Lassù, in alto nell'atmosfera, l'aria si raccoglieva e si muoveva seguendo le rotazioni del pianeta, addensandosi nuovamente e fluendo in possenti fiumi celesti. Più sotto, gli alisei si muovevano disegnando curve mentre il pianeta continuava a ruotare sul suo asse. Il mio mondo digitale aveva ripreso a seguire le leggi dettate dalla fisica ed era di nuovo integro, pronto per affrontare il suo futuro.

Agli dèi piace creare scompiglio di quando in quando. Apollo fa regali indesiderati mentre Zeus fa i capricci, lancia saette e molesta donne e ragazzi. Quando però si tratta di colpire un'intera civiltà nessuno è in grado di tenere testa alle bizze di Poseidone. Non c'è nulla che Poseidone ami di più che creare sconquasso: gli basta agitare appena le acque perché la gente di superficie cominci a dare di matto. Questi si mettono a pregare, implorano gli eroi perché li aiutino e iniziano a sacrificare qualunque cosa capiti a tiro pensando possa essere gradita al dio irato. Tutto ciò provoca lo sdegno della moglie del dio, che non perde tempo a gridargli dietro ogni volta che la corrente trasporta le carcasse di cavalli e bestiame, ormai gonfie e smozzicate dai pesci, all'interno del loro palazzo sottomarino. «Cosa ne facciamo adesso di tutto questo scempio?», gli domanda stizzita. Una volta gli abitanti del mondo di superficie avevano addirittura incatenato una principessa a uno scoglio. Persino Poseidone aveva trovato questa scelta alquanto bizzarra. Alla fine, il dio permise a un eroe di intervenire per salvarla, e non è difficile immaginare che il valoroso paladino non abbia mai smesso di vantarsi della sua prodezza per il resto della sua breve vita.

Per ottenere l'immortalità gli uomini devono compiere imprese folli. Gli dèi non ne hanno bisogno. D'altronde, se sei una divinità il tempo scorre molto più lentamente. Isolato nella sua dimora tra gli abissi, Poseidone è spesso in ritardo: ci vogliono anni perché le informazioni riescano a raggiungere le oscure profondità degli oceani. Capita che Poseidone origli qualcosa che lo sprona ad affacciarsi al mondo di superficie, ma quando finalmente emerge scopre che i diretti interessati sono già tutti morti. Deluso, Poseidone si rituffa tra le onde, e prima di inabissarsi si gira un'ultima volta a osservare la luce delle costellazioni che scema tra i flutti per poi sparire del tutto. Le stelle intanto continuano a brillare incuranti sopra il mare notturno, immortalando le storie di antichi eroi dimenticati da tempo.

Tutta l'acqua del reame di Poseidone è nata nelle stelle. Quando una stella di grandi dimensioni esplode, le sue interiora vengono scaraventate nello spazio, dove vengono riciclate per creare nuove forme e nuovi esseri viventi. L'ossigeno rilasciato nella prima di queste esplosioni si è combinato con l'idrogeno presente nell'ambiente, e il risultato di questa unione è stato la prima acqua. L'acqua che si è venuta a creare dopo una sequenza di esplosioni simili è stata trasportata sulle superfici ghiacciate di comete e meteore per poi giungere fino a noi. Ciò significa che l'acqua presente sulla Terra è più vecchia della Terra stessa.[8] Probabilmente è persino più antica del sole. Tra cinque miliardi di anni, quando il sole avrà consumato tutto il suo carburante, la nostra acqua verrà trasportata via nelle profondità dello spazio siderale, pronta a nutrire pianeti che non sono ancora nati.

In principio, la Terra neonata era così bollente che l'acqua trasportata da quelle rocce vaganti veniva trasformata immediatamente in vapore acqueo, il quale finiva sospeso nel cielo nascente. Gli oceani erano ancora di là da venire, ma mentre il pianeta si raffreddava anche il vapore si raffreddava e si condensava. Fu così che ebbe luogo il temporale primordiale, che ben presto si trasformò in un vero e proprio diluvio: tre quarti del pianeta furono completamente allagati. Gli oceani provengono dal cielo.

Da allora, il mare e il cielo non hanno mai più interrotto i loro contatti. L'oceano assorbe e trattiene il calore del sole; inoltre, mitiga il clima delle regioni costiere perché l'acqua è molto più lenta della terra ad accumulare o rilasciare calore. Ancora, l'oceano è una fonte praticamente illimitata di acqua che rende possibili nuvole, pioggia e neve. I mari sono governati dalle stesse leggi fisiche del cielo: galleggiano, sprofondano, si muovono e girano. Questi movimenti aiutano l'oceano a spostare calore, sale e umidità in tutto il pianeta. Nessun modello del clima terrestre sarebbe completo senza un oceano: le altissime colonne atmosferiche che abbiamo visto in precedenza estendersi verso l'alto vanno quindi fatte sprofondare tridimensionalmente anche negli abissi per permettere all'acqua di risalire, sprofondare e scorrere. Il mare e il cielo, uniti da un legame indissolubile, danno forma al mondo in cui i venti soffiano e la pioggia cade, rendendo così possibile la vita sulla Terra.

Quando i venti costanti soffiano sulla superficie del mare creano correnti che girano seguendo il moto del pianeta e che si infrangono sulle rive delle masse continentali. Il risultato di questo continuo flusso e riflusso circolare sono i grandi vortici oceanici. Tra questi vale la pena ricordare il vortice nord-atlantico, i cui confini occidentali coincidono con la corrente del Golfo, un fiume di acqua calda e salata che si muove verso nord e che è capace di coprire in un solo giorno tra quaranta e centoventi chilometri, portando con sé il calore del Golfo del Messico nell'Oceano Atlantico. Dall'altra parte del mondo la corrente detta Kuroshio trasporta le calde acque filippine verso Taiwan e il Giappone. Finché la Terra continuerà a girare e i venti a soffiare queste correnti continueranno a esistere.

Sotto la superficie i cambiamenti avvengono con molta più gradualità. Il rinnovamento delle acque profonde è lento e negli abissi la circolazione oceanica diventa un grande nastro trasportatore azionato dalla continua risalita e dallo sprofondamento delle masse d'acqua. Le acque di superficie viaggiano verso nord fino a raggiungere l'Artide, dove alcune si induriscono fino a trasformarsi in una spessa banchisa. Le acque artiche che rimangono libere dal ghiaccio sono più salate e gelide, due caratteristiche che le rendono particolarmente pesanti. Queste acque sprofondano inesorabilmente nel freddo oceano polare, andando così a premere sulle acque profonde e obbligando queste ultime a scorrere altrove. L'oceano profondo è un fiume di ghiaccio mancato che si trova a suo agio nell'oscurità abissale e che scorre verso sud, ignorando i luoghi più caldi per raggiungere il Polo Sud. Le acque che circondano l'Antartide si muovono verso est e, dato che non trovano alcuna terra emersa a ostacolarle, si chiudono a formare un anello gelato. Una volta giunte laggiù attendono che le turbolenze e i mari in tempesta le riportino in superficie. Alla fine, l'acqua viene nuovamente a galla e riprende la sua incessante migrazione attorno al globo. Questo processo, determinato da temperatura e salinità, è noto in oceanografia come *circolazione termoalina*. Per completare il suo viaggio di andata e ritorno dagli abissi oceanici, l'acqua impiega almeno un millennio. L'oceano è profondo e sa come mantenere a lungo i suoi segreti. Nelle oscurità pelagiche il tempo scorre in modo diverso.

Il tempo è proprio ciò che sta dietro alla differenza tra *clima* e *condizioni atmosferiche*, o meteo. Per fare previsioni meteorologiche non abbiamo alcuna necessità impellente di conoscere ciò che cambia con così tanta lentezza, come nelle profondità oceaniche. Abbiamo giusto bisogno di misurare in modo accurato le condizioni atmosferiche attuali. Se abbiamo a disposizione abbastanza dati sul presente, la fisica ci dirà senz'altro ciò che sta per accadere. Il trucco è quello di raccogliere le informazioni giuste e di tenersele strette finché non interviene il caos del mondo là fuori a sconvolgere tutti i piani. Le previsioni meteorologiche sono eccellenti se riferite a ciò che accadrà tra un paio d'ore, buone per quanto riguarda il tempo che farà tra qualche giorno e quasi del tutto inaffidabili dopo una settimana.

Il *clima*, invece, è la media a lungo termine del meteo, ossia l'insieme delle condizioni generali che stanno alla base delle condizioni atmosferiche attuali. Anche il clima cambia naturalmente ma, a differenza dell'immediatezza del meteo, la scala del cambiamento climatico si misura in milioni di anni. I processi colossali che accompagnano questi cambiamenti sono i movimenti delle placche tettoniche, le oscillazioni nell'orbita della Terra e i mutamenti della circolazione termoalina. Il meteo contrassegna l'esperienza dei miseri esseri umani; il clima è materia degna degli dèi.

Per comprendere il clima, dobbiamo prima capire le forze che dominano il mondo. Non basta conoscere solo l'atmosfera; occorre aggiungere anche gli oceani. Nessun modello climatico può dirmi con sufficiente accuratezza quale sarà la temperatura di New York alle dieci del mattino tra due anni esatti. Però so che, con ogni probabilità, in estate il tempo sarà caldo e afoso mentre in inverno sarà freddo e grigio. Il clima di New York è determinato dai venti prevalenti, dalla presenza di un'intera massa continentale a est, dalla composizione chimica dell'atmosfera e dalla lenta circolazione oceanica nella porzione di mare adiacente alla costa. Questi sono tutti elementi che cambiano in modo estremamente lento, tanto che nell'arco di una vita umana non dovrebbero subire alcun mutamento significativo.

I modelli climatici che utilizzo quotidianamente mi dicono perché il mondo è così com'è. Mi dicono che è sferico, è pieno d'acqua, gira ed è scaldato dal sole. L'aria sale dai Tropici caldi e umidi e scende sui deserti subtropicali; durante la sua discesa preme sulla superficie, obbligando l'aria sottostante a spostarsi verso zone di bassa pressione. Il mondo gira al di sotto dell'aria che si sposta, la quale a sua volta viene deviata per incanalarsi negli alisei. I venti soffiano sulla superficie del mare, mettendo in moto l'acqua al confine tra cielo e oceano. L'acqua obbedisce riluttante, rallentata dalle sue increspature ribelli e inclinata dal mondo che gira. I vari strati del mare al di sotto del pelo dell'acqua vengono trascinati anch'essi dalla corrente di superficie. L'acqua piove sull'oceano ed evapora facendo ritorno al cielo. Questi sono i punti fondamentali. Al nostro modello possiamo anche aggiungere ulteriori livelli di complessità: gli scontri vorticosi tra l'aria calda che sale dai Tropici e l'aria gelata che scende dai poli, i confini continentali delle terre emerse, le montagne e le foreste che espirano nuvole dense. Ancora, le città, le automobili le fabbriche – e voi che state leggendo queste righe.

Ora però le regole forgiate esclusivamente dalla fisica nel corso di innumerevoli eoni stanno cambiando. In questa storia si sono fatti largo nuovi personaggi, strane entità refrattarie alle leggi della fisica ma che restano tuttavia alla mercé delle loro conseguenze. Sono elementi minuscoli ma potenti, capaci di modificare il cielo sotto il quale vivono. Questi personaggi possono pensare, provare emozioni e leggere. Questi personaggi siamo *noi*.

Per creare il modello di una divinità c'è bisogno di tempo, di creta e di una minima comprensione delle caratteristiche fisiche degli dèi. Prometeo non solo aveva tutte le carte in regola per condurre l'operazione a buon fine, ma nutriva anche l'ambizione di dare vita a qualcosa di utile. Eccolo quindi dare forma a un braccio di argilla, non abbastanza forte da poter scagliare un fulmine ma capace comunque di imitare in modo realistico i movimenti di un braccio divino. All'arto aggiunge una gamba d'argilla in grado di correre come farebbe quella di un dio, solo un po' più lenta. Una testa un po' deforme viene unita a un petto macilento, e gambe e braccia vengono saldate a questo corpicino bizzarro. In men che non si dica Prometeo si ritrova con un certo numero di questi esserini che cozzano goffamente tra di loro, si arrabattano e si producono in stravaganti interazioni. Lo spettacolo diverte gli dèi che ridono del risultato degli sforzi di Prometeo. «Guardate», sghignazza Apollo, «quella creatura mi assomiglia!». Per baloccarsi, il dio chiama a gran voce quel minuto giocattolino. L'essere guarda in alto e inciampa, abbagliato dallo splendore del sole, provocando così le grasse risate degli dèi.

Prometeo però si sta lentamente affezionando alle rozze e pugnaci imitazioni degli dèi che ha creato. I loro nuovi comportamenti, la maniera in cui si riuniscono in gruppi e si separano e il modo in cui si ostinano a intraprendere nuovi e inaspettati percorsi lo affascinano terribilmente. Ben presto comincia a provare pietà per loro. Prometeo vede lontano – secondo Esiodo il suo nome significa letteralmente «saper prevedere» – ma decide perlopiù di ignorare i suoi pensieri. Non ha alcun senso prevedere il futuro, riflette tra sé e sé Prometeo, se tanto non si farà nulla per cambiarlo. Non pensarci gli rende più accettabile fare le scelte che ha deciso di fare.

Non c'è bisogno di essere dei chiaroveggenti per sapere che rubare il segreto del fuoco a quegli dèi spietati e vendicativi non può non avere conseguenze terribili, ma Prometeo decide di farlo ugualmente, evitando per quanto possibile di pensare alle eccentriche punizioni che costoro escogiteranno. A ogni modo, per ora nessuno presta particolare attenzione, e accendere una fiaccola di nascosto si rivela un'operazione fin troppo semplice. Non c'è tempo da perdere. Prometeo mostra agli esseri umani come raccogliere la legna secca e come impilarla; subito non succede nulla, ma non appena le fiamme cominciano a crepitare tra i rami e i legnetti la folla di creature si lascia andare in un sussulto generale fatto di stupore e meraviglia. Gli esseri umani cercano di rimanere in riverente silenzio ma il fumo finisce nei loro occhi e provoca loro una tosse inarrestabile. Prometeo allora li accompagna lontano e, con la sua pazienza divina messa a dura prova, evita che alcuni tra i più incoscienti maneggino i tizzoni ardenti a mani nude. Pensa che questi esserini gli siano grati per il suo dono; li vede cucinare la carne e stare al caldo durante l'inverno, e col tempo gli esseri umani capiranno anche come sfruttare la magia del fuoco per muovere le cose e per creare nuovi oggetti. Prometeo sa però che tutto ha un costo; a volte sospetta che lo sappiano anche quelle creature.

Gli esseri umani danno fuoco alle cose da moltissimo tempo. Con un po' di legna, di calore e di ossigeno si ottiene una reazione chimica capace di produrre energia, vapore acqueo, cenere e anidride carbonica. Ma dalla combustione non si ottiene energia *nuova*. Un tempo quel legno era un albero vivo che catturava la forza del sole e la usava per crescere. Quando va incontro alla sua morte tra le fiamme, il legno restituisce l'energia solare che aveva preso in prestito. Per questo motivo bruciare la legna riscalda le nostre case e cuoce gli alimenti. Abbiamo bruciato legna per migliaia di anni; a volte ci siamo accontentati di raccogliere i rami caduti per terra o i tronchi di alberi già morti, altre volte abbiamo abbattuto intere foreste. Di recente, però, le cose sono cambiate in modo radicale.

Il mondo è molto, *molto* più vecchio di quanto non lo sia la nostra specie. Tanto tempo fa il sole risplendeva su un pianeta che brulicava di vita. Le piante sintetizzavano lo zucchero a partire dalla luce solare, gli animali si nutrivano delle piante e, quando questi ultimi morivano, i resti dei loro ultimi pasti rimanevano sigillati all'interno dei loro stomaci. Con le giuste condizioni ambientali quegli esseri diventavano fossili, e sono questi fossili che oggi utilizziamo come carburante. Quando gli esseri umani riesumano ciò che resta di quegli antichi cadaveri e li bruciano non fanno altro che liberare le ultime tracce della luce solare dei primordi. I corpi rinchiusi nelle profondità della terra vengono ora trasformati in luce, calore e movimento – assieme al miasma invisibile dell'anidride carbonica. Con questa energia abbiamo fatto cose meravigliose e cose terribili. Abbiamo costruito città scintillanti dove risuona il ronzio di macchine prodigiose e la nostra vita è diventata più lunga e più confortevole di prima, ma ora siamo anche capaci di ucciderci con un'efficienza senza pari. Nel frattempo, i residui di tutte queste attività permangono invisibili e privi di odore nella nostra atmosfera.

Il vapore acqueo non è il solo gas serra a riscaldare il pianeta; anche l'anidride carbonica intrappola il calore. Parte dell'anidride carbonica è di origine naturale. La sua presenza nell'atmosfera è necessaria non solo per alzare la temperatura della Terra a un livello ottimale per la vita, ma anche perché le piante e il plancton ne hanno bisogno per crescere, e noi a nostra volta abbiamo bisogno degli esseri viventi che sfruttano l'anidride carbonica per nutrirci. Purtroppo la combustione – che ha luogo quando bruciamo cose per ottenere energia – rilascia anidride carbonica. E noi abbiamo bruciato un'*infinità* di cose.

La stessa fisica capace di spiegarci il motivo per cui il pianeta possiede una certa temperatura ci dice anche perché quest'ultima sta salendo. Lo stesso modello che spiega perché piove ci mostra il motivo per cui le precipitazioni aumenteranno man mano che il pianeta si surriscalda. Lo stesso modello che ci illustra il movimento delle correnti oceaniche ci fornisce motivi sufficienti per temere che quelle stesse correnti potrebbero rallentare o interrompersi del tutto. Non è facile essere una climatologa al giorno d'oggi e assistere in prima fila al terrificante spettacolo di un futuro imminente. Questo è il prezzo che si paga per vedere il mondo così com'è realmente, in tutta la sua meravigliosa bellezza.

Nessuno scienziato può vedere chiaramente ciò che il futuro ha in serbo per il nostro pianeta. Abbiamo ancora molto da imparare sulla fisica di questo mondo complicato. So come si comportano terra, ghiaccio, acqua e aria se presi singolarmente, ma non conosco tutte le loro modalità di interazione e, a dirla tutta, non ho nemmeno idea di come si comportino gli esseri umani da soli o in gruppo. I climatologi non possono predire il futuro della Terra come se fosse un modello climatico digitale. Sono in grado di fare previsioni più o meno devastanti, ma non posso evitare che queste si avverino (certamente non da sola). Tutto ciò che mi è consentito fare è dirvi le cose che so e sperare che vi emozionino e che smuovano le vostre coscienze. Come Prometeo, anch'io ho scoperto qualcosa di meraviglioso da condividere con voi. Ciò che sceglierete di fare con questa conoscenza sta soltanto a voi.

Gli antichi dèi greci hanno attraversato i millenni per giungere fino a noi. Dapprima i loro nomi furono trasformati nel latino dei conquistatori, poi finirono disintegrati assieme alle rovine dell'impero per assumere i tratti del francese, dello spagnolo e dell'italiano. Alla fine, i teonimi sono stati tradotti in precisi termini scientifici grazie ai telescopi e ai satelliti. Ricordiamo i nomi dei padri e dei loro figli: Saturno, Giove e Marte. Di questa famiglia di sociopatici impenitenti ricordiamo anche zie, zii, fratelli e sorelle, tutti violenti e riottosi. I pianeti che ne portano i nomi non sono dei buoni pianeti. La bellissima Venere, dea della sessualità e della schiuma del mare, è una roccia sterile e soffocata dall'anidride carbonica. Plutone, sovrano dell'oltretomba e signore della morte, non conta nemmeno più come pianeta.[9] Se foste in grado di arrivare su Giove, il re degli dèi non solo si rivelerebbe un pallone gonfiato pieno di gas, ma anche un ciarlatano tutto fumo e niente arrosto, privo com'è di solida terraferma. Sareste comunque schiacciati dalla sua atmosfera e il suo calore vi scioglierebbe mentre i residui delle vostre viscere sprofonderebbero per centinaia di chilometri in un oceano di idrogeno liquido. L'atmosfera di Giove è agitata da tempeste che durano secoli e che da lontano appaiono come giganteschi brufoli rossastri sul volto del pianeta. Possiamo predire come si comporterà una tempesta gioviana, siamo in grado di tracciarne la traiettoria e abbiamo le capacità per stimare dove andrà a finire. La fisica che ci racconta il nostro futuro predice infatti anche il futuro di *tutti* i pianeti – non solo quelli del nostro sistema solare.

Ciò che conta però è *qui* dove siamo ora, ossia l'unico pianeta dove il futuro esiste perché delle creature viventi possano farne esperienza – il pianeta delle terre emerse.[10]

Ritorniamo ora con uno sforzo di immaginazione a Troia. La canicola comincia a farsi largo tra la mite brezza mattutina. La rugiada brilla sui pochi e deperiti ciuffi di erba per morire in fretta sotto i colpi inferti dal caldo. La giornata sarà calda e terrificante, ma al calar della sera l'aria fresca si sbarazzerà dell'acqua che porta con sé e cospargerà nuovamente il suolo di liquide perle trasparenti. Cassandra non potrà assistere a questo spettacolo; questa notte avrà ben altro a cui pensare. Ciò che vede ora è la rugiada che svanisce nel nulla, sollevata verso il cielo e trasformata a quelle altitudini gelate in una coltre di nuvole.

Gli uomini che questa notte la prenderanno come ostaggio credono che al di sopra delle nuvole vivano gli dèi che controllano il mondo. Credono in incantesimi e maledizioni, in oracoli capaci di predire il futuro, in metamorfosi capaci di mutare gli esseri umani in maiali e le donne in ragni. Per costoro non esistono leggi di natura ma solamente gli editti volubili e arbitrari promulgati con pugno di ferro da uomini potenti. Gli assalitori e gli assediati, i re e i saggi – tutti riescono a vedere il futuro solamente quando questo si palesa di fronte ai loro occhi come la luce del mattino. Solo Cassandra ha visto le cose come stanno e come saranno. Cassandra non ha rimpianti; anche se si è trattato di qualcosa di privato da custodire in segreto, anche se ciò che ha visto è qualcosa di tragico e di maledetto, conoscere la verità è stato comunque meraviglioso.

2.

Rabbia

«"Non smettere di essere arrabbiata, piccola Meg", sussurrò la Signora Cosè. "Presto avrai bisogno di tutta la tua rabbia"».
Madeleine L'Engle, *Nelle pieghe del tempo*[1]

È il 2019 e fuori è una bella giornata di maggio. O, almeno, credo, dato che sono chiusa in una stanza da quattro ore con il condizionatore al massimo. Indosso l'unico completo che ho, un vestito nero da quattro soldi comprato in un centro commerciale quando avevo sedici anni. È un abito ridicolo che mi stringe troppo e che mi lascia in un bagno di sudore. Non riesco a non pensare a come debba apparire il mio viso; posso solo sperare che riesca in qualche modo a trasmettere un'autorevolezza e un'imparzialità degne di una scienziata. A dirla tutta, non mi sento per nulla imparziale. Do un'occhiata ai miei appunti e poi rivolgo lo sguardo al podio dove uomini e donne vestiti con abiti ben più cari dei miei si avvicendano uno dopo l'altra, impegnati come sono a prepararsi per il momento in cui dovranno parlare di fronte alle telecamere. Ho fatto il mio discorso di apertura; ora tocca a loro pormi le domande che ritengono opportune. Mi sono preparata anch'io e sono pronta: «sì, è vero»; «sì, siamo noi»; «sì, le cose sono messe male»; «sì, sono sicura». Ogni tanto qualcuno mi chiede di ripetere la mia risposta perché venga messa agli atti, anche se in generale i politici non sembrano granché interessati a ciò che dico. Se devo essere sincera, io stessa fatico a trovare la mia testimonianza professionale particolarmente significativa. Sono cose che sappiamo tutti benissimo. O, almeno, che tutti *dovremmo* sapere benissimo.

Ora è il turno di un deputato repubblicano, che si lancia in una celebrazione dell'energia a carbone e delle trivellazioni petrolifere per difendere lo status quo economico. Subito dopo un democratico legge una banale dichiarazione in cui esprime in modo superficiale le sue preoccupazioni mentre sta evidentemente pensando a cosa mangerà a pranzo. «Ma basta!», trasecolo tra me e me, «state un po' zitti tutti!». Ciò nonostante, faccio uno sforzo per rimanere il più educata possibile e mi limito a esternare la mia disapprovazione esclusivamente nella mia testa. È chiaro che questi politici non vogliono sapere proprio niente da me. Allora comincio a pensare ad altro, e resto sorpresa dall'intensità del mio monologo interiore. Eccomi qui, seduta dove altri climatologi si sono seduti prima di me. Tutti abbiamo detto praticamente le stesse identiche cose. La storia di questa baracconata senza senso, benché incredibilmente lunga, si può riassumere più o meno così: gli scienziati scoprono qualcosa di rilevante e qualcun altro, che non possiede alcuna credenziale in merito, pretende di voler dimostrare che in realtà non abbiamo scoperto proprio nulla. Quindi, mi ritrovo ad ascoltare controvoglia esattamente ciò che i miei predecessori hanno sentito prima di me: le bugie, gli inganni, la disinformazione e le *stronzate* più assurde. Sono arrabbiata, *arrabbiatissima*. Qui dentro non voglio metterci piede mai più in vita mia.

Agli scienziati viene richiesto di essere prudenti nei riguardi delle loro emozioni. Viene loro suggerito di adottare un'obiettività imparziale che li renda capaci di ergersi al di sopra dei preconcetti più beceri, dei sentimenti e delle ideologie politiche, fino a raggiungere un livello di moralità altrimenti negato alle persone normali. Personalmente non credo proprio che fingere di non provare nulla quando veniamo ignorati, screditati o insultati possa davvero aumentare la nostra credibilità. Mentire a riguardo delle nostre emozioni difficilmente ci rende più onesti. Allora, ecco qua come mi sento: sono fuori di me. Il cinismo, le bugie e l'avidità dei potenti mi rendono furiosa. Provo una collera senza limiti quando mi tocca ascoltare le solite trite frasi fatte e le falsità ripetute a pappagallo da persone che sembrano essere più intelligenti di quanto in realtà non siano. Mi irrita il modo in cui vengono trattati i miei colleghi scienziati. E vado fuori di testa quando vedo come i margini di incertezza impliciti nel metodo scientifico vengono completamente travisati e distorti fino a farli diventare qualcosa di intrinsecamente malvagio. È vero che gli scienziati non sanno tutto ma, Dio santo, come vorrei gridare che non è vero che non sappiamo niente!

Sul sito web dello Heartland Institute, un centro studi in gran parte finanziato dalle industrie dei combustibili fossili, possiamo leggere una dichiarazione rassicurante.[2] La quantità di anidride carbonica nell'atmosfera è minuscola: si tratterebbe, secondo il centro studi statunitense, di appena 420 parti per milione, ossia meno dello 0,05%. Tutto il resto dell'atmosfera *non* è anidride carbonica, quindi siamo a posto! Come possono infatti tracce infinitesimali di anidride carbonica avere un qualsiasi effetto sul clima del pianeta?

Si tratta di un'argomentazione fallace tanto facile da individuare quanto impossibile da controbattere efficacemente. La leggo quotidianamente sui social media e la sento dalla viva voce del pubblico che interviene alle mie conferenze. In questi casi, resto umile e mi comporto in modo educato: non vorrei certo suggerire al mio pubblico di mandare giù un *pochino* di arsenico perché possa finalmente capire che effetto fanno certi elementi chimici presenti in minime *tracce*. Tuttavia, quando queste conferenze si rivelano particolarmente pugnaci, ho bisogno di due o tre bicchierini di whisky per riprendermi. Il mio tasso alcolemico aumenta di appena *qualche punto decimale*, eppure le mie inibizioni crollano e la mia capacità di giudizio si riduce drasticamente (ma mai così tanto da farmi diventare una negazionista climatica). Persino lo scienziato meno sobrio al mondo è in grado di capire senza problemi che l'anidride carbonica scalda il pianeta. Non l'abbiamo mica scoperto ieri.

Nel 1856 Joseph Henry presentò una relazione in occasione dell'incontro annuale della American Association for the Advancement of Science («Associazione Americana per la Promozione della Scienza»). Il suo intervento si intitolava *Circumstances Affecting the Heat of the Sun's Rays* («Condizioni che riguardano il calore dei raggi solari») e l'obiettivo era quello di illustrare i risultati di un esperimento piuttosto semplice: Henry aveva misurato la temperatura di alcuni contenitori di vetro riempiti con una serie di sostanze dopo averli lasciati fuori al sole. I risultati erano inequivocabili: nonostante la concentrazione fosse bassissima, il contenitore che conteneva «acido carbonico» (ossia quella che oggi chiamiamo anidride carbonica) si era riscaldato prima dei contenitori che contenevano idrogeno o anche solo aria. Le conclusioni della relazione erano chiare: «un'atmosfera composta da questo gas conferirebbe alla nostra Terra una temperatura elevata». La relazione riportava inoltre che concentrazioni più elevate di tale gas avrebbero potuto causare un aumento delle temperature a livello globale. La portata di questa scoperta era semplicemente rivoluzionaria, ma all'epoca non suscitò alcun interesse degno di nota. Lo stesso Henry non aveva compreso appieno tutte le implicazioni della sua presentazione. Non c'è da meravigliarsi visto che il lavoro di ricerca non l'aveva nemmeno fatto lui.

Il vero autore dell'articolo era infatti una donna. Joseph Henry aveva accettato di presentare questi risultati per fare un favore alla sua amica Eunice Foote, la quale sperava che il suo messaggio sarebbe stato preso sul serio se a presentarlo fosse stato un uomo. Purtroppo non fu così. A eccezione di una rapida menzione su «Scientific American», dove si notava con stupore quanto fosse insolito che una donna nutrisse tali interessi, la ricerca di Foote fu largamente ignorata. Questo forse perché il dottor Henry, durante la sua presentazione, ne aveva pienamente attribuito la paternità a Foote (un atto che gli fa senz'altro onore), sottolineando come il lavoro fosse stato svolto da quella che doveva sembrare la più grande delle novità: una scienziata donna. «La sfera della donna», dichiarò Henry, «non abbraccia solamente il bello e l'utile, ma anche il vero». La scoperta di Foote era certamente vera, ma all'epoca nessuno pensò fosse utile. Quanto alla bellezza, non abbiamo alcuna idea dell'aspetto di Eunice Foote e non sappiamo se fosse stata davvero in grado di soddisfare questo basilare requisito della femminilità dell'epoca: non possediamo né una sua fotografia né un suo ritratto. Per di più, Eunice Foote era stata completamente dimenticata fino al 2011, quando un ricercatore si imbatté in un resoconto coevo della presentazione di Henry e si rese conto dell'importanza della sua scoperta.

A dire il vero, la relazione di Foote era incompleta, anche se questa è la norma per tutti gli articoli scientifici. Foote aveva compreso che l'anidride carbonica poteva riscaldare il pianeta ma non era in grado di spiegarne ancora il perché. A ogni modo, il suo esperimento stabilì sia che i cambiamenti nella composizione dell'atmosfera possono condurre a cambiamenti della temperatura sia che l'anidride carbonica ha un effetto riscaldante. Arrivò a queste conclusioni da sola, anni prima che altri studiosi fossero in grado di concepire la relazione causale tra CO_2 e riscaldamento. Foote aveva visto giusto. Dalla pubblicazione della sua ricerca nel 1856 non abbiamo fatto altro che replicare il suo esperimento su scala planetaria. Le attività umane, e in particolar modo l'uso dei combustibili fossili, hanno incrementato la concentrazione di gas serra nell'atmosfera di quasi il 50%. Le temperature ora stanno salendo, proprio come aveva predetto Foote, e tutti ne soffriamo le conseguenze. Ciò significa anche che Foote può fregiarsi del poco invidiabile primato di essere stata la prima climatologa a essere ignorata.

Di John Tyndall, al contrario, possediamo molte fotografie. Tyndall è lo scienziato di origini irlandesi cui viene solitamente attribuita la scoperta dell'effetto serra. In tutti i suoi ritratti Tyndall guarda l'obiettivo con disapprovazione. Le sue guance cadenti sono valorizzate da un paio di maestose basette, e il risultato è l'effigie perfetta di uno scienziato gentiluomo dell'epoca vittoriana. Tyndall, che era un appassionato di alpinismo, sapeva di prima mano che sulla cima delle montagne faceva più freddo che al livello del mare, nonostante lassù si fosse più vicini al sole. All'epoca questo fatto rappresentava un vero e proprio dilemma scientifico. Qualche decennio prima, il matematico francese Joseph Fourier aveva sviluppato un modello piuttosto semplice del sole e della Terra, non troppo dissimile da quello che ho presentato nel primo capitolo. Grazie a questo modello Fourier era giunto alla conclusione che il calore del sole non era sufficiente da solo a mantenere calda la Terra. Fourier aveva ipotizzato che una luce invisibile proveniente dallo spazio interstellare dovesse contribuire a scaldare il pianeta. Tyndall dimostrò che Fourier aveva *quasi* ragione: c'era davvero un'altra fonte di radiazioni capaci di scaldare il pianeta, ma non si trattava di luce extraplanetaria. La radiazione proveniva invece direttamente dal pianeta Terra ed era imprigionata dalle molecole presenti nell'atmosfera.

L'esperimento di Tyndall dimostrò che la luce visibile attraversa un'atmosfera che rimane in gran parte ignara della sua esistenza. Il cielo diurno è trasparente quasi come i pannelli di vetro sul tetto di una serra, ed è questa caratteristica che permette alla luce solare di giungere sulla superficie del pianeta senza incontrare ostacoli. Tyndall però pensava che qualcosa intercettasse la luce infrarossa uscente irradiata dalla superficie del pianeta verso lo spazio. Tyndall identificò alcuni dei principali gas serra (anidride carbonica, ozono e vapore acqueo) e mostrò che persino le più piccole tracce di questi elementi erano in grado di tenerci al caldo. Senza questi gas, come scrisse, la Terra rimarrebbe «imprigionata nella morsa d'acciaio del gelo».[3] Aveva ragione. Grazie a queste e ad altre scoperte Tyndall venne nominato membro della prestigiosa Royal Society e gli fu assegnata un'ambitissima cattedra di Filosofia naturale. Purtroppo la sua principale collaboratrice non ricevette mai alcun riconoscimento.

Nel corso della sua vita Tyndall poté giovarsi dell'aiuto della moglie Louisa, che lo assisteva nelle sue ricerche. Sfortunatamente per lei, Tyndall non sembrava essere un coniuge molto premuroso. Nelle lettere indirizzate ai suoi amici, Tyndall si lamentava del fatto che sua moglie non fosse particolarmente attraente, benché le riconoscesse la qualità di forte e brava lavoratrice. Louisa progettò e svolse diversi esperimenti, prendeva note e scrisse persino alcuni articoli firmati dal marito. Tyndall però non credeva che le donne fossero in grado di svolgere alcun lavoro scientifico avanzato.[4] Per questa ragione Tyndall rimase sempre cieco di fronte al vero potenziale latente della moglie. Tale cecità gli impedì anche di accorgersi che sua moglie l'avrebbe ucciso.

La responsabilità di Louisa nella morte di Tyndall è un fatto ampiamente riconosciuto.[5] Secondo i resoconti dell'epoca, incluso quello redatto dalla stessa Louisa, lo scienziato fu ucciso dall'ingestione puramente accidentale di una dose fatale di idrato di cloralio (noto anche come idrato di tricloroacetaldeide). Si trattò di un tragico incidente: Tyndall usava infatti il composto chimico come sonnifero, che veniva preparato dalla moglie. Dopo la morte del marito, Louisa recitò alla perfezione la parte della vedova affranta dal dolore: raccolse tutti gli articoli del marito, le sue riviste e la sua corrispondenza (incluse verosimilmente quelle lettere dove la definiva brutta d'aspetto ma operosa), dicendo che era sua intenzione pubblicare una biografia per immortalare il grand'uomo che era stato Tyndall. Louisa non pubblicò mai alcuna biografia del marito. Al contrario, lo scienziato cadde nell'oblio e i suoi successi furono in gran parte dimenticati fino a quando un rinnovato interesse nei confronti dell'effetto serra lo fece balzare nuovamente agli onori della cronaca scientifica. Gli storici sono soliti attribuire il fallimento della tutela dell'eredità scientifica del marito allo straziante cordoglio della moglie. Dopo tutto, quale donna non si sentirebbe *sopraffatta* dalla perdita di un tale compagno?

A me piace pensare che Louisa Tyndall sapeva perfettamente quello che stava facendo. Nonostante non ci sia nemmeno un briciolo di prova a sostegno della mia ricostruzione, non riesco a non immaginarmi Louisa come un angelo vendicatore o, meglio ancora, nelle vesti di santa patrona di tutte le donne trattate con sufficienza e superiorità. Mi provoca un brivido malsano pensarla come un'assassina piena di rancore intenta a sbarazzarsi del suo terribile marito, riuscendo perdipiù a farla franca. Anche se con ogni probabilità Eunice Foote e Louisa Tyndall non si sono mai incontrate nella vita reale, mi piace immaginarle fare comunella per vendicarsi dei torti subiti. Cosa penserebbero oggi queste donne dei sedicenti centri studi finanziati dall'industria dei combustibili fossili intenti ancora a negare, dopo più di un secolo, i fatti che esse hanno meticolosamente contribuito a dimostrare? Cosa farebbero a quegli uomini sprezzanti che si sperticano ad assicurare al pubblico che l'anidride carbonica non può in alcun modo essere la causa del riscaldamento planetario, mentre se ne stanno letteralmente a mollo su un mare di guadagni derivanti dall'industria dei combustibili fossili come novelli Paperon de' Paperoni? Non lo so, ma mi piace pensare che la loro eventuale risposta includa una piccola quantità di idrato di cloralio e una buona dose di rabbia.

Dio ci scampi dagli ingegneri in pensione. Così pensai quando mi ritrovai sulla scrivania tre lettere, di cui una scritta nell'esecrabile carattere tipografico Comic Sans, inviate da altrettanti pensionati, tutti impegnati a farmi notare le ipotetiche falle del consenso scientifico riguardante il cambiamento climatico. Spero per loro che questi signori fossero almeno al libro paga delle aziende petrolifere e del gas, ma la triste verità è che si trattava probabilmente del loro nuovo hobby da pensionati – in pratica, un lavoro svolto in totale gratuità con tutto l'entusiasmo del caso. Il tono delle loro lettere è praticamente lo stesso: «ora te lo dico io come stanno le cose, ragazzina», intimano, prima di dichiarare che *loro* la fisica la conoscono bene e che pertanto *io* devo stare a sentirli (va anche detto che i miei corrispondenti sembrano purtroppo all'oscuro degli ultimissimi sviluppi storico-sociali che hanno permesso alle «ragazzine» di conoscere la fisica altrettanto bene). Di solito, queste lettere finiscono direttamente nel cestino della raccolta differenziata, ma ogni tanto do loro un'occhiata per tenermi al corrente delle ultime novità all'interno della vibrante comunità degli ingegneri negazionisti in pensione.

Il caso vuole che quel giorno tutte e tre le lettere sollevassero la medesima critica. Magari c'era stato un raduno sul tema. A ogni modo, il loro punto era grosso modo il seguente: aggiungere anidride carbonica nell'atmosfera non può contribuire in alcun modo al riscaldamento globale. Se la CO_2 fosse davvero così efficace nell'assorbire il calore come dichiarano i climatologi, questa non avrebbe già assorbito tutta la radiazione uscente dalla Terra? E se è già impegnata a imprigionare il 100% del calore, cosa resta agli altri gas serra da assorbire? Sarebbe come continuare a dipingere una casa di rosso. A un certo punto il colore diventerebbe saturo – raggiunto un certo limite, insistere e aggiungere altre mani di vernice non modificherebbe la tonalità di colore raggiunta. Gli ingegneri in pensione amano questa metafora alla follia: nell'atmosfera, così sostengono, sta avendo luogo un «effetto di saturazione» e ciò prova al di là di ogni ragionevole dubbio che noi climatologi ci sbagliamo di grosso. Sono loro però che non capiscono un'acca di fisica. Nell'atmosfera non c'è alcun «effetto di saturazione» e l'aumento di anidride carbonica sta scaldando il pianeta.

Dovrei forse essere più comprensiva nei confronti di questi pensionati. Anch'io sono colpevole; credo anch'io in cose che non esistono, come ad esempio un livello di istruzione sufficiente a far loro capire di smetterla di spiegarmi come stanno le cose *nel mio campo di specializzazione*. Ed è anche vero che tempo fa il cosiddetto effetto di saturazione era fonte di confusione e grattacapi nella comunità scientifica. Questi problemi però sono stati risolti una volta per tutte molti anni fa. La scienza funziona così: stabilisce come stanno le cose e poi va avanti. Si tratta di un aspetto particolarmente positivo perché ci permette di non contestare problemi datati che sono stati risolti da anni e ci consente di occuparci di nuove questioni. I laboratori delle università e dei centri di ricerca non pullulano certo di scienziati intenti a far scivolare delle palline su un piano inclinato per vedere cosa succede. I chimici di professione non perdono tempo a mescolare aceto e bicarbonato di sodio all'interno di vulcani di cartapesta per simulare esplosioni come negli esperimenti di chimica per bambini. Sì, va bene, lo ammetto: l'effetto di saturazione era un tempo fonte di confusione per la comunità scientifica. Ma ora non lo è più. Se nonostante decenni di spiegazioni scrupolose e di pazienti confutazioni si è ancora confusi a riguardo, allora la colpa non è certo degli scienziati.

La storia comincia nel 1896, quando il chimico svedese Svante Arrhenius si era reso conto che l'anidride carbonica presente nell'atmosfera poteva aumentare o diminuire a seconda dell'azione dei processi geochimici naturali agenti su scale geologiche molto lunghe. Arrhenius propose quindi questo meccanismo come spiegazione parziale dietro alle variazioni climatiche che avevano caratterizzato le diverse epoche della storia della Terra, aggiungendo che se i livelli di anidride carbonica presenti nell'atmosfera dovessero crollare allora i gas serra intrappolerebbero meno calore e il pianeta si raffredderebbe. Il chimico svedese azzardò che tale spiegazione poteva rendere conto dell'ultima era glaciale. Un'altra sua ipotesi si rivelò ancora più controversa: se nel passato remoto la riduzione dell'anidride carbonica nell'atmosfera poteva aver raffreddato il pianeta, allora eventuali futuri aumenti dello stesso elemento potrebbero incrementarne la temperatura.

Secondo il fisico svedese Knut Ångström si trattava di stupidaggini. Sappiamo che l'anidride carbonica e il vapore acqueo sono potentissimi gas serra. Intrappolano quasi tutto il calore del pianeta e sono efficacissimi: in quale modo un loro aumento può cambiare le cose? I gas serra, secondo Ångström, stanno già facendo tutto ciò che sono capaci di fare, nulla di più e nulla di meno.[6] Per illustrare questo punto, Ångström istruì un suo assistente affinché questi potesse condurre un particolare esperimento: riempì un tubo con dell'anidride carbonica per farlo poi attraversare da un fascio di luce infrarossa. Dopodiché, misurò la quantità di radiazioni uscenti. Una nuova misurazione fece seguito alla riduzione della CO_2 nel tubo. Ecco la sorpresa: in entrambi i casi e nonostante la riduzione, l'anidride carbonica sembrava aver intrappolato la stessa quantità di radiazione infrarossa. Ångström credette di aver dimostrato chiaramente che i gas serra non fossero in grado di riscaldare il pianeta.

Il problema è che l'atmosfera reale *non* è un tubo pieno di gas. Vi ricordate il modello descritto nel primo capitolo? Ecco. Basta anche solo alzare gli occhi e guardare il cielo. Una serra ha un unico pannello di vetro come tetto, ma l'atmosfera si estende in altezza per chilometri e occupa diversi livelli; ogni livello produce il suo effetto serra. Le molecole intrappolano la luce infrarossa e la rispediscono in tutte le direzioni. Parte di quell'energia finisce giù mentre altra energia va verso l'alto; una volta lassù le molecole localmente presenti intrappolano a loro volta l'energia presente. È un po' come se l'atmosfera giocasse al telefono senza fili: riceve il calore, lo assorbe e poi lo ritrasmette. Il cielo però non è infinito e a un certo punto non ci sono più livelli superiori che possano intrappolare l'energia dissipata. Lassù, a una distanza considerevole dalla superficie terrestre, resistono le ultime molecole in grado di intrappolare e ritrasmettere la luce infrarossa, dopodiché il gioco finisce:

non essendoci più alcun destinatario il messaggio viene tramesso nell'indifferente spazio siderale, facendo risplendere la Terra nel buio tra le stelle.

Se la quantità di gas serra cambia, cambiano anche le regole del gioco. Di colpo ci sono più molecole capaci di intrappolare il calore negli strati più elevati dell'atmosfera, ossia proprio dove, in precedenza, l'energia veniva rilasciata all'esterno per disperdersi nello spazio. L'ultimo strato ora vuole prendere parte al gioco come un fratellino impaziente cui viene finalmente permesso di giocare assieme ai fratelli più grandi. Adesso questo strato può intrappolare e ritrasmettere l'energia come fanno i suoi fratelli più sotto. Ecco che l'ultimo stadio, ossia il punto in cui l'energia si dissipa nello spazio, si sposta un po' più in alto, dove fa più freddo. È incredibile a dirsi, ma i gas serra fanno crescere le dimensioni dell'atmosfera; in particolare, spingono verso l'alto la sommità della troposfera, ossia lo strato inferiore dell'atmosfera dove hanno luogo i fenomeni meteorologici.[7] Gli studi indicano che il confine tra la troposfera e la stratosfera, più alta e più fredda, si sposta verso l'alto a un ritmo di oltre quarantacinque metri ogni dieci anni.[8] Più la sommità dell'atmosfera sale, meno calore la Terra rilascia nello spazio; di conseguenza la Terra si scalda.

Arrhenius aveva ragione, ma il suo collega Ångström non stava agendo in cattiva fede. Il ragionamento di Ångström, di primo acchito convincente, riuscì a ritardare lo sviluppo di un serio studio scientifico del cambiamento climatico per decenni, ma dietro non c'erano motivi di tornaconto personale al servizio delle industrie petrolifere. Molto semplicemente Ångström stava prendendo un granchio, e le analisi successive hanno corretto la sua ipotesi. Questo è il modo in cui la scienza funziona nella realtà pratica: procede in maniera irregolare e a tentoni verso qualcosa che assomiglia alla verità – magari dopo aver celebrato il funerale di un grande scienziato che aveva torto. Prima non sappiamo un bel niente, poi finalmente impariamo qualcosa.

Qualcuno dovrebbe spiegare come stanno davvero le cose a quegli ingegneri in pensione, perché non credo proprio vogliano darmi retta.

Quattro anni prima della mia testimonianza di fronte ai deputati del Congresso degli Stati Uniti, il presidente della Committee on Environment and Public Works («Commissione per l'ambiente e i lavori pubblici») si era recato in Senato con un oggetto molto particolare. La NASA e la NOAA (National Oceanic and Atmospheric Administration, ossia «Amministrazione nazionale per l'oceano e l'atmosfera») avevano appena dichiarato che l'anno precedente era stato il più caldo mai registrato fino a quel momento; per tutta risposta, il senatore repubblicano dell'Oklahoma James Inhofe aveva progettato una ridicola messinscena. Venuto il momento di parlare, Inhofe tirò fuori una grossa palla di neve e chiese ai suoi colleghi: «sapete che cos'è questa qui?». La domanda era ovviamente retorica: lo sapevano tutti. «È una palla di neve che ho raccolto qui fuori», disse, aggiungendo sarcasticamente: «fa freddo fuori; fa davvero *molto* freddo. Eppure siamo fuori stagione». Faceva effettivamente molto freddo; d'altra parte era febbraio, e non è raro che le temperature siano molto basse in quel periodo nell'emisfero boreale (mi sento in dovere di sottolineare che l'inverno è un fenomeno ben noto alla scienza). Inhofe passò la sua palla di neve a un membro del personale e proseguì sostenendo, con un sorrisino compiaciuto, che il pianeta non si stava surriscaldando. Sheldon Whitehouse, un senatore democratico, cercò di contestare l'argomento del collega: «se non volete credere alla NASA e ai calcoli effettuati grazie ai loro satelliti,[9] potete scegliere di credere al collega senatore con la sua palla di neve... se non volete credere a tutte le più importanti istituzioni scientifiche d'America, potete sempre fidarvi del collega senatore con la sua palla di neve». Sfortunatamente, molti credettero al senatore con la palla di neve. Si sbagliavano; il mondo si sta surriscaldando e la causa sono le attività umane. Non lo sappiamo solo tramite studi teorici ed esperimenti in laboratorio; ne siamo certi perché abbiamo misurato la temperatura del pianeta. Accettare come stanno le cose poteva anche essere sconveniente per Inhofe e i generosi finanziatori della sua campagna elettorale, ma questa era – ed è tuttora – la verità.

Negli anni trenta del Novecento l'ingegnere inglese Guy Stewart Callendar si mise in testa di misurare la temperatura del pianeta. Callendar prese intere colonne di dati meteorologici scritti a mano e mise insieme i dati inglesi, quelli del continente europeo e quelli dell'America settentrionale. Callendar era un dilettante privo di preparazione accademica e poté lavorare a questo progetto solo nei ritagli di tempo dal suo impiego principale. La compilazione dei dati fu un travaglio lungo e certosino. Nel 1938 annunciò finalmente i suoi risultati: non c'erano dubbi che negli ultimi quarantacinque anni la temperatura fosse aumentata.[10] I nonni che si lamentavano di come ai loro tempi gli inverni fossero più freddi e la neve più abbondante avevano effettivamente ragione (e spero che abbia fatto loro piacere sentirsi dire che avevano ragione).

Oggi non dobbiamo più affidarci a volenterosi appassionati per monitorare la temperatura globale. Diverse raccolte di dati combinano le informazioni provenienti dalle stazioni meteorologiche e le misurazioni delle temperature degli oceani effettuate dalle navi e dai dispositivi galleggianti;[11] nel frattempo, i satelliti tengono d'occhio la temperatura dell'atmosfera. Può sembrare inutilmente complicato, ma niente di tutto ciò è scontato: le centraline e le stazioni meteorologiche presenti nelle città spesso rilevano temperature localmente più elevate rispetto alle zone rurali, e queste isole cittadine di calore devono essere tarate quando si aggregano tutti i dati insieme. Inoltre, i satelliti cambiano posizione mentre vagano in orbita, e la copertura cambia man mano che accumuliamo le rilevazioni provenienti da un numero maggiore di navi che solcano gli oceani e di centraline meteo sulla terraferma. Alla fine, tutti questi dati raccolti in modi diversi e poi ordinati in tabelle[12] ci dicono la stessa cosa: il mondo si sta riscaldando con una rapidità eccezionale. Callendar aveva ragione e i suoi risultati erano straordinariamente precisi. Se però scegliamo di concentrarci esclusivamente su alcune regioni o tempi particolari selezionando i dati *ad hoc* – come fa spesso la gente – allora potreste essere in grado di vedere un periodo di raffreddamento generale qui e là. Ma la temperatura *globale* sta salendo e tutti nostri strumenti moderni lo confermano. Qualunque raccolta di dati che sostiene il contrario è frutto di manipolazioni o invenzioni. Punto.

Oltre ai calcoli sulla temperatura globale, Callendar aveva anche pubblicato una stima di quanta anidride carbonica di origine antropica ci fosse nell'atmosfera e sostenne che l'effetto serra era già in corso, ma quasi nessuno gli credette. I meteorologi più illustri del tempo non persero tempo a rassicurare il pubblico dicendo che si trattava di processi completamente naturali e che era del tutto normale per il pianeta scaldarsi di mezzo grado o poco più. Piccole oscillazioni della temperatura globale non rappresentavano nulla di strano: a un decennio particolarmente caldo ne può seguire uno particolarmente freddo. Sostenere follie apocalittiche era invece un'attività del tutto irresponsabile. Cambiamenti simili avvengono solo su lunghissime scale geologiche.

Benché l'idea che l'accumulo di anidride carbonica nell'atmosfera avrebbe sicuramente surriscaldato il pianeta fosse stata accettata all'epoca, molti scienziati ritenevano che ciò fosse praticamente impossibile: il sistema geofisico della Terra nel suo insieme non l'avrebbe mai potuto permettere. Era quindi un'ingenuità pensare che qualcosa di così insignificante come l'umanità potesse avere un qualsivoglia impatto su qualcosa di così grande come l'intero pianeta. Per rendersi conto con i propri occhi di quanto fosse improbabile qualunque scenario apocalittico, gli scienziati suggerivano di fare una passeggiata su una spiaggia. La superficie del pianeta è composta al 70% da oceani, e gli oceani sono molto profondi; al confronto il cielo è estremamente sottile. Non c'era nulla da temere; qualunque immissione supplementare di anidride carbonica nell'atmosfera da parte degli esseri umani sarebbe finita nel mare, e una volta sprofondata negli abissi sarebbe stata imprigionata per sempre. Secondo quegli studiosi gli oceani avrebbero regolato l'atmosfera.

Questa certezza incrollabile sarebbe stata spazzata via in un giorno particolarmente ventoso del 1955. A mezzogiorno, secondo l'ora locale della California, un ordigno nucleare venne fatto detonare a circa ottocento chilometri a sud-ovest del litorale di San Diego.[13] Il governo degli Stati Uniti voleva sapere se fosse possibile distruggere un moderno sottomarino sganciandogli sopra una bomba nucleare (il fatto che gli alti papaveri abbiano davvero ritenuto necessario condurre questo esperimento lascia alquanto perplessi). L'ordigno pesante circa ventimila tonnellate fu fatto esplodere a poco più di seicento metri sotto la superficie dell'oceano, causando la risalita in superficie di una colonna d'acqua radioattiva alta oltre un centinaio di metri. Un sottomarino privo di equipaggio vicino all'esplosione affondò immediatamente; guarda caso, la maggior parte delle cose colpite da un'esplosione nucleare tende a non funzionare più molto bene. Al di là delle facili ironie, il test permise di fare una scoperta molto importante, le cui implicazioni avrebbero causato scosse d'assestamento più imponenti di quelle provocate dalla detonazione in sé.

Un gruppo di oceanografi era stato incaricato di studiare gli effetti dell'esplosione sul mare. Si pensava che, una volta rilasciato nel mare, il materiale radioattivo si sarebbe diluito per poi finire giù negli abissi; invece, dopo l'esplosione questo si disperse all'interno di uno strato d'acqua molto più sottile di quanto non si fosse ipotizzato in precedenza.[14] Il *fallout* nucleare, ossia la dispersione nell'ambiente di materiale radioattivo, sarebbe durato anni, diluito solo in minima parte dall'acqua presente alla medesima profondità. Gli scienziati compresero che la stessa identica sorte sarebbe toccata a qualunque cosa finita nell'oceano – inclusa l'anidride carbonica. Se la CO_2 assorbita dagli strati superficiali dell'oceano si fosse mescolata con l'acqua per sprofondare poi nelle profondità oceaniche, allora l'oceano avrebbe potuto prevenire l'accumulo di anidride carbonica nell'atmosfera. Se, al contrario, questa fosse rimasta troppo a lungo in superficie allora la maggior parte sarebbe evaporata, finendo così dritta nell'atmosfera a surriscaldare le terre emerse e i mari. In quest'ultimo caso non sarebbe stato l'oceano a regolare il cielo, bensì il contrario.[15]

A marzo 1958, meno di tre anni dopo l'esplosione al largo di San Diego, un rilevatore di gas a infrarossi sulla cima del Mauna Loa nelle Hawaii registrò una concentrazione atmosferica di 313 parti per milione, o ppm. Ad aprile la concentrazione era salita a 314 ppm. A maggio era ancora più alta. A giugno aveva apparentemente iniziato a scendere, ma dopo il mese di ottobre aveva ripreso a salire. Nel mese di marzo del nuovo anno era più elevata di quanto non si fosse registrato all'inizio delle misurazioni; il marzo dell'anno seguente era ancora più alta di prima. La concentrazione atmosferica di anidride carbonica seguiva un saliscendi che andava di pari passo con il cambiamento delle stagioni, ma ogni anno continuava inesorabilmente a salire. Questi dati, raccolti da Charles David Keeling, sono oggi noti con il nome di *curva di Keeling*.[16] Questa distribuzione di dati mostrava due cose: in primo luogo, le piante assorbono anidride carbonica dall'aria quando crescono in estate e la restituiscono quando muoiono d'inverno (ci tengo a far notare che si tratta della stessa stagione che gli scienziati conoscono molto bene, a differenza di quanto supposto dall'esimio senatore Inhofe). In secondo luogo, questi dati confermavano che, una volta in circolo, l'eccesso di anidride carbonica emesso nell'atmosfera a seguito delle attività umane non veniva ricatturato dal sistema Terra ma rimaneva sospeso nell'atmosfera, surriscaldando il pianeta.

Nel 1997 l'amministratore delegato della Exxon pronunciò questa frase: «al momento le prove scientifiche a sostegno di un impatto significativo delle attività umane sul clima globale non sono dirimenti». La statunitense Exxon era una delle più grandi società petrolifere al mondo, ed è diventata ancora più grande dopo la fusione con un'altra azienda del settore, la Mobil.[17] Non pago, quell'uomo tornò sull'argomento tre anni più tardi: «la scienza non è al momento in grado di confermare l'impatto dei combustibili fossili sul riscaldamento globale». Era una bugia bella e buona, e l'amministratore delegato era perfettamente consapevole di mentire.

Il dirigente della Exxon sapeva benissimo che si trattava di una menzogna perché una decina d'anni dopo che gli oceanografi avevano pubblicato le loro scoperte riguardanti le fluttuazioni della curva di Keeling un altro gruppo di ricercatori aveva dimostrato che la maggior parte dell'anidride carbonica in eccesso che stava surriscaldando il pianeta proveniva effettivamente dai combustibili fossili. Questi studiosi avevano progettato un esperimento particolarmente creativo. Sapevano che esistono diverse varietà di carbonio. Una piccola parte del carbonio presente naturalmente sulla Terra è radioattiva. Questo «radiocarbonio» non è eterno ma decade, trasmutando col passare del tempo in altri atomi. Nel corso della loro esistenza, tutti gli esseri viventi assorbono all'interno dei loro tessuti sia il carbonio normale sia il suo isotopo radioattivo. Quando questi esseri viventi muoiono gran parte del carbonio normale rimane dov'è, ma quello radioattivo presente nei loro cadaveri comincia a decadere. Questo è il principio fondamentale della cosiddetta datazione al radiocarbonio, o metodo del radiocarbonio (14C): se contiamo la quantità di radiocarbonio presente in un materiale di origine organica possiamo scoprire la sua età.

I combustibili fossili sono i residui della vita che esisteva milioni di anni fa. Data la loro età, questi resti non possono contenere alcun atomo di radiocarbonio: tutti quelli originariamente presenti sono decaduti moltissimo tempo fa. Pertanto, bruciare combustibili d'origine fossile non fa altro che aggiungere nell'atmosfera carbonio semplice. Le proporzioni tra carbonio semplice e radiocarbonio assorbite in vita dagli esseri viventi riflettono le proporzioni coeve tra questi due elementi chimici; se l'anidride carbonica che si trova nell'atmosfera proviene da combustibili fossili il rapporto tra carbone normale e radiocarbonio presenti nei tessuti organici dovrebbe aumentare. Ciò significa che se siamo in possesso di materiale biologico del quale conosciamo precisamente sia l'età sia le condizioni di crescita, allora siamo in grado di misurare la quantità di radiocarbonio in esso contenuta per quantificare il contributo dei combustibili fossili all'anidride carbonica atmosferica. L'unico problema è trovare un simile materiale biologico. Il dilemma è stato presto risolto dagli impavidi studiosi: cosa c'è di più documentato e stagionato del buon vino francese d'annata? Il progetto di ricerca avrebbe richiesto l'apertura (e il consumo) di cento bottiglie di vino. Mi domando ancora perché non abbia escogitato io un esperimento simile.

La medesima équipe di ricercatori aveva anche proposto di dotare una grande nave di sensori per misurare l'anidride carbonica presente nell'Oceano Atlantico e nell'atmosfera. Anche se questo progetto venne prematuramente cancellato a causa di tagli dei fondi statunitensi, i dati parziali che furono raccolti contribuirono a stabilire che l'oceano assorbe solo il 20% della CO_2 emessa dalle attività umane. Nel frattempo, la ricerca a carattere squisitamente enologico confermò che l'anidride carbonica presente nell'atmosfera stava aumentando e che la maggior parte di essa *non* conteneva alcun isotopo radioattivo. Ciò significava solamente una cosa: la sua origine era dovuta all'uso dei combustibili fossili.

Non è possibile in alcun modo sostenere che l'amministratore delegato della Exxon ignorasse questi risultati. Il motivo era molto semplice. Non si trattava di strampalate ricerche eno-climatologiche ideate da un gruppo di avvinazzati, ma di studi rigorosi condotti dai dipendenti della Exxon. Lo stesso vale per l'altra ricerca: la nave che doveva monitorare l'anidride carbonica presente nell'oceano era la Esso Atlantic, una petroliera di proprietà della Exxon.[18] Negli anni settanta del Novecento la Exxon intendeva infatti sfruttare i fondi elargiti dal governo degli Stati Uniti per investigare la possibilità di espandere strategicamente le fonti di approvvigionamento energetico. Grazie a quei finanziamenti l'azienda riuscì a mettere in piedi un vibrante programma di ricerca. I dati raccolti e le conclusioni degli studi non erano certo tenuti sotto chiave: la Exxon *sapeva*. Il direttore dei progetti scientifici informò il consiglio d'amministrazione in merito alle implicazioni delle ricerche effettuate. Se l'azienda avesse continuato a smerciare il suo prodotto le temperature globali sarebbero aumentate, i ghiacciai si sarebbero sciolti e il livello del mare sarebbe salito. La vera fonte di sgomento per gli azzimati dirigenti dell'industria petrolifera era però questa: se i decisori politici avessero davvero compreso la gravità della situazione, e agito di conseguenza per promuovere una seria regolamentazione delle emissioni dei combustibili fossili, la Exxon avrebbe dovuto adattarsi a una situazione radicalmente diversa e lottare per la sua sopravvivenza. Non c'erano dubbi: se la scelta era tra cambiare in peggio il clima del mondo intero oppure cambiare il modello aziendale, al mondo non restava altro da fare che rassegnarsi e soffrire l'aumento delle temperature.

Siamo assolutamente certi che il riscaldamento globale di origine antropica è reale; allo stesso modo, siamo certi al 100% che la Exxon e le altre aziende del settore hanno mentito spudoratamente. Il titolo di una circolare aziendale a uso interno datata 1988 non lascia alcun dubbio riguardo alla strategia da perseguire: *Sottolineare l'incertezza.*[19] Dieci anni più tardi, un lobbista della Exxon che lavorava come addetto alle pubbliche relazioni per l'American Petroleum Institute (l'«Istituto americano per il petrolio») creò un Global Climate Science Team («Gruppo internazionale di studio sul clima») con l'obiettivo di fare l'esatto contrario di quanto avrebbe dovuto fare un gruppo di climatologi. Un promemoria interno fatto trapelare spiega la loro strategia: «trionferemo quando il cittadino medio avrà compreso le incertezze implicite nella ricerca climatologica e quando queste incertezze, una volta apertamente riconosciute come tali, diventeranno parte del senso comune».[20]

Alla Exxon farà piacere sapere che abbiamo lo stesso obiettivo: anch'io vorrei che il cittadino medio capisca bene le incertezze implicite nella ricerca climatologica. Ai negazionisti climatici piace ripetere il mantra secondo cui «la scienza non è dirimente». Certo che non lo è, ed è il motivo per cui ho ancora un lavoro! Se sapessimo proprio tutto, la scienza sarebbe inutile, noiosa e riceverebbe persino meno fondi di quelli che riceve oggi. Dopo un secolo e mezzo di progressi scientifici c'è ancora moltissimo che non conosciamo. Non sappiamo esattamente come cambieranno le nuvole man mano che il pianeta si surriscalderà; non sappiamo precisamente a quale velocità le calotte glaciali si disintegreranno; siamo all'oscuro riguardo al modo in cui le piante risponderanno all'aumento dell'anidride carbonica nell'atmosfera, e ignoriamo l'impatto che avranno calore, siccità e incendi. Sono problemi di sicuro interesse, e rimando i lettori e le lettrici al capitolo che ho loro dedicato (il sesto, intitolato «Sorpresa»). Non provo rabbia verso gli scienziati della Exxon che hanno installato i sensori sulla petroliera e che hanno diligentemente misurato il radiocarbonio presente nel vino francese. Erano sicuramente curiosi e coscienziosi: hanno fatto le loro analisi, hanno pubblicato i loro risultati e non hanno mai cercato di occultare ciò che avevano scoperto. Al contrario, sono furibonda con i loro datori di lavoro.

La Exxon, come tutte le multinazionali legate al petrolio e agli altri combustibili fossili, sviluppò una particolare competenza nella vendita di un altro prodotto: il *dubbio*. I dirigenti spingevano perché il pubblico fosse sottoposto a opinioni «equilibrate»: gli scienziati possedevano la *verità*, e questa doveva quindi essere bilanciata con le *bugie*. Le aziende del settore avrebbero potuto scegliere di rendere meno tossici i loro prodotti o di far evolvere il proprio modello di *business* in modo da rinunciare gradualmente alla commercializzazione di risorse tanto pericolose. Avrebbero potuto investire sull'energia rinnovabile: pannelli solari, centrali geotermiche o impianti eolici. Invece decisero di investire una quantità considerevole di risorse all'unico scopo di nascondere la verità. Eccomi qui, decine di anni più tardi, a vivere nel mondo che loro hanno contribuito a creare, un mondo più caldo e più pericoloso – e che non è mai stato inevitabile.

A febbraio 2017 l'amministratore delegato di ExxonMobil fu nominato sessantanovesimo segretario di Stato degli Stati Uniti d'America. Interpellato in merito al riscaldamento globale questi si limitò ad affermare: «ritengo che si tratti ancora di una questione aperta. L'idea che possiamo in qualche modo influenzare un simile sviluppo si basa su alcuni modelli climatici estremamente limitati e con un elevato margine di errore».[21] La sua nomina fece seguito all'uscita degli Stati Uniti dall'accordo di Parigi sui cambiamenti climatici. La motivazione ufficiale fu la seguente: «non riescono nemmeno a fornirci delle previsioni meteo affidabili, e adesso pretendono di sapere come funziona [il clima]?».[22] Ora, un più mite e imparziale scienziato potrebbe spiegare con infinita pazienza, e per l'ennesima volta, la differenza tra meteo e clima, oppure suggerire uno dei tanti video divulgativi ben fatti che spiegano come funziona il clima. Per quanto mi riguarda, dico solo che ritirarsi dall'accordo di Parigi è stata (ed è tuttora) una delle cose più stupide che siano mai capitate nella storia statunitense – e ricordiamoci che questa è la stessa nazione che una volta ha deciso di fare un esperimento per verificare se sganciare un ordigno nucleare pesante ventimila tonnellate su un sottomarino potesse effettivamente danneggiarlo.

Sappiamo da tempo che i modelli climatici funzionano molto bene. Dopo aver fatto detonare ordigni nucleari in lungo e in largo, il governo degli Stati Uniti si era reso conto che era molto più facile fare ricorso a bombe virtuali; di conseguenza, i computer utilizzati per elaborare mondi realistici all'interno dei quali poter finalmente far esplodere senza sosta bombe nucleari diventarono sempre più potenti. L'aumento della potenza di calcolo permise anche di elaborare previsioni meteorologiche sempre più precise. Non era un caso: un esercito dotato di una conoscenza avanzata delle condizioni che troverà sul campo di battaglia gode di un vantaggio strategico non indifferente. A un certo punto qualcuno si domandò se non fosse il caso di unire questi due interessi e valutare se il clima in quanto tale potesse diventare un'arma. Magari gli Stati Uniti avrebbero dovuto difendersi nel corso di una «guerra climatologica» scatenata dall'Unione Sovietica, o magari entrambe le nazioni si sarebbero trovate a fronteggiare un prolungato inverno nucleare. A un tratto il problema della risposta del clima terrestre di fronte a interventi esterni era diventato meritevole di ingenti finanziamenti elargiti dal Dipartimento della Difesa.

Fu così che all'apice della Guerra fredda la modellizzazione del clima si trovò a essere copiosamente finanziata grazie a fondi statali. Gli scienziati capirono in fretta che dovevano imparare di più sul funzionamento del pianeta, in particolare come l'acqua filtra nel terreno, il modo in cui l'oceano assorbe calore e carbonio e le modalità con cui i ghiacciai si formano, si muovono e si sciolgono. La ricerca si fece sempre più interdisciplinare, e man mano furono cooptati studiosi provenienti da ambiti molto diversi; persino gli astronomi cominciarono a collaborare con i climatologi. La NASA aveva infatti sviluppato un modello particolarmente sofisticato per studiare l'atmosfera degli altri pianeti e che poteva essere utilizzato anche per studiare la situazione sulla Terra. I modelli digitali migliorarono diventando sempre più complessi e molti gruppi di ricerca cominciarono a sviluppare i propri programmi. Verso la fine degli anni settanta i modelli in uso erano abbastanza evoluti da poter predire cosa sarebbe successo se i livelli di anidride carbonica avessero continuato a crescere, e balzò subito all'occhio come le conseguenze fossero chiare e terribili. Naturalmente, tutti preferirono nascondere la testa sotto la sabbia.

Nel 1988 un gruppo di quei pionieri della modellizzazione climatica presentò i propri risultati di fronte all'intero Congresso degli

Stati Uniti.[23] Syukuro Manabe, all'epoca in forze all'Università di Princeton e futuro premio Nobel, testimoniò che temperature più elevate avrebbero provocato siccità più intense e più frequenti. Il direttore del Goddard Institute for Space Studies della NASA («Istituto Goddard per gli studi spaziali») predisse che l'anno allora corrente sarebbe stato il più caldo di sempre fino a quel momento. Il direttore del Woods Hole Research Center (oggi noto come Woodwell Climate Research Center) sollecitò i senatori a pianificare un'immediata riduzione delle emissioni atmosferiche di carbone, petrolio e altri combustibili fossili capaci di rilasciare ingenti quantità di CO_2 nell'atmosfera. Tutti i partecipanti sottolinearono l'esistenza di un robusto consenso all'interno della comunità scientifica basato su una lunga storia di ricerca e di scoperte. Per le loro proiezioni climatologiche tutti si basarono sui più avanzati modelli climatici disponibili. Le loro comunicazioni furono concise e urgenti, e il messaggio che veicolavano facile da capire per chiunque. Il giorno seguente questo testo campeggiava a caratteri cubitali sulla prima pagina del «New York Times»: «il riscaldamento globale è cominciato». Quello avrebbe dovuto essere il punto di svolta: niente più ritardi, niente più negazionismi e, soprattutto, niente più perdite di tempo (trent'anni più tardi i politici eletti al Congresso si sarebbero prodotti nella medesima stramaledetta pantomima di fronte allo stesso urgente messaggio).

L'amministratore delegato della Exxon aveva ragione quando diceva che i modelli climatici sono estremamente complicati. D'altra parte, come poteva non saperlo? La Exxon aveva assoldato un gruppo di esperti in merito e possedeva persino un ottimo modello climatico a uso aziendale interno. Nel 2013 aveva definito i modelli climatici – inclusi presumibilmente i suoi – come «inadeguati». Tutt'altro; quei modelli erano perfettamente adeguati a svolgere il compito che era stato loro assegnato. Dato che questi strumenti digitali esistono ormai da molto tempo, siamo persino in grado di valutare retroattivamente la qualità delle loro predizioni. Uno studio del 2020 ha stabilito che i modelli climatici, una volta calibrati in base al valore delle reali emissioni di anidride carbonica, avevano previsto l'aumento della temperatura globale in modo estremamente accurato,[24] confermando pertanto l'affidabilità dei modelli impiegati dai ricercatori per la loro deposizione di fronte al Congresso degli Stati Uniti nel lontano 1988. Figuriamoci che le previsioni del modello a uso aziendale interno della Exxon erano persino più accurate di quelle elaborate dalla NASA![25]

Tutta quella fatica non è servita a niente. Nulla di ciò che hanno fatto gli scienziati per ridurre, spiegare o contestualizzare l'incertezza implicita nella ricerca climatologica è servito a qualcosa. Oggi conosciamo fin troppo bene il copione: «non esiste alcun consenso disciplinare»; «il consenso climatologico è la mera espressione di un conformismo di gruppo»; «tutti gli studi scientifici sono spazzatura»; «gli studi effettuati finora non sono sufficienti»; «solo la ricerca sottoposta a revisione paritaria dovrebbe guidare le decisioni politiche»; «la revisione paritaria è un sistema marcio e manipolato»; «gli scienziati che accettano fondi statali non sono imparziali»; «gli scienziati assoldati dall'industria e che possiedono azioni in borsa sono invece onesti»; «le rilevazioni non mostrano alcuna tendenza rilevante»; «sta facendo più freddo»; «sta facendo più caldo (ma va benissimo così)»; «gli esseri umani non hanno causato il riscaldamento globale»; «gli esseri umani hanno causato il riscaldamento globale ma la Terra troverà un modo per regolarsi tranquillamente da sé»; «non sarà una catastrofe come dicono»; «ci adatteremo»; «il cambiamento non potrà che fare bene»; «qualunque intervento volto a regolamentare l'industria farà inevitabilmente crollare l'intero sistema economico mondiale e farà ripiombare il mondo all'età della pietra»; «l'intero paese diventerebbe più povero»; «gli ambientalisti esagerano, e non possiamo certo fidarci di qualcuno che si dimostra così isterico».

Quello che ora mi piacerebbe fare, anche solo per un minuto, è prendere in prestito la stessa strategia che è stata felicemente adottata dall'industria dei combustibili fossili. Voglio concludere questo capitolo facendo esattamente quello che vorrebbero che io facessi: voglio *sottolineare l'incertezza*. È vero, non conosciamo per filo e per segno il modo in cui evolverà il riscaldamento globale. Uno dei motivi principali che sta dietro a questo problema è che ignoriamo le scelte che faranno gli esseri umani. Questa è la ragione per cui è così difficile predire il futuro – non si tratta quindi della mancata comprensione dell'effetto serra, di un'ipotetica ignoranza dell'aumento della temperatura globale o di una qualche grave lacuna nello studio dell'accumulo di anidride carbonica nell'atmosfera. Le leggi della fisica stabiliscono che l'aumento dei gas serra – ossia, anidride carbonica, metano e ossido di diazoto – riscalderà il pianeta, ma nessuna legge della fisica stabilisce che i gas serra debbano per forza di cose aumentare. L'anidride carbonica è il prodotto inevitabile della combustione degli idrocarburi. Gran parte dell'energia che alimenta la nostra società proviene dai combustibili fossili: carbone, petrolio e gas. Investire in queste risorse è una scelta, non una legge della fisica. Chiunque vi dica il contrario è un bugiardo patentato.

Ecco cosa avrei dovuto dire al Congresso degli Stati Uniti. Se mai mi dovessero invitare di nuovo (ma dubito fortemente dopo aver scritto queste pagine), il mio discorso d'apertura sarebbe il seguente: siamo *certi* che la Terra si stia riscaldando. È un dato *inequivocabile* che i gas serra stiano riscaldando il pianeta. Non c'è *alcun dubbio* che la loro concentrazione atmosferica sia aumentata. Sappiamo che ciò è dovuto in massima parte all'uso dei combustibili fossili e che vi contribuisce anche la deforestazione. Abbiamo provato a convincervi di ciò per anni. Abbiamo fallito. La Exxon, una volta tanto, non mente quando dichiara sul proprio sito web che «il petrolio è la fonte principale di energia primaria» e che si tratta di un «motore per la crescita economica». Nonostante tutti i nostri avvertimenti i combustibili fossili generano ancora l'80% dell'energia mondiale. Il mondo utilizza all'incirca il doppio dei combustibili fossili rispetto a quando la Exxon aveva inaugurato il suo programma di ricerca sul clima, ignorandone i risultati e insabbiandone le conclusioni. La storia va avanti così da sempre: gli scienziati fanno scoperte di grande importanza, le aziende mentono e il mondo si surriscalda.

La storia però è una fonte di energia rinnovabile: ne produciamo sempre di più. Su questo pianeta, dove l'energia ricevuta dal sole in un'ora è maggiore di tutta quella che l'umanità intera consuma in un anno, i combustibili fossili non sono una scelta inevitabile. Possiamo avere prodotti migliori; non dobbiamo continuare a estrarre senza sosta carbonio dal sottosuolo per trasferirlo nell'atmosfera. La sfumatura assunta dalle bugie cambia quando il futuro scivola nel presente e si ritira nel passato, ma in buona sostanza rimane sempre la stessa: esistono leggi del comportamento umano che sono assolutamente inviolabili come quelle della fisica, e queste leggi puntano dritte alla nostra rovina.

Provo rabbia per tutte le falsità, i negazionismi e la manipolazione deliberata della verità, ma più di tutto provo rabbia quando sento dire che le cose non potranno mai essere differenti. Osservo il futuro che si svolge all'interno dei miei modelli climatici e vedo scenari potenziali che spaziano dall'incubo al sogno spiacevole per giungere al vero e proprio miracolo. Non c'è nulla nelle leggi della fisica che ci condanni senza appello a subire la previsione peggiore, e nulla che obblighi gli esseri umani ad accettarla. Il pianeta sta cambiando; anche noi possiamo cambiare. Rimodellare la nostra società e la nostra economia per fare fronte al riscaldamento globale sarà senza ombra di dubbio un esperimento immane e senza precedenti, ma io voglio provarci comunque. In fondo, sono pur sempre una scienziata pazza.

3. Colpa

«Chi ne ha una [di coscienza], soffra pure, se riconosce l'errore. Sarà il suo castigo, oltre ai lavori forzati».
Fëdor Dostoevskij, *Delitto e castigo*[1]

Alla fine del XVI secolo gli inverni europei erano così freddi che la barba degli uomini era ghiacciata e gli uccelli si congelavano in volo, cadendo dal cielo come blocchi di ghiaccio.[2] In Olanda i forti venti spingevano pericolosamente l'acqua oltre le dighe. Al largo delle coste inglesi l'*Invencible Armada* di Filippo II fu colpita e distrutta da tempeste improvvise. Nelle regioni più settentrionali l'avanzamento dei ghiacciai minacciava i terreni agricoli, e ovunque l'accorciarsi della stagione della semina e del raccolto produceva crisi alimentari e carestie. Come poteva essere normale una situazione simile? Purtroppo, la gente che soffre durante eventi eccezionali e drammatici si mette spesso alla ricerca di qualcuno a cui addossare tutta la colpa. Quel periodo non fece eccezione.

Agli occhi di molti europei dell'epoca la causa era ovvia: si trattava di stregoneria.[3] L'influenza di Satana sembrava davvero essersi estesa all'intero continente. Nei territori del Sacro Romano Impero dove si parlava tedesco congreghe di streghe gozzovigliavano nei cimiteri e ballavano sui patiboli. In Francia stregoni ammalianti ricorrevano alla magia per sedurre le donne più belle. In Polonia il demonio riuscì a integrarsi così bene nella società che la gente continuò a essere condannata per stregoneria fino all'Ottocento.[4] Le streghe venivano accusate di provocare grandinate, di interferire con le precipitazioni e di distruggere il raccolto nei campi. Tra gli altri capi d'accusa figuravano anche alluvioni, siccità e tempeste capaci di far affondare le imbarcazioni e di far soffiare venti pericolosi. Le caratteristiche specifiche attribuite alle streghe variavano a seconda della regione interessata, ma una peculiarità comune ovunque era la loro ipotetica capacità di influenzare magicamente le condizioni meteorologiche.[5]

La questione delle streghe assumeva contorni particolarmente drammatici nelle terre scozzesi. Nel 1590 un gruppo di donne residenti presso la città costiera di North Berwick fu accusato di aver provocato terribili tempeste nel Mare del Nord.[6] Il fatto che tali tempeste avessero complicato il viaggio di ritorno del re di Scozia dalla Scandinavia, dove si era recato per sposare una principessa danese che lo odiava, giocava decisamente a loro sfavore. Quelle donne avrebbero presto scoperto, loro malgrado, che Giacomo VI di Scozia non era un re come tutti gli altri; essendo il maggiore esperto di stregoneria dell'Europa intera, si era infatti messo in testa di dimostrare la loro colpevolezza.

Giacomo si sentiva particolarmente ferrato nel campo. Da vero monarca illuminato qual era, fu il primo (e, per ora, l'unico) regnante delle isole britanniche ad aver pubblicato un lavoro «scientifico» sull'identificazione e sulla punizione delle streghe. Questo re-scienziato prese parte attiva alle interrogazioni delle donne di North Berwick, spingendosi addirittura a suggerire metodi sperimentali di tortura e richiedendo di essere messo al corrente delle novità estorte durante le confessioni.

Le accusate furono quindi picchiate e finirono inchiodate al muro dopo aver patito i morsi della fame – tutto rigorosamente svolto in condizioni controllate. Ancora, gli aguzzini strapparono loro via tutti i peli e tutti i capelli. Una scoperta decisiva ebbe luogo proprio mentre i partecipanti all'esperimento stavano tirando via un pelo dal pube di una donna anziana. L'estate precedente questa donna aveva fatto affogare un gatto nelle acque poco distanti da Leith; nel farlo aveva pensato intensamente al re e alla principessa danese. Non aveva agito da sola: il diavolo in persona gliel'aveva fatto fare.

Dopo aver confessato, la vedova fu giudicata colpevole. Non sarebbe stata l'unica a subire tale verdetto dato che Giacomo era certo che le streghe, con le loro nefande azioni, stessero compiendo la volontà del diavolo in Terra attraverso la manipolazione delle condizioni meteorologiche, complottando con i demoni per accorciare le estati e per rendere gli inverni più gelidi. Le tempeste e le morti, l'agonia dello squallido matrimonio del povero re, le gelate e gli allagamenti avevano tutti una spiegazione semplicissima. L'arguto Giacomo aveva infatti trovato le impronte digitali sull'arma del delitto – il mutamento climatico.

A loro parziale discolpa, va detto che Giacomo VI e i suoi sodali europei non si stavano immaginando un clima impazzito. I dati provenienti dalla misurazione degli anelli di accrescimento degli alberi e dai carotaggi artici mostrano in effetti un abbassamento delle temperature nell'emisfero boreale a partire dal tardo XIII secolo.[7] Il raffreddamento ebbe luogo a spizzichi e bocconi, raggiungendo il suo apogeo tra XVI e XVII secolo. Sappiamo queste cose grazie alle tracce lasciate dall'avanzamento dei ghiacciai, dal deperimento della vegetazione e dal cambiamento delle precipitazioni. È grazie a queste tracce che oggi gli scienziati hanno potuto confermare l'esistenza di una piccola era glaciale in età moderna, glorificata da quei negazionisti climatici che la sfruttano in cattiva fede per sostenere l'impossibilità di un cambiamento climatico di origine antropica: se è già successo nel passato allora gli esseri umani non c'entrano. Non si trattava però di una vera e propria era glaciale: le temperature dell'intero periodo erano inferiori di circa 0,3 °C rispetto alla media dell'emisfero boreale,[8] che non è nulla se paragonata alla differenza compresa tra 4,4 °C e 6,1 °C che caratterizzò l'ultima *vera* era glaciale pleistocenica.[9] Oggi il mondo è 1,1 °C più caldo rispetto al livello registrato tra 1850 e 1900, e la temperatura globale continua a salire.[10]

Il progresso della scienza dai tempi di Giacomo VI è stato straordinario e oggi, per fortuna, non addossiamo più la colpa del mutamento climatico alle streghe e ad altri capri espiatori. Nel corso dei capitoli precedenti ho affermato che le attività umane sono la causa del cambiamento climatico. Ma come possiamo essere sicuri che la colpa sia davvero nostra? La ricerca moderna ha identificato i molteplici fattori, sia umani che naturali, che possono influenzare la temperatura del pianeta e tutto ciò che dipende da essa. La nostra comprensione delle fluttuazioni del clima, a prima vista casuali, è migliorata talmente tanto che ora siamo in grado di separare le influenze esterne dai dati non dirimenti di sottofondo. Ciò significa che quando identifichiamo le cause del cambiamento del clima nel passato e nel presente non lo facciamo certo alla carlona. L'identificazione di tendenze anomale, di eventi specifici e delle loro cause ha luogo solo dopo aver lavorato duramente come degli investigatori privati, ossia accumulando indizi e cercando di stabilire l'eventuale colpevolezza al di là di ogni ragionevole dubbio. Nel corso dell'ultimo secolo qualcosa ha modificato radicalmente il clima del pianeta. Per scoprire di cosa si è trattato dobbiamo iniziare da dove iniziano tutti i detective che si rispettino: dalle foto segnaletiche dei sospettati.

Il primo indiziato è ovvio: il puro e semplice caso. Il clima cambierebbe comunque di anno in anno e da un decennio all'altro anche se gli esseri umani non fossero mai esistiti. Può anche darsi che ci sia capitato di vivere nel secolo scorso una serie di anni eccezionalmente caldi, una parentesi destinata a chiudersi tra qualche tempo. Magari non è colpa di nessuno: è solo una coincidenza particolarmente sfortunata. Questo è proprio l'atteggiamento iniziale degli scienziati prima di dare un'occhiata alle prove disponibili: gli eventi sono il risultato della casualità implicita nel funzionamento del mondo. Se fosse davvero così allora non ci sarebbe nessun colpevole.

Il clima varia naturalmente perché la Terra è un luogo complicato. La sinfonia di fondo è prodotta da un'intera orchestra di strumenti: cielo, acqua, ghiaccio, aria e terra suonano tutti insieme, talvolta in completa armonia, talaltra lanciandosi in assoli sfrenati. Le temperature della superficie del mare scaldano o raffreddano l'aria circostante a seconda delle fluttuazioni naturali della temperatura. I venti soffiano con forza oppure si affievoliscono, influenzando di conseguenza l'oceano ai loro piedi. La pressione dell'aria pulsa con il suo proprio ritmo. In termini scientifici, questa cacofonia che produce un rumore di fondo casuale si chiama *variabilità interna*.

Una nota musicale in particolare si erge al di sopra di tutte le altre. I pescatori del Perù sanno da sempre che le correnti dell'Oceano Pacifico sono soggette a cambiamenti capricciosi. Ogni tanto, in modo del tutto imprevedibile, le correnti si indeboliscono oppure iniziano a scorrere al contrario. Ciò può accadere molte volte nel corso della vita di un pescatore. Le correnti fresche diventano di colpo calde e i pesci nuotano lontano. Questi periodi di caldo cadono solitamente intorno a Natale, e i pescatori chiamano questo fenomeno *El Niño*, «il bambino», ossia il bambin Gesù. La nascita di El Niño ha un impatto su tutto il globo terracqueo.

El Niño comincia la sua vita sempre nel Pacifico tropicale, ma non rimane mai confinato lì. Quando le acque equatoriali si scaldano l'aria scorre con maggiore vigore nel suo viaggio verso i poli, rafforzando di conseguenza il ciclo di salita e discesa che regola i venti di tutto il mondo. L'impatto di questo cambiamento si fa sentire in luoghi inaspettati: ecco che comincia a piovere di più sul

Pacifico centrale e orientale, mentre a occidente e a sud le precipitazioni diminuiscono; intanto le regioni meridionali dell'America settentrionale sono sferzate dalle tempeste, mentre la siccità infuria sull'Africa meridionale, in Australia, in Brasile e sulle Ande centrali. Nel corso dei fenomeni che scaturiscono dall'arrivo di El Niño, il bacino di acqua calda del Pacifico diventa abbastanza grande da far salire le temperature a livello globale. Milioni di persone restano sintonizzate sugli sviluppi di questa caotica danza tra aria e mare per capire come sta andando il casuale riscaldamento del freddo oceano equatoriale – ne va della loro vita.

I vagiti di El Niño riecheggiano tra le pagine della storia. Nel 1524, il *conquistador* Francisco Pizarro salpò da Panama alla ricerca di nuove terre da depredare.[11] La sua flotta moderna non poté nulla contro le correnti che spingevano verso nord e contro i forti venti che soffiavano da sud e da est, e Pizarro si trovò costretto a fare marcia indietro. Sei anni più tardi El Niño venne al mondo. Le correnti cambiarono direzione, i venti si placarono e le navi spagnole poterono costeggiare l'America meridionale e approdare presso la baia del fiume Tumbes in Perù. I *conquistadores* si spinsero in profondità nella regione e trovarono terre umide e fertili. L'aria umida saliva dall'oceano più caldo, rovesciando acqua sotto forma di pioggia sulle aride coste dell'Ecuador e del Perù. La terra poté così sostenere gli invasori nella loro penetrazione verso l'interno della regione. Alla fine raggiunsero la capitale dell'Impero Inca, portando con sé morte, malattie e la stessa religione che, una volta imposta a furia di colpi d'archibugio, avrebbe dato il nome a El Niño.

A ripensarci, magari la colpa delle modifiche di lunga durata del clima, dalla piccola era glaciale dell'età moderna al riscaldamento climatico di oggi, è proprio di El Niño. Purtroppo non disponiamo di osservazioni dirette relative a una variabilità interna che non sia già stata compromessa dall'attività umana: l'inizio della nostra raccolta di dati ha coinciso di fatto con la nostra capacità di influenzare il clima della Terra. Tuttavia, i modelli climatici possono simulare un mondo ipotetico in cui ogni attività esterna è assente. All'interno di un modello possiamo rimuovere tutte le influenze di origine umana: basta un clic e il livello dei gas serra è quello dell'epoca preindustriale, l'inquinamento atmosferico non esiste più e zone urbane e terreni agricoli spariscono per sempre. Anzi, è come se non fossero mai nemmeno esistiti. Il nostro modello comincia poi a simulare lo sciabordio delle acque tropicali nell'Oceano Pacifico.

A volte a Natale arriva un El Niño digitale a segnare l'avvento di un periodo di caldo eccezionale; altre volte chi si presenta è invece la sorella di El Niño, La Niña, e le acque diventano insolitamente fredde. Questi fenomeni si verificano in modo casuale, e l'intervallo tra due eventi varia da pochi anni a un decennio. Talvolta, una sequenza fortuita di periodi caldi scalda l'intero pianeta per un paio di anni di seguito; terminata questa parentesi, le correnti tornano immancabilmente a occupare le loro posizioni precedenti e gli alisei cambiano direzione facendo tornare il mondo alla normalità.

La fisica che abbiamo codificato all'interno dei modelli climatici riflette le migliori e più aggiornate conoscenze scientifiche su El Niño. Per quanto possa giungere in modo inaspettato, e per quanto possa essere grande il suo impatto sul pianeta, El Niño ha sempre una data di scadenza. Non vi è alcuna possibilità che questo fenomeno da solo possa spiegare un riscaldamento o un raffreddamento di natura planetaria lungo più di un secolo; non può essere stato lui a causare la piccola era glaciale o il surriscaldamento globale contemporaneo. Dobbiamo pertanto eliminarlo dalla lista degli indagati.

El Niño è solo una delle fonti della variabilità interna al sistema climatico terrestre. Le sue note stravaganti e imprevedibili godono di un'eco così vasta perché riecheggiano nel Pacifico, ossia nell'oceano più grande del pianeta. Ci sono altri oceani all'interno dei quali le correnti vanno e vengono e c'è un'intera atmosfera che ondeggia e infuria con le sue oscillazioni imprevedibili di alta e bassa pressione. Si tratta ovviamente di fenomeni del tutto naturali, ma nessuno di questi rappresenta un «ciclo» nel vero senso della parola: tra la cacofonia di strumenti che stridono o strombazzano seguendo un loro ritmo misterioso si distinguono solamente poche note suonate in modo chiaro e distintivo.

Può comunque capitare che una nota particolarmente squillante svetti al di sopra di tutto quel trambusto infernale. Nell'inverno del 1877 si sviluppò un El Niño particolarmente forte. Nello stesso tempo, anche le acque dell'Oceano Atlantico erano particolarmente calde, e lo stesso si stava verificando nell'Oceano Indiano occidentale. Tutte queste variazioni casuali relative alla temperatura della superficie del mare interferirono grandemente con l'andamento dei venti e delle condizioni meteorologiche.[12] L'India, la Cina, l'Egitto, il Marocco, l'Etiopia, l'Africa meridionale e ancora il Brasile, la Colombia e il Venezuela soffrirono una siccità da record. In molte di queste regioni i coloni europei avevano distrutto o modificato le tradizionali colture agricole, di norma più resistenti a eventi di questo tipo; inoltre, non avevano pianificato di mettere da parte sufficienti scorte di acqua e di cereali su cui fare affidamento in casi come questo. Il prezzo dei cereali salì alle stelle e il poco cibo che riusciva a crescere veniva esportato dai governi locali a favore dei lontani centri di potere degli imperi coloniali. La Grande Siccità si trasformò nella Grande Carestia.[13] Prima che le piogge potessero bagnare di nuovo i suoli ormai inariditi erano morte cinquanta milioni di persone.

Chi era veramente il responsabile di questa immane tragedia? Se dietro a tutto c'è la mano del clima, allora non è colpa di nessuno. Nel 1531 El Niño aveva permesso la conquista spagnola dell'Impero Inca. Allo stesso modo, la siccità globale che interessò la tarda età vittoriana era un evento del tutto casuale, la dimostrazione della forza dell'aleatorietà del clima. Oggi, se il meteo peggiora per un breve periodo, possiamo tranquillamente incolpare questa casualità e lasciar perdere le streghe, anche se la natura casuale di un dato evento non rende certo questo evento banale o benigno. Nel passato, il cambiamento dei venti aveva spinto le imbarcazioni spagnole verso le future vittime; in Europa il raffreddamento del clima aveva condotto schiere di donne al rogo. Questi crimini di portata sconcertante ebbero luogo durante periodi più o meno lunghi interessati dal cambiamento climatico, ma le condizioni meteorologiche in quanto tali non sono certo colpevoli del perpetuarsi di simili orrori. I movimenti naturali dell'aria e dell'acqua scaldano o raffreddano l'ambiente, ma siamo noi a rendere queste oscillazioni più pericolose di quanto già non siano.

Alla fine le piogge fecero ritorno, decretando la conclusione della Grande Carestia del 1877. È così che funziona di solito. La variabilità interna colpisce e se ne va e le temperature del pianeta salgono e scendono in modo irregolare, come miriadi di cuori che battono insieme senza potersi mai sincronizzare su un unico ritmo. Vale la pena ripeterlo ancora una volta: la variabilità interna non può però essere la causa di un riscaldamento globale della durata di più di un secolo. Esistono chiaramente variazioni casuali, ma insistere e sostenere che queste variazioni naturali sono la ragione principale dietro al cambiamento climatico di oggi è esattamente come arrivare sulla scena del delitto, esaminare un muro pieno di impronte sanguinanti, osservare il pugnale infilzato nella schiena del malcapitato e limitarsi a commentare con un laconico: «la vittima è probabilmente morta di cause naturali». Non funziona così; è lampante che dietro a tutto ciò ci sia qualcosa di molto più inquietante.

Il prossimo indagato è in cima alla lista dei potenziali responsabili. Si tratta del sole, la fonte di quasi tutta la nostra energia, tant'è vero che senza il sole non ci sarebbe alcun clima di cui poter parlare. Al suo interno, la nostra stella cela una dinamo, un campo magnetico potentissimo che si piega e si distende seguendo la rotazione della stella sul suo asse. Quando il campo magnetico è in una fase attiva, la superficie del sole risplende con forza e ferve di attività. La presenza di macchie solari segnala il luogo dove il campo magnetico è più forte. Quando il campo magnetico è a riposo, il sole brilla un po' meno e non ci sono macchie solari (oppure sono poche). Magari è proprio lui il colpevole che stiamo cercando!

Nel 1890 l'astronoma Annie Maunder scoprì assieme a suo marito che il sole aveva attraversato un periodo di attività molto debole. Tra il 1645 e il 1715 si era registrata la quasi totale assenza di macchie solari; l'intero periodo di bassa energia solare è ora noto come *minimo di Maunder*, dal nome dei due astronomi.[14] In quel lasso di tempo gli esseri umani non se n'erano certo stati con le mani in mano ad aspettare giorni più luminosi. Il re d'Inghilterra, figlio del cacciatore di streghe che abbiamo già incontrato nelle pagine precedenti, aveva talmente irritato i suoi sudditi che questi decisero di tagliargli la testa e di instaurare al suo posto una dittatura religiosa. Dopo pochi anni di rigido controllo puritano il figlio del re decollato fu richiamato, non senza qualche imbarazzo, per occupare il trono vacante d'Inghilterra. Al di là dell'Oceano Atlantico, un inverno particolarmente rigido colpì quelle comunità di puritani ancora più estreme nelle loro idee religiose. Molti erano disperatamente alla ricerca di cibo e combustibile. In Massachusetts il predicatore Samuel Harris si lamentò dei costi della legna da ardere e fece domanda per ottenere un incremento delle sovvenzioni per il riscaldamento. La sua richiesta fu respinta. Infreddolito e malmostoso, Harris iniziò a predicare contro le forze di Satana che si erano impadronite della città di Salem. La gente gli prestò ascolto e nel giro di un anno duecento compaesani – in maggioranza donne – si trovarono a essere accusati di stregoneria; i morti furono una ventina.

Il minimo di Maunder coincise con il picco della piccola era glaciale. Questa correlazione tra variabilità solare e clima terrestre fu ritenuta a lungo la pistola fumante capace di inchiodare il colpevole una volta per tutte. Il sole era fiacco, la Terra era fredda: il delinquente dietro a tutto era il sole. Caso chiuso. Seguendo questa logica, se il sole era la vera causa del raffreddamento della Terra nel passato, allora avrebbe certamente potuto anche surriscaldarla in tempi più recenti.

Purtroppo, implicare il sole non è altro che un tentativo di depistaggio. La piccola era glaciale era cominciata molto prima dell'inizio del minimo di Maunder e le temperature registrate durante quel periodo di bassa attività delle macchie solari non erano sensibilmente più basse di quelle che avevano caratterizzato il secolo precedente.[15] Gli europei avevano iniziato a bruciare le streghe molto tempo prima che il sole si indebolisse. Ancora, la diminuzione dell'energia emessa dal sole è praticamente irrilevante: durante il minimo di Maunder la forza del sole era pari al 99,9% dell'energia emessa nel corso dei picchi di attività solare. Anche se ciò non significa in alcun modo che il sole non svolga alcun ruolo nel cambiamento climatico, oggi riteniamo che queste minime fluttuazioni possono condizionare il clima *indirettamente* tramite i cambiamenti dei venti e delle correnti e non attraverso il raffreddamento o il surriscaldamento del pianeta.[16]

In ogni caso, il sole non sta diventando più forte.[17] Se davvero i suoi raggi fossero più potenti, come minimo qualche scienziato di stanza presso una delle agenzie spaziali sparse per il mondo se ne sarebbe certamente accorto. Disponiamo di decenni di misurazioni dell'energia solare e il suo impatto sul clima è del tutto impercettibile rispetto al rumore di fondo della variabilità climatica interna. Il sole, proprio come le migliaia di streghe ingiustamente accusate, non è altro che un capro espiatorio che fa comodo a qualcuno per coprire le sue malefatte.

Se il sole non c'entra nulla con il cambiamento climatico è perché magari non stiamo guardando nella direzione giusta. La risposta potrebbe celarsi da un'altra parte nei cieli. L'immagine del cosmo è chiara da quando Isaac Newton ha messo nero su bianco la legge della gravità: la Terra gira intorno al sole, la luna gira attorno alla Terra e tutti gli altri pianeti e le altre lune girano in tondo facendosi gli affari propri. Tutti i corpi celesti possiedono però una propria gravità, per quanto debole. La nostra luna e gli altri pianeti attirano e spintonano via la Terra come fratelli attaccabrighe, obbligandoci a barcollare avanti e indietro.[18] L'orbita della Terra impiega centomila anni per cambiare forma, passando dal cerchio praticamente perfetto che è l'orbita attuale a un'ellisse oblunga, per poi ritornare al cerchio di partenza. Questo processo modifica di conseguenza la durata delle estati e degli inverni. Ogni quarantamila anni circa, l'inclinazione dell'asse cambia lentamente, e ciò rende le stagioni alquanto bizzarre e inconsuete. A causa dell'oscillazione della Terra, non dissimile da quella di una trottola di dimensioni immani, ogni ventimila anni la stella polare smette di essere Polaris nella costellazione dell'Orsa Minore e diventa Vega. Per quanto possano incidere profondamente sul clima – e, di riflesso, sulle società umane – nessuno di questi cambiamenti è percepibile nell'arco di una singola vita umana.

Tra le sabbie del deserto egiziano, lontano dalla costa mediterranea e dalle rive del Nilo e quasi ai confini con la Libia, c'è una serie di caverne. Le pareti di una di queste caverne sono ricoperte da antichissime pitture che mostrano piccole figurine di esseri umani intenti a inseguire una grande varietà di animali. Ci sono giraffe ed elefanti, ippopotami e uri: tutti animali che vivono, o che vivevano, nelle savane, non certo nel deserto. I dipinti di un'altra caverna poco distante mostrano figurine umane intente a nuotare – nel bel mezzo del deserto e lontano da fiumi, laghi e oceani.[19]

Quelle pitture sono lì perché diecimila anni fa il Sahara era verde e rigoglioso. Ciò che resta di quel panorama oggi inimmaginabile sono i residui di battigie essiccate al sole e i fondali di laghi prosciugati da tempo. Quando i laghi esondavano durante gli acquazzoni più violenti il deflusso veniva trasportato dal Nilo al Mediterraneo orientale e i depositi sui fondali marini conservano ancora la memoria di quelle inondazioni d'acqua dolce. La geologia dell'intera regione è inscritta all'interno di un quadro molto più ampio: l'intero Nord Africa era un tempo una regione umida ricca di laghi e di alberi. L'archeologia aggiunge che lì vivevano persone pronte a godere di quelle acque fresche.

Il Sahara è diventato un deserto a causa di una minima variazione nell'orbita terrestre.[20] Oggi il pianeta occupa la posizione più vicina al sole durante il mese di gennaio. Molti di noi non se ne accorgono nemmeno. D'altra parte, le stagioni sono il risultato dell'inclinazione dell'asse terrestre; la nostra distanza dal sole in questo caso non c'entra nulla. Diecimila anni fa, però, il mese in cui il nostro pianeta si trovava a essere più vicino al sole era giugno e questo fatto rendeva il Nord Africa un po' più soleggiato e caldo di quanto non sia oggi. La superficie più calda richiamava aria umida dal più freddo Oceano Atlantico, e questa si condensava in piogge torrenziali. Il Nord Africa ha ospitato un monsone estivo per migliaia di anni.

A un certo punto, il monsone annuale si è interrotto. Il pianeta oscillò seguendo la sua orbita, le piogge iniziarono a scemare e i laghi, l'erba folta, gli animali e tutta quella gente sparirono come sabbia nel deserto.[21] A quell'Eden rigoglioso fece seguito un implacabile deserto che oggi copre l'8% dell'intera superficie terrestre.

Nel corso di quel processo di desertificazione le pitture rupestri della zona cominciarono a includere via via sempre meno animali, sostituiti gradualmente da un numero crescente di terrificanti bestie immaginarie.[22] Nel contempo si facevano largo temi sessuali, sia per quanto riguarda la sfera umana che quella animale, riflettendo probabilmente una nuova ossessione che riguardava fertilità e sopravvivenza. Il prezioso bestiame viene mostrato durante le fasi di macellazione; mancano invece scene relative al consumo di quella carne. Non conosciamo il motivo di questa assenza; può darsi che il bestiame fosse sacrificato per espiare colpe vere o presunte o per rabbonire il mondo incollerito degli spiriti. È possibile che quelle pitture documentino una delle prime volte in cui gli esseri umani hanno fatto appello a qualche entità ritenuta più grande di loro stessi. I luoghi dove abitavano le genti del Sahara verde si trasformarono in qualcosa di irriconoscibile. I cambiamenti che quelle comunità si trovarono a fronteggiare dovettero essere francamente spaventosi e stranianti. In casi drammatici come questo, non c'è nulla di più intuitivo del mettersi alla ricerca di una spiegazione e scovare qualcuno a cui dare la colpa di tanta sventura.

Oggi sappiamo che cos'è stato a trasformare quel posto nel Sahara. Le oscillazioni orbitali possono causare enormi cambiamenti climatici. Siamo riusciti a capire come funziona questo meccanismo grazie alla fisica, ed è sempre grazie alla fisica che sappiamo che tale situazione si è verificata più volte nel passato. L'orbita terrestre non si sposta in modo percepibile durante una singola esistenza umana, ma è decisamente cambiata nel corso della storia. Il giorno in cui la Terra è più vicina al sole si è spostato in avanti di circa venti giorni nel corso dell'ultimo millennio, traslocando dal mese di dicembre a quello di gennaio. L'orbita si è fatta leggermente più arrotondata, mentre l'inclinazione ha subìto variazioni meno marcate. Gli astronomi hanno minuziosamente raccolto tutti i dati e li hanno immessi nel loro modello climatico.[23] I risultati mostrano che i cambiamenti dell'orbita terrestre non hanno avuto alcun effetto rilevante sul surriscaldamento cui stiamo assistendo oggi. Oltretutto, questi cambiamenti orbitali non hanno nemmeno avuto un impatto significativo sul clima degli ultimi millenni. Possono spiegare la *vera* era glaciale, quella avvenuta nel Pleistocene e di cui parlerò nel quinto capitolo, ma non la *piccola* era glaciale dell'epoca moderna. Le variazioni delle orbite planetarie hanno luogo su una scala geologica ed è impossibile che minime variazioni sviluppatesi in tempi recenti possano aver reso il mondo intero più caldo nel giro di una singola vita umana.

All'inizio dell'Ottocento la stregoneria era quasi passata di moda e la piccola era glaciale stava finalmente per concludersi. Non ci fu però il tempo di festeggiare: nel 1815 il Tambora, il vulcano più grande mai documentato nella storia, eruttò in Indonesia.[24] Il sole si spense, le temperature calarono drasticamente ed ebbe inizio quello che è noto come l'«anno senza estate».

Nei deprimenti dodici mesi che fecero seguito all'eruzione del Tambora, una ragazza inglese di nome Mary Godwin condivise una casa in affitto sul lago Lemano, conosciuto anche come lago di Ginevra, con un gruppo di amici e con il suo amante Percy, il quale era già sposato con un'altra donna. Costretta spesso in casa a causa del freddo e della pioggia costante, l'indomita comitiva decise di indire un concorso letterario informale per premiare chi fosse il più bravo a scrivere il racconto gotico più disturbante.[25] La ragazza, all'epoca appena diciottenne, era determinata a vincere nonostante fosse molto più giovane degli altri partecipanti. Il protagonista del suo racconto è uno scienziato ossessionato dal mistero della vita che decide di assemblare una creatura umana a partire da arti e organi trafugati da altri cadaveri. La creatura prende vita grazie allo shock causato dalla trasmissione di energia elettrica. Lo scienziato, orripilato dal risultato dei suoi mostruosi esperimenti, scaccia la creatura dando così inizio alla terribile catena di eventi che condurrà alla morte gran parte dei suoi amici e familiari. Lo scienziato è però sopraffatto dal senso di colpa e si impegna a rintracciare il mostro che ha creato e a cercare, per quanto possibile, di sistemare le cose.

Alla fine, la ragazza avrebbe sposato l'amato Percy e avrebbe cambiato il suo nome in Mary Shelley. Il romanzo che aveva scritto si intitolava *Frankenstein, o il moderno Prometeo* e fu il primo capolavoro dell'horror gotico. *Frankenstein* era il prodotto perfetto di quel periodo storico: era facile immaginare mostri nella cupa atmosfera che calò dopo l'eruzione del Tambora. Nel frattempo il mondo occidentale stava per passare all'uso dell'elettricità – la stessa energia che aveva rianimato il mostro di Frankenstein. Sulla soglia di un cambiamento epocale il mondo piombò di colpo nel caos dell'oscurità: per un anno intero il freddo sembrò non andarsene più e l'estate tanto attesa non arrivò mai. Era il momento adatto per un esame di coscienza collettivo: «santo cielo, cosa abbiamo fatto?».

L'anno senza estate non fu però il risultato dell'arroganza umana e del progresso tecnologico. L'eruzione di un vulcano emette nella stratosfera una nube di polvere, cenere e gas. I lapilli più pesanti cadono subito a terra mentre l'anidride solforosa che accompagna l'eruzione si trasforma chimicamente in minuscole particelle chiamate *aerosol*. L'aerosol, o particolato atmosferico, blocca direttamente la luce solare e favorisce la formazione di nubi che oscurano ancora di più. La riduzione della luce disponibile raffredda il pianeta. Non tutti i vulcani producono questi effetti. Per esempio, la gigantesca eruzione dell'Hunga Tonga, avvenuta sotto la superficie dell'Oceano Pacifico tra 2021 e 2022, non ha prodotto una considerevole immissione di aerosol nell'atmosfera,[26] mentre l'eruzione del vulcano islandese Eyjafjöll, pur paralizzando il traffico aereo, non aveva l'energia necessaria per avere un qualche impatto significativo sulla stratosfera.[27] Quando però il vulcano è del tipo giusto e l'eruzione è abbastanza potente, allora le temperature possono crollare drasticamente; quando di eruzioni ce n'è più di una la questione si complica.

Una serie di violente eruzioni vulcaniche aveva inaugurato la piccola era glaciale. Tra il 1275 e il 1300 vi furono almeno quattro eruzioni esplosive di grandi dimensioni capaci di riempire la stratosfera di ceneri vulcaniche.[28] Un'altra eruzione particolarmente potente fece tardare la primavera e colorò i cieli di rosso nel 1452 (o nel 1453). Infine, tra il 1641 e il 1680 addirittura *sei* grandi eruzioni vulcaniche ebbero luogo in rapida successione. Questo prolungato periodo di vulcanismo particolarmente energetico ci fornisce di fatto la spiegazione migliore che possiamo avanzare per l'avvento della piccola era glaciale:[29] chiarisce perché i periodi di freddo anomalo erano inframmezzati da momenti meteorologicamente nella norma, fornisce una ragione più che convincente della cronologia relativa all'insorgenza e al declino del freddo anomalo e, soprattutto, mette in risalto il motivo per cui faceva così freddo. La cenere e le polveri vulcaniche in sospensione nell'atmosfera bloccano in modo intermittente la luce solare, causando periodi di freddo prolungato e alterando la piovosità. Ciò non significa che i vulcani non possano aver goduto del sostegno di alcuni complici: ondate di freddo dovute al puro caso, minimi cambiamenti dell'energia solare capaci di alterare i meccanismi ambientali che scaldano l'ambiente e influenzano la circolazione degli oceani o anche le modifiche del suolo dovuto al catastrofico impatto della peste nera prima e della colonizzazione poi.[30] Sulla colpevolezza dei vulcani però non ci sono più dubbi: i fenomeni di vulcanismo hanno la forza sufficiente per raffreddare il clima. Alla luce di questi fatti, non è poi così peregrino domandarsi se per caso i vulcani possano avere la capacità di surriscaldare il pianeta.

Il problema è che dopo l'eruzione del Tambora nel 1815 e del più piccolo Krakatoa nel 1883 l'attività vulcanica è praticamente cessata. Il XX secolo ha visto solo sporadiche esplosioni, e si è caratterizzato per l'assenza di eventi particolarmente rilevanti fino al 1991, ossia l'anno in cui ha eruttato il Pinatubo nelle Filippine. I modelli climatici avevano previsto che quest'ultima eruzione avrebbe raffreddato il pianeta all'incirca di mezzo grado Celsius.[31] Anche in questo caso, il tempo ha dato loro ragione. Il Pinatubo e la sua eruzione sono stati i fenomeni di vulcanismo più studiati della storia grazie all'uso dei prodigi tecnologici della modernità, tra cui sensori e satelliti. Gli studi dimostrarono la potenza di alcuni tipi di eruzione vulcanica; dal canto loro, i modelli climatici si distinsero per la loro affidabilità nel registrare e proiettare nel tempo la risposta del sistema Terra nel suo complesso.

Quegli stessi modelli climatici escludono il vulcanismo dalla lista dei sospettati dietro al cambiamento climatico odierno. La Terra ha avuto secoli per riprendersi dalla catena di eruzioni della piccola era glaciale, e dopo l'esplosione del Pinatubo le temperature hanno impiegato solo pochi anni per rientrare nella norma. Da allora non si sono più verificate eruzioni vulcaniche particolarmente significative. Disponiamo di prove sufficienti per inchiodare le eruzioni vulcaniche alle loro responsabilità per aver causato la piccola era glaciale, ma possiamo tranquillamente scagionarle per quanto riguarda la situazione di oggi.

Mary Shelley visse sulla sua pelle la fine della piccola era glaciale e osservò il mondo mentre tornava a scaldarsi. Nel frattempo, la Rivoluzione industriale si era ormai seduta al tavolo della storia. Quando Shelley fece ritorno da una Ginevra oscurata dalle ceneri vulcaniche trovò una Londra altrettanto cupa e il Tamigi annerito dagli scarichi fognari, dal sangue e dai rifiuti chimici delle industrie moderne. La capitale aveva raddoppiato i suoi abitanti nel giro di poche decine d'anni: gli stabilimenti di periferia attiravano la gente dalle zone rurali sotto l'invisibile influenza di una gravità meccanica. I camini vomitavano fumo nero nei cieli nebbiosi. Nonostante le ceneri vulcaniche non fossero più in sospensione nella stratosfera e dell'anno senza estate non fosse rimasto che un mero ricordo, i cieli di Londra erano ancora tetri di caligine. L'esplosione del Tambora aveva dimostrato che i vulcani possono oscurare il sole; le industrie inglesi confermavano che noi non siamo da meno.

È da più di un secolo che gli esseri umani offuscano il cielo. Ciò che chiamiamo *inquinamento*, ossia i gas, la fuliggine e le polveri sottili che oscurano il sole e che ci fanno ammalare gravemente, viene emesso dalle centrali elettriche e dai tubi di scappamento. L'anidride solforosa rilasciata a seguito dell'uso dei combustibili fossili si trasforma nell'atmosfera in aerosol composto da solfati; questo particolato ostacola la luce solare e contribuisce alla formazione di nubi che la schermano ulteriormente. L'effetto cumulativo della Rivoluzione industriale e di quelli che il poeta inglese William Blake ha definito come *dark satanic mills* («oscuri mulini satanici»)[32] è stato una diminuzione della luce solare a livello globale; in pratica è come se avesse eruttato un piccolo vulcano creato dall'uomo.[33] Le economie del mondo occidentale hanno continuato a offuscare il sole con i loro scarichi fino agli anni settanta del secolo scorso, quando furono varate le prime leggi per la tutela della qualità dell'aria. Grazie a questi interventi politici il particolato atmosferico si è drasticamente ridotto in Europa occidentale e nell'America settentrionale.[34] Oggi, passato il picco di emissioni avvenuto durante la ricostruzione postbellica a metà del secolo scorso, il particolato atmosferico a livello globale è diminuito ed è presente in misura preponderante nell'Asia meridionale e orientale.

Forse è proprio questo particolato ad aver causato il riscaldamento globale. Non sarebbe una cattiva notizia: se è bastato intervenire attraverso una legislazione pensata ad hoc per agire con efficacia, allora forse dobbiamo solamente attendere che Cina, India e le altre nazioni asiatiche inizino a legiferare in merito. Le altre regioni del mondo hanno già dimostrato che tecnologia e legislazione possono agire insieme per ridurre drasticamente l'inquinamento e i governi hanno più di un motivo valido per agire in questo senso: il particolato atmosferico e le polveri sottili rappresentano una gravissima minaccia per la salute non solo di chi vive a ridosso degli stabilimenti industriali e degli impianti energetici che fanno ricorso ai combustibili fossili ma anche degli abitanti delle città strette nella morsa asfissiante dello smog. Nessuno sano di mente vuole respirare aria inquinata o bere acqua potabile contaminata. Le emissioni di particolato atmosferico hanno probabilmente già superato il loro culmine;[35] non è irrealistico attendere una loro rapida diminuzione nel futuro imminente.

C'è solo un piccolo problema: il particolato non sta surriscaldando il pianeta. Al contrario, sta avendo l'effetto opposto. L'aerosol in sospensione e il particolato che stimola la formazione delle nuvole *riducono* la luce solare. Secondo i calcoli degli studiosi, senza la diminuzione globale della luce solare causata dalle emissioni di particolato europeo e nordamericano tra gli anni cinquanta e gli anni ottanta del Novecento, il pianeta avrebbe subìto un surriscaldamento ancora maggiore. Un esperimento recente dimostra chiaramente l'effetto di questo particolato. Quando lo scoppio della pandemia di Covid-19 nel 2020 ha obbligato i governi a chiudere gli stabilimenti industriali e i vari lockdown hanno impedito la circolazione delle automobili, le emissioni di polveri sottili e aerosol sono crollate in molte regioni. Il risultato è stato una piccola ondata di riscaldamento globale derivante dalla diminuzione dell'inquinamento capace di bloccare la luce solare.[36]

Un indagato che si riveli innocente riguardo a un dato crimine può comunque averne perpetrato un altro. Anche se il particolato ha quasi sicuramente contribuito a raffreddare il pianeta ciò non significa in alcun modo che sia una cosa buona o che non dovremmo opporci a un taglio netto di queste emissioni nocive. L'inquinamento atmosferico è associato a un aumento di infarti, di problemi cardiocircolatori e all'insorgenza di diabete, cancro e malattie respiratorie. Non c'è alcun dubbio che i benefici derivanti da una messa al bando di questi gas di scarico superino di gran lunga una loro azione mitigante riguardo al riscaldamento climatico attuale. Ancora, se l'impatto del particolato sul clima *mondiale* può aver in parte attenuato i problemi attuali, il suo effetto sul clima a livello *regionale* è stato fatale.

Prima che le oscillazioni planetarie trasformassero il Sahara verde nella landa desolata che è oggi, il lago Ciad era il bacino naturale d'acqua dolce più grande del continente africano. Benché sia ora ridotto a un laghetto poco profondo, resta comunque la fonte primaria di approvvigionamento idrico per l'intera regione nota come Sahel, una porzione dell'Africa subsahariana che va dal Senegal all'Etiopia e che ospita più di cinquanta milioni di persone. Il Sahel è interessato dall'alternanza di alluvioni e siccità ed è popolato in gran parte da agricoltori che vivono di ciò che riescono a coltivare. Negli anni settanta e ottanta questa regione subì una fortissima siccità che si trasformò rapidamente in una catastrofe umanitaria.

Il consenso scientifico occidentale sulla siccità nel Sahel, pur presentandosi come disinteressato, finì per attribuire più o meno velatamente la responsabilità alle popolazioni locali. Queste si sarebbero rese colpevoli di aver gestito in modo non appropriato i terreni agricoli, permettendo inoltre il sovrasfruttamento dei pascoli.[37] Una volta combinati, questi due fattori avrebbero avuto un devastante effetto domino, portando inevitabilmente alla desertificazione del Sahel. Pertanto, non ci si poteva più fidare della popolazione locale. Sappiamo che i cambiamenti geomorfologici possono modificare il clima a livello regionale. Ad esempio, le regioni dove sono presenti sistemi di irrigazione su larga scala sono più umide di quanto non sarebbero altrimenti; ancora, le pessime pratiche agricole adottate negli Stati Uniti centrali durante gli anni trenta del secolo scorso avevano contribuito al periodo noto come Dust Bowl (o «catino di polvere»), dominato da siccità, tempeste di sabbia e degrado ambientale. Era quindi ragionevole supporre che eventuali modifiche alla vegetazione locale avessero potuto alterare il delicato equilibrio di una regione come il Sahel. La spiegazione più accettata fu quindi che la siccità era certamente un evento terribile, ma la colpa era solo della gente che abitava laggiù. Purtroppo si trattava della spiegazione sbagliata.

Nei primi anni del XXI secolo, gli scienziati compresero che esisteva un legame tra le precipitazioni nel Sahel e la temperatura superficiale del lontano Oceano Atlantico settentrionale. Quando la temperatura dell'oceano è alta le piogge arrivano puntuali a luglio e durano fino a settembre; quando la temperatura è più bassa, le piogge non arrivano mai. Tra gli anni settanta e ottanta l'Oceano Atlantico era stato caratterizzato da temperature particolarmente fredde. I ricercatori hanno testato questa correlazione all'interno di un modello climatico.[38] Una volta immesse nel modello le temperature che erano state documentate nell'Atlantico dagli oceanografi, le condizioni meteorologiche del Sahel riflettevano in modo quasi perfetto la siccità che si era venuta a creare. Nessuna potenziale azione intrapresa nel Sahel – un miglior uso dei terreni agricoli, scelte locali differenti o diversa gestione complessiva – avrebbe potuto modificare il risultato: il colpevole non era la popolazione locale ma l'oceano.[39] La domanda sorge allora spontanea: che cosa aveva causato quel raffreddamento?

Lo straordinario boom economico postbellico dell'Europa occidentale e dell'America settentrionale era stato alimentato dal carbone e dal petrolio. Le industrie che lavoravano a pieno ritmo vomitavano senza sosta anidride solforosa e altre sostanze inquinanti nell'atmosfera; da lì queste sostanze venivano trasportate fino all'oceano. L'aerosol in sospensione sul mare creava nuvole, bloccava il sole e raffreddava la superficie dell'Oceano Atlantico settentrionale. Tutto ciò si può facilmente ripetere *in silico*, ossia all'interno di un modello: oscuriamo i cieli al di sopra dell'oceano e stiamo a vedere cosa succede. Il cielo raffredda il mare, i venti cambiano e gli effetti si fanno sentire molto lontano. La fascia delle piogge tropicali si sposta più a sud in cerca di temperature più calde, saltando a piè pari il Sahel. Si può ripetere l'esperimento ogni volta che si vuole per testare tutta la gamma di possibili combinazioni meteorologiche, ma ogni volta il Sahel soffre condizioni di siccità. L'inquinamento occidentale viene *sempre* trasportato fino al mare, l'Oceano Atlantico settentrionale si raffredda *sempre* e le popolazioni del Sahel soffrono *sempre* a causa della siccità che si viene a creare. Non è stata colpa loro; è stata colpa *nostra*.

Siamo arrivati all'ultimo dei nostri sospettati, ossia i gas serra. Queste molecole scaldano il pianeta perché intrappolano e rispediscono verso la Terra la componente a infrarossi della radiazione solare che viene riflessa dalla superficie del pianeta. Conosciamo bene la loro forza: pur costituendo appena lo 0,5% dell'atmosfera, i gas serra sono in grado di alzare la temperatura media del pianeta da valori inferiori allo zero a circa 16°C. Sappiamo che la concentrazione atmosferica di questi gas sta salendo in modo vertiginoso e costante. E sappiamo anche perché ciò sta accadendo ora.

Circa cinquemila anni fa, qualcuno in Cina trovò una pietra nera e decise di darle fuoco.[40] Dove la legna da ardere scarseggiava si passò a bruciare il carbone per riscaldarsi e per bollire l'acqua. Nel XIII secolo, mentre in Scozia e in Inghilterra i minatori lavoravano alacremente presso i giacimenti di carbone locali, Marco Polo riportava che i cinesi dell'epoca usavano il carbone per scaldare l'acqua in cui fare il bagno. La lunga relazione tra esseri umani e carbone entrò in una fase di sovraeccitazione nel 1769, ossia l'anno in cui l'ingegnere scozzese James Watt brevettò la macchina a vapore. Nel giro di pochi anni la Rivoluzione industriale entrò a pieno regime. Le industrie affamate di carbone che annerivano la Londra di Mary Shelley non rilasciavano nell'atmosfera solo l'inquinamento percepibile a occhio nudo, ma anche qualcosa che forse era persino più subdolo a causa della sua *invisibilità*.

I combustibili fossili come il carbone (assieme al petrolio e ai gas) producono energia e anidride carbonica quando viene dato loro fuoco. È impossibile ottenere energia dai combustibili fossili senza che questi rilascino CO_2; si tratta di un inevitabile prodotto secondario della reazione di combustione. A partire dal XIX secolo, il ritmo di immissione di questa anidride carbonica nell'atmosfera ha raggiunto un tasso mai attestato negli ultimi ottocentomila anni.[41] L'anidride carbonica è un potentissimo gas serra e può rimanere in sospensione nell'atmosfera per centinaia o migliaia di anni. Una parte delle molecole di anidride carbonica emesse all'inizio della Rivoluzione industriale è ancora lì, sospesa nella nostra atmosfera, a ricordarci il peso che possono avere sul presente le decisioni prese nel passato.

Anche facendo astrazione dall'uso dei combustibili fossili, in pratica non esiste più un singolo aspetto della vita contemporanea che non finisca per immettere anidride carbonica nell'atmosfera. Quando radiamo al suolo le foreste non facciamo altro che rimuovere gli alberi che intrappolano la CO_2 dall'aria durante il processo di fotosintesi.[42] Quando distruggiamo le praterie di posidonia e di altre piante sui fondali marini, oppure quando bonifichiamo l'habitat paludoso delle mangrovie, compromettiamo la capacità di questi ecosistemi di sequestrare l'anidride carbonica dall'atmosfera.

Quando produciamo plastica, cemento e acciaio non facciamo altro che rilasciare CO_2 nell'atmosfera, anche in quei casi in cui il processo di produzione non è direttamente alimentato dai combustibili fossili. Sembra quasi che ogni elemento della vita moderna contribuisca inesorabilmente all'aumento di CO_2.

La cosa spaventosa è che l'anidride carbonica non è il gas serra più potente tra quelli rilasciati dagli esseri umani. Il gas «naturale» che bruciamo per produrre elettricità e per riscaldarci è composto per la maggior parte da metano che, tra l'altro, fuoriesce dai siti di trivellazione e dalle tubature dei gasdotti. Le eruttazioni di un miliardo di bovini cresciuti negli allevamenti intensivi costituiscono una fonte particolarmente rilevante di metano. Anche tutte le cose che buttiamo e che lasciamo marcire nelle discariche rilasciano metano.

Il metano è bifronte: ha un aspetto relativamente positivo e uno decisamente negativo. La buona notizia è che non ha una vita molto lunga. In media, una molecola di metano rimane in sospensione nell'atmosfera per poco più di un decennio. La cattiva notizia è che il metano è novanta volte più efficace dell'anidride carbonica per quanto riguarda l'intrappolamento del calore. In pratica, non vive a lungo, ma durante la sua esistenza è capace di fare molti più danni della CO_2. Inoltre, l'immissione antropogenica di metano non accenna a diminuire: le concentrazioni atmosferiche di metano sono salite del 150% dall'inizio della Rivoluzione industriale.[43]

La lista di gas serra emessi dagli esseri umani non finisce qui. I concimi impiegati nell'agricoltura causano l'accumulo di ossido di diazoto nell'atmosfera, un gas serra che ha una lunga vita e che è estremamente potente. I fluorocarburi gassosi usati per la refrigerazione e per l'aria condizionata possiedono le stesse proprietà tipiche dei gas serra. Le concentrazioni di tutti questi gas capaci di imprigionare il calore sono salite drasticamente con l'avvio e lo sviluppo della Rivoluzione industriale.[44] Se immettiamo i dati di tutti questi gas serra all'interno di un modello climatico e lo facciamo girare su un computer il risultato è sempre e soltanto uno: il mondo comincia a surriscaldarsi.

Eccolo qui il nostro colpevole. Abbiamo passato in rassegna i profili dei sospettati e non ci siamo fatti scappare nessun indizio di rilievo. Chi ha le mani sporche di sangue non è la variabilità interna, non è il sole, non si tratta dell'orbita terrestre, non sono stati i vulcani e non è stata nemmeno l'emissione di particolato nell'atmosfera, che ha invece contribuito a controbilanciare in modo parziale il riscaldamento globale con un minimo di raffreddamento. Nonostante le proteste degli accusatori malinformati, gli alibi degli altri imputati si sono dimostrati inattaccabili: non sono stati i raggi cosmici, il nucleo della Terra, il surriscaldamento locale prodotto dalle industrie o i test nucleari. I dati raccolti sulla scena del crimine e le testimonianze parlano chiaro: i gas serra sono colpevoli al di là di ogni ragionevole dubbio. Il 100% delle tendenze climatologiche legate al riscaldamento globale che abbiamo vissuto negli ultimi decenni e che stiamo drammaticamente vivendo oggi è dovuto ai gas serra – anzi, più del 101%, se consideriamo che senza questi gas serra l'aerosol, il particolato e altri fattori naturali avrebbero reso il pianeta leggermente più freddo. Le prove a carico sono inoppugnabili e il verdetto della scienza inconfutabile: il mondo si sta surriscaldando a causa dell'azione dei gas serra.

Quando il re scozzese che si dilettava a cacciare le streghe si trovò a ereditare il trono d'Inghilterra, gli artisti e gli scrittori inglesi cercarono di entrare nelle sue grazie producendo opere che avrebbero presumibilmente incontrato i suoi interessi. William Shakespeare, in prima fila tra gli adulatori reali dell'epoca, intrise di stregoneria il suo *Macbeth*. Questa tragedia in cinque atti si apre sulla brughiera scozzese, dove tre sorelle particolarmente inquietanti ricorrono alla magia per modificare le condizioni meteorologiche. Il tema cardine che qui ci interessa è però un altro. Il personaggio di Lady Macbeth incarna l'immagine archetipica della colpa: «vattene via, macchia maledetta!», esclama, mentre cerca di lavare via il sangue dalle sue mani.

Shakespeare conosceva bene il suo pubblico. La piccola era glaciale era ossessionata dalla colpa. L'aria era gelida, i raccolti scarsi e le tempeste terribili: doveva esserci per forza qualcuno dietro a tutto ciò, ma mai che si cerchi questo qualcuno tra chi detiene realmente il potere. Durante il regno di re Giacomo migliaia di persone furono condannate per stregoneria, e la stragrande maggioranza di queste erano donne, spesso anziane, vedove, povere, poco attraenti agli occhi degli uomini oppure semplicemente prive di amicizie altolocate. A ben vedere, è una cosa davvero strana: il diavolo non sceglie quasi mai i ricchi e i potenti come suoi emissari in Terra e preferisce invece portare avanti i suoi infernali progetti di corruzione lavorando tramite gli individui socialmente più deboli. Lo stesso dramma si ripeté in Europa e nelle colonie dell'America settentrionale: decine di migliaia di persone furono arrestate e quasi tutte giudicate colpevoli dai tribunali. Alcune di queste, impaurite, non istruite e sotto pressione, possono persino essersi sentite realmente colpevoli dei crimini loro imputati.

Il nesso che lega insieme colpa e senso di colpa è alquanto bizzarro: si tratta infatti dell'unico sentimento capace di trasformarsi anche in un capo d'accusa. Una giuria e un giudice non possono dichiararvi tristi, arrabbiati o spaventati, ma possono certamente dichiararvi colpevoli. Esistono diversi tipi di colpa: *scientifica* (chi o cosa è colpevole secondo le prove a disposizione?), *legale* (stabilita nelle aule dei tribunali) e *morale* (quando si provano vergogna o rimorso). La scienza moderna non ha dubbi sul primo tipo di colpa: la fisica elementare ci dice che i gas serra stanno scaldando il pianeta. Anche la giuria si è espressa: il consenso scientifico attuale stabilisce che non c'è altra spiegazione possibile dietro al riscaldamento climatico. Resta da capire cosa fare del terzo tipo di colpa che riguarda la dimensione morale. In effetti non possiamo certo incolpare le molecole dei gas serra, che non c'entrano nulla con la decisione di essere scagliate nell'atmosfera. La verità è una sola: la vera causa del surriscaldamento climatico siamo *noi*.

Anche qui occorre fare alcune precisazioni. L'emissione dei gas serra nel mondo non è uniforme. Al momento, la Cina emette ogni anno più gas serra di qualunque altro paese ed è pertanto responsabile al 12% circa del tasso di riscaldamento globale.[45] Le emissioni degli Stati Uniti, dove vivo, sono più basse di quelle della Cina e sono in diminuzione.[46] Tuttavia, dato che l'anidride carbonica ha una vita particolarmente lunga una volta immessa nell'atmosfera, gli Stati Uniti sono comunque responsabili per più del 17% dell'attuale tasso di riscaldamento.[47] Gli statunitensi hanno emesso anidride carbonica per più tempo e molta dell'anidride carbonica che hanno prodotto nella storia della nazione è ancora in sospensione sopra le nostre teste. Al contrario, tutte le nazioni meno sviluppate messe insieme sono responsabili all'incirca del 6% del riscaldamento del pianeta. Queste percentuali non tengono però conto delle enormi differenze che esistono nelle emissioni pro capite tra i diversi paesi. Il cittadino medio di una nazione ricca emette circa dieci tonnellate di anidride carbonica ogni anno; il cittadino medio di una nazione povera ne emette all'incirca un decimo.

Al pianeta non importa chi c'è dietro ai cambiamenti che si trova costretto a subire. I gas serra si mescolano nell'atmosfera, tant'è che una molecola di anidride carbonica, metano o di ossido di azoto emessa in un luogo specifico contribuisce a surriscaldare l'*intero* pianeta. Le emissioni dei paesi più ricchi hanno un effetto nefasto su *tutta* la Terra. Eventi estremi come le ondate di calore capaci di abbattere tutti i record precedenti, le alluvioni devastanti e le siccità persistenti si susseguono ora con una regolarità sorprendente. Il periodo che stiamo vivendo non ha precedenti storici, ma alcune cose non cambiano mai: i ricchi fanno le loro scelte e i poveri subiscono le conseguenze di quelle scelte. La gente che soffre di più l'impatto del cambiamento climatico è quella che ha meno colpe di tutti riguardo alle cause scatenanti.

Nella regione artica il surriscaldamento è quasi quattro volte più veloce di quello che sta avendo luogo nel resto del pianeta;[48] a farne le spese sono le comunità autoctone che abitano in quel luogo da millenni. Ai tropici, le zone più calde del pianeta stanno diventando ancora più calde, e le popolazioni locali sono sottoposte a temperature che nessun essere umano ha mai dovuto sopportare. Le nazioni più povere del sud del mondo, già dilaniate dal colonialismo di ieri e dall'estrazione neoimperialistica di risorse di oggi, sono quelle più colpite dal cambiamento del clima, senza contare che hanno a disposizione meno risorse per far fronte ai problemi crescenti.[49] Anche all'interno dei paesi più ricchi, le comunità più svantaggiate e discriminate sono quelle più colpite, e spesso si trovano in prima linea a dover fare i conti con allagamenti, incendi, aree costiere divorate dall'aumento del livello del mare e quartieri urbani flagellati dal surriscaldamento. Con il passare dei mesi e degli anni la situazione peggiorerà. Il mondo sta diventando un posto più pericoloso, squallido e ingiusto. Chi vive nel benessere garantito dalla sperequazione economica e sociale delle nazioni più ricche deve prendere coscienza di un dato di fatto alquanto scomodo: questa è solo colpa nostra.

La storia delle emissioni dei gas serra si intreccia alle varie storie di eventi vergognosi: guerre, conquiste, inquinamento e razzie di risorse altrui. Oggi le nazioni ricche si trovano a essere inondate di soldi macchiati dal sangue altrui. I sistemi che dipendono dai combustibili fossili dipendono anche dalla corruzione e dal ladrocinio e molti di noi continuano a beneficiare di queste tremende eredità all'interno di istituzioni ormai compromesse. Le nostre esistenze scorrono nell'agio prodotto dal gas e dal petrolio e spesso viviamo su appezzamenti di terra strappati con la forza ad altri e spogli di qualsiasi elemento naturale. Sentirsi oppressi dalla dimensione *morale* del senso di colpa è una risposta adeguata di fronte all'enormità del problema che ci troviamo ad affrontare e che in buona parte è stato causato da noi stessi.

Tuttavia, il senso di colpa, se non viene seguito da azioni concrete, non serve a nulla. Lady Macbeth si aggira di notte per il castello, ossessionata dalla macchia di sangue sulle sue mani, ma quest'ossessione non porta a nulla di costruttivo: il re è morto e morto rimane. Nessuno chiede scusa, nessuno propone risarcimenti e nessuno tenta di fermare la spirale che conduce alla violenza e al caos. La profezia delle streghe si avvera: Macbeth viene assassinato, un altro nobile ne prende il posto e molte generazioni più tardi il discendente reale del sostituto comincia a interessarsi del rapporto tra condizioni atmosferiche e stregoneria.

Oggi possiamo incolpare re Giacomo per la caccia alle streghe che ha imperversato nella Scozia della piccola era glaciale. Allo stesso modo, possiamo ritenere i governi coloniali e quelli europei responsabili delle torture e delle esecuzioni. Con la vista a undici decimi che ci fornisce il senno di poi vediamo perfettamente le decisioni umane che hanno trasformato la piccola era glaciale in un periodo di sospetti e di accuse mortali. A ogni modo, sarebbe stato meglio se quei cacciatori di streghe, sopraffatti dalla vergogna, si fossero accorti degli errori che avevano commesso. Ancora meglio sarebbe stato se qualcuno li avesse fermati.

Oggi siamo perfettamente consapevoli di ciò che sta causando il cambiamento climatico: gli esseri umani, in particolare quelli benestanti. Ciò significa che i cittadini delle nazioni ricche sono colpevoli e che noi tutti, quindi, dovremmo sentirci in colpa. Significa però che sappiamo anche come fermarlo. Se il cambiamento del clima fosse causato da forze al di là dell'umana comprensione e se fosse completamente al di fuori del nostro controllo, il mondo sarebbe davvero un luogo terrificante (anche se in questo caso ci potremmo sentire esonerati dal senso di colpa). Invece la stessa scienza che stabilisce che i gas serra sono i responsabili del cambiamento climatico ci mostra anche che se smettiamo di produrli e di rilasciarli nell'atmosfera le temperature globali si possono stabilizzare. Nel momento in cui accettiamo la nostra responsabilità in merito otteniamo in cambio una potente verità: quanto peggiorerà la situazione attuale dipende solo da noi. Il futuro è tutto nelle nostre mani.

I negazionisti hanno ragione: il clima è sempre cambiato nel passato più o meno remoto. La lezione che ci arriva da quei tempi lontani non è però che l'essere umano non possa influire sul *clima*; è che le azioni umane possono cambiare il *mondo*. I vulcani hanno causato la piccola era glaciale; i re hanno condotto la caccia alle streghe. La variabilità interna casuale ha provocato la Grande Siccità; i governi coloniali hanno causato la Grande Carestia. El Niño ha sconvolto le correnti; i *conquistadores* hanno annientato una civiltà. Ora i colpevoli siamo noi. Siamo noi a causare il cambiamento climatico, noi che accendiamo le luci, attiviamo gli elettrodomestici, guidiamo le nostre automobili, usiamo tutti i nostri marchingegni e accumuliamo i ninnoli prodotti con l'antica energia del sole. Siamo colpevoli, è vero. Ma proprio per questo possiamo provare rimorso, risarcire chi ha pagato il prezzo più alto e scegliere di rimediare. Dobbiamo agire subito per evitare conseguenze di gran lunga peggiori, eppure ci aggiriamo come dei sonnambuli che barcollano, privi di speranza come Lady Macbeth, verso un futuro insostenibile e con le mani ancora luride di carbone e petrolio.

4. Paura

«Qualcosa di malvagio si avvicina».
William Shakespeare, *Macbeth*[1]

Quando ero piccola avevo paura del buio. I protagonisti dei miei incubi erano creature diaboliche che si facevano vive di notte: gli spiriti sulla soglia della mia cameretta, i fantasmi in sala e i mostri sotto il letto. I miei genitori cercavano di spiegarmi con pazienza che quegli esseri in realtà non esistevano. Nessuna spiegazione riusciva però a persuadermi del contrario: io ci credevo davvero.

Oggi ho paura della luce o, perlomeno, del tipo di luce più insidiosa, quella invisibile ai nostri occhi. Il mondo sta cambiando perché i gas serra presenti nell'atmosfera intrappolano la radiazione a infrarossi in fuga dalla superficie del pianeta. Di conseguenza la temperatura del pianeta è salita di più di 1,1 °C. Uno o due gradi di differenza possono sembrare un'inezia: se fosse una malattia sarebbe solo qualche riga di febbre, non certo una malattia terminale. Un po' di caldo in più potrebbe persino essere benvenuto, specie se fuori fa freddo e siamo nel bel mezzo dell'inverno. Ma la verità è un'altra. Una volta imprigionata la luce diventa pericolosa e imprevedibile come un animale selvatico in gabbia. E diventa capace di fare cose terribili.

Quando le temperature globali aumentano, le condizioni meteorologiche si fanno più estreme. Le ondate di calore diventano più frequenti e più torride. La siccità dura più a lungo ed è più intensa. Le precipitazioni più abbondanti causano inondazioni catastrofiche. Le tempeste infuriano e il livello del mare sale pericolosamente. Gli scienziati studiano la fisica che soggiace a questi eventi e che unisce il cambiamento del clima agli eventi meteorologici sempre più estremi. Abbiamo predetto gran parte di questi eventi per decenni. Ora, purtroppo, la natura ci sta dando ragione e le nostre paure più grandi diventano realtà.

Lo so bene perché questi incubi reali li ho studiati di recente: l'ondata di caldo che ha colpito la zona del Pacifico nord-occidentale nel 2021[2] e che ha ucciso centinaia di persone e causato la morte di milioni di creature marine nell'oceano bollente; la catastrofica inondazione provocata dall'uragano Ida a New York;[3] più di un ventennio di siccità brutale nell'ovest degli Stati Uniti;[4] il devastante doppio colpo assestato dagli uragani Helene e Milton nel 2024. Ho seguito le ondate di calore e le piogge torrenziali che hanno battuto tutti i record precedenti. Le statistiche sono scioccanti: secondo il rapporto della US National Climate Assessment («Valutazione del clima della nazione») pubblicato nel 2023, dagli anni ottanta del secolo scorso a oggi la frequenza dei disastri i cui danni sono quantificabili in un miliardo di dollari (al netto dell'inflazione) è passata da uno ogni quattro mesi a uno ogni tre settimane.[5]

Il clima è solo uno dei fattori che si stanno estremizzando. Tutti questi disastri aumentano il caos di un mondo ormai in preda al disordine e alla confusione. Il cambiamento climatico sta già avendo un effetto sconvolgente sulle società fortemente ingiuste e discriminatorie nelle quali viviamo: moltiplica le minacce, diffonde malattie e ostacola o impedisce gli approvvigionamenti idrici e alimentari. Ancora, rafforza i demagoghi che promettono soluzioni semplicistiche e punizioni esemplari e semina distruzione – e in tutti questi casi i responsabili non sono i cataclismi provocati da un clima impazzito, ma gli stessi esseri umani che ne subiscono gli effetti.

Il futuro è spaventoso. Le temperature globali continueranno a salire e gli eventi estremi saranno inevitabili quanto le reazioni umane di fronte a tali calamità. Sono adulta e vaccinata e benché non abbia più paura di fantasmi, lupi mannari e streghe, credo ancora ai mostri.

Il mese di agosto del 2003 era iniziato come qualunque altro agosto. In Francia frotte di turisti accorrevano per visitare Parigi mentre schiere di residenti abbandonavano la canicola cittadina per recarsi nei più freschi luoghi di villeggiatura estiva. Il governo aveva appena diramato un comunicato stampa preoccupante: di lì a poco un'insolita ondata di caldo avrebbe portato le temperature a superare i 43 °C. Molti si fecero beffe di tali risibili comunicazioni istituzionali: d'estate fa caldo, no? E allora, dov'era il problema?

I burocrati e i dottori parigini se ne andarono in vacanza come ogni anno, ma al loro ritorno fecero una macabra scoperta: gli anziani che vivevano da soli, intrappolati nei loro appartamenti roventi e senza la possibilità di andarsene via a cercare refrigerio altrove, come avevano fatto i loro familiari, dovettero affrontare temperature folli che non scendevano nemmeno durante la notte. Quell'estate morirono quindicimila anziani e i loro corpi furono ammassati nei camion frigorifero nell'attesa che qualcuno li portasse via.[6]

Nel 2003 gli europei impararono ad aver paura del caldo. Le previsioni estive non si traducevano più automaticamente in giorni spensierati sulle limpide acque del Mediterraneo; le ondate di calore potevano infatti tramutarsi in sirene spiegate giorno e notte, in pile di cadaveri e in una potenziale condanna a morte per chi rimaneva in città. Una volta terminata l'emergenza, gli scienziati stimarono che quell'ondata di calore aveva ucciso settantamila persone su tutto il continente.[7] Per la prima volta, gli scienziati attribuirono quel disastro senza precedenti al riscaldamento climatico.[8] Le ondate di calore possono aver luogo ovunque e in qualunque momento, ma l'estate del 2003 era diversa. Qualcosa di sinistro aleggiava nell'aria surriscaldata, quasi come se dietro agli ultimi eventi si estendessero invisibili tentacoli alieni pronti ad avviluppare i malcapitati e a stritolare un numero di vittime mai visto prima. I dati scientifici parlavano chiaro: il riscaldamento del pianeta aveva reso le ondate di calore come quella del 2003 due volte più probabili.

Le ondate di calore figurano tra le conseguenze più chiare e maggiormente studiate dell'aumento delle temperature medie globali. Ci attendiamo che diventino più frequenti, più intense e più diffuse geograficamente. Le temperature quotidiane seguono una curva a campana: alcune sono insopportabili per il troppo caldo, altre sono micidiali per il troppo freddo, e tutto il resto dei valori sta nel mezzo. Il riscaldamento del pianeta sposta l'intera curva verso destra, trascinando le temperature via dal freddo più estremo e allungando la coda del caldo verso picchi privi di precedenti. Pertanto, ci troviamo ad affrontare una nuova normalità, leggermente più calda di prima, e anomalie roventi mai verificatesi prima d'ora – ondate di calore da record possibili solo su un pianeta che si sta surriscaldando.

Non si tratta dell'unico cambiamento. L'Artide si sta riscaldando molto più velocemente del resto del mondo.[9] Il motivo è presto detto: le banchise e il ghiaccio galleggiante sono superfici altamente riflettenti e raffreddano l'acqua che sta sotto allo stesso modo in cui un parasole in alluminio collocato sul cruscotto di un'automobile protegge l'abitacolo dal calore eccessivo. Quando il mondo si surriscalda il ghiaccio si scioglie, e questo parasole naturale di ghiaccio sparisce;[10] come avremo modo di vedere nel sesto capitolo, questo meccanismo instaura un circolo vizioso che rende l'Artide sempre più caldo. L'Artide riveste una notevole importanza perché ciò che ha luogo al Circolo Polare si riflette su tutto il pianeta. Gli oceani e l'atmosfera sono perennemente in moto; possiamo immaginarli come dei motori giganteschi attivati dalla differenza di temperatura tra le parti calde e quelle fredde del pianeta. Le correnti d'aria esistono perché l'aria calda sale all'Equatore e comincia a viaggiare per raggiungere i poli più freddi. Quando l'Artide si surriscalda in modo eccessivo, come sta accadendo ora, il motore del clima singhiozza e arranca e l'aria comincia a spostarsi in modo meno energico. Ciò vuol dire che le condizioni meteorologiche persistono più a lungo,[11] e che lo scioglimento dei ghiacciai artici nel corso dell'estate rende la zona polare particolarmente soggetta a subire l'effetto di vere e proprie cupole di calore all'interno delle quali la soffocante alta pressione può agire indisturbata per settimane o addirittura mesi prima che il clima cambi.

Il caldo implacabile diventa mortale dove scarseggiano le aree verdi e dove è difficile trovare posti all'ombra. Tali caratteristiche si applicano a gran parte delle zone dove domina la povertà e, soprattutto negli Stati Uniti, dove la popolazione è in maggioranza composta da persone di colore. Non è un caso: le regioni di alta pressione e quelle contraddistinte da temperature elevate sono segnalate sulle cartine meteorologiche con linee rosse; le carte topografiche statunitensi erano solite usare linee rosse per circoscrivere i quartieri a maggioranza afroamericana, per escluderli da investimenti istituzionali o per negare loro l'assicurazione sul mutuo. Si trattava di una deliberata scelta politica per implementare la segregazione razziale attraverso azioni governative. Quelle azioni si riflettono oggi nella mancanza di spazi verdi, di ombra e di parchi che contrassegna i quartieri discriminati con la penna rossa dai più freschi e meno roventi quartieri limitrofi. In alcuni casi la differenza tra i due poli urbani può addirittura raggiungere i 6,7°C.[12]

Il caldo è già ora mortale per gli anziani, i diseredati e tutti coloro i quali sono stati discriminati dalla storia e dalla società. Con il passare degli anni il caldo diventerà sempre più letale per tutti. Le ondate di calore che prima avevano luogo ogni cinquant'anni ora capitano ogni decennio, e sono sempre più lunghe e sempre più calde. Se le emissioni dei gas serra non diminuiscono in modo drastico e repentino peggioreranno sempre di più. Quando sarò una di quegli anziani lasciati soli, anche per me non ci sarà scampo. Ci saranno giorni e settimane di temperature elevatissime che dureranno per tutta l'estate, anch'essa più lunga. I punti di pronto soccorso si riempiranno di vittime svenute a causa dei colpi di calore e che si ustioneranno sull'asfalto bollente. L'aria diventerà irrespirabile, i marciapiedi si faranno cocenti e i meccanismi ben oliati della società cominceranno a creparsi e a spaccarsi. Conosco la fisica che descrive le ondate di calore e sono in grado di capire come cambieranno. Non so come queste verranno affrontate e gestite dalla società, ma ciò che ho visto finora mi riempie di terrore.

Non esiste praticamente alcuna regione del pianeta che non abbia subito un'ondata di caldo da record nell'ultimo decennio. Una delle eccezioni alla regola è costituita dalle Grandi Pianure nordamericane, non tanto perché siano immuni agli effetti delle temperature in crescita ma perché, semplicemente, nessun evento ha finora raggiunto le proporzioni bibliche della catastrofe degli anni trenta. Nel 1934 l'Atlantico settentrionale si trovò a essere più caldo del normale; quasi dall'altra parte del globo terracqueo, il Pacifico tropicale era invece molto più freddo del previsto. Come abbiamo visto, dato che l'oceano e l'atmosfera sono connessi, queste variazioni casuali della temperatura del mare hanno alterato in modo significativo il movimento dell'aria attraverso l'atmosfera. Nel corso dell'autunno dell'anno precedente una zona anomala di alta pressione si era stabilita sulla costa occidentale del continente nordamericano,[13] e questa collocazione aveva bloccato l'umidità che sarebbe altrimenti giunta dall'Oceano Pacifico. Il risultato fu che l'aria calda dell'estate poteva gravare indisturbata sulle Pianure inaridite. Il 1934 fu caldissimo; il 1936 fu persino peggio. Le temperature registrate in Oklahoma, Kansas, Nebraska e Texas superarono i 49°C.

L'aria calda ha sete, *molta* sete. Anche la Terra suda: quando il liquido presente sul terreno evapora nell'aria, la superficie del pianeta si raffredda. Più fa caldo più l'atmosfera richiede umidità e questo spiega perché i vestiti umidi si asciugano prima quando sono stesi al sole d'estate. La stessa cosa era capitata negli anni trenta del

Novecento sulle Grandi Pianure: mentre le temperature elevate risucchiavano tutta l'acqua dal suolo, un sistema di alta pressione si era stabilito su quell'area, facendo calare drasticamente le precipitazioni. Si era così attivato un fatale circolo vizioso:[14] l'aria calda secca la terra; il suolo perde tutta l'umidità e non può più contare sull'evaporazione per raffreddarsi; la terra diventa rovente e scalda l'aria sovrastante; la terra si fa ancora più infuocata, surriscaldando sempre di più l'aria sovrastante. L'ondata di calore provocò una siccità brutale che alimentò l'ondata di calore, la quale peggiorò la siccità. Fu a quel punto che la situazione precipitò.

Persuasi dal mito americano del «destino manifesto» e resi disperati dalla crisi economica della Grande Depressione, gli agricoltori inesperti avevano divelto le piante native della prateria per fare spazio a colture più redditizie. Queste ultime non sopravvissero alla tremenda siccità. Una volta privato della robusta vegetazione locale, lo strato superficiale del suolo si seccò completamente e fu spazzato via dal vento. La sabbia e la polvere volteggiarono nell'atmosfera, finendo per seppellire le fattorie di quei contadini e delle loro famiglie soffocate dalla crisi. Nel 1935, una tempesta spinse la sabbia delle Grandi Pianure fino a Washington, dove oscurò il cielo; ironicamente, proprio quel giorno il Congresso degli Stati Uniti stava tenendo un dibattito sulle pratiche di conservazione del suolo per combattere la desertificazione.[15] I contadini pregarono perché piovesse, ma la pioggia non arrivò. Disperati e spaventati fecero fagotto e si diressero a ovest. Oggi, un californiano su otto è il discendente di quei profughi dell'Oklahoma e degli Stati limitrofi.[16]

Per quanto dietro al Dust Bowl ci fosse una combinazione di clima rovente e scarse precipitazioni,[17] ciò che lo rese ancora più temibile furono le scelte sbagliate effettuate dalla gente dell'epoca, tant'è che oggi il Dust Bowl fornisce un esempio lampante dell'intreccio complesso di cause e conseguenze durante un periodo di siccità. Questo intreccio è talmente complicato che non si sa nemmeno quali condizioni debbano essere soddisfatte perché un periodo di siccità possa essere definito tale: la letteratura scientifica conta più di un centinaio di definizioni diverse.[18] Un'assenza di precipitazioni produce una siccità *meteorologica*; una portata idrica ridotta o un dilavamento conducono a una siccità *idrologica*; un'umidità non ottimale del terreno comporta una siccità *agricola*; eventuali perturbazioni dei sistemi naturali causano siccità *ecologiche*. Tale varietà di definizioni non è il risultato di polverose contese accademiche e di opinioni divergenti tra gli esperti, ma riflette piuttosto la varietà dei modi in cui gli sconvolgimenti del ciclo dell'acqua coinvolgono gli esseri viventi che dipendono da esso. Il rischio di siccità dipende dalla temperatura, dalle precipitazioni, dalla velocità del vento e dalla quantità di neve caduta durante l'inverno.[19] È importante sapere se lo strato superficiale del terreno si è seccato e se si è trasformato in polvere, ma è anche importante essere al corrente dell'umidità presente negli strati più profondi dove le piante, gli alberi, e le colture affondano le loro radici.[20] Occorre inoltre conoscere quali piante stanno crescendo sulla superficie del terreno e sapere di quanta acqua hanno bisogno, se riescono a sfruttare efficacemente l'umidità presente e come la trasportano nel sottosuolo.[21] La siccità può durare settimane oppure decenni; può svilupparsi qualche mese prima di colpire una regione oppure può arrivare in un battito di ciglia.[22] Alcune siccità poi si fanno sentire immediatamente, altre vengono individuate solo con il senno di poi.

Nel bel mezzo di tutta questa confusione lessicale e fisica, alcuni fatti sono assolutamente chiari. I gas serra che stanno riscaldando il pianeta rendono più probabile l'eventualità che si verifichino ondate di calore come quella che ha causato il Dust Bowl e, come se ciò non bastasse, aumentano la probabilità che queste siano più intense. In effetti, i gas serra potrebbero aver contribuito in piccola parte anche a quell'evento.[23] All'epoca, un secolo di industrializzazione aveva già incrementato la concentrazione atmosferica di anidride carbonica e abbiamo prove sufficienti per sostenere che l'ondata di calore del Dust Bowl fosse più calda di quanto non avrebbe dovuto essere altrimenti. Da allora la concentrazione dei gas serra è aumentata in modo vertiginoso, tant'è che oggi la probabilità che si verifichi un'ondata di calore come quella degli anni trenta del secolo scorso è pari al 250%.[24] Se oggi dovessero verificarsi le medesime variazioni casuali che all'epoca interessarono gli oceani e l'atmosfera – e non abbiamo motivo per dubitare che non possano verificarsi – il calore sprigionato sarebbe di gran lunga peggiore.

I contadini delle Grandi Pianure hanno imparato la lezione. L'irrigazione capillare permette ora di superare i periodi di siccità e consente all'umidità diffusa di rinfrescare la superficie del suolo. Tuttavia, l'acqua estratta dalle falde freatiche che viene sfruttata per irrigare non è infinita. Quando l'acqua finirà – presto, se consideriamo che le falde acquifere locali si stanno esaurendo –[25] anche solo una siccità moderata potrebbe dare avvio a un ciclo di riscaldamento e siccità che condurrebbe a un nuovo Dust Bowl. Il fatto che il mondo si stia riscaldando e che il cielo stia diventando più assetato rende un'altra siccità come quella praticamente inevitabile. I record stabiliti negli anni trenta verranno battuti: caldo e siccità stanno arrivando, ma noi non siamo pronti.

Quando la coda dell'uragano Ida si abbatté sulla città di New York nell'estate del 2021, caddero quasi otto centimetri di acqua in un'ora.[26] L'acqua allagò cantine e l'intera rete della metropolitana. All'epoca vivevo con la mia famiglia in un tipo di seminterrato che a New York è chiamato, con un eufemismo, *garden level* (o «piano giardino»), ossia metà appartamento sottoterra rispetto al marciapiede e metà sopra. Il rumore della pioggia che batteva sull'unità esterna del condizionatore mi stava tenendo sveglia quando, a un tratto, udii lo scroscio torrenziale irrompere impetuoso sulla strada. Ero terrorizzata e non riuscii più a chiudere occhio. Passai la notte a controllare che l'acqua non si portasse via mio figlio. Alla fine siamo stati fortunati; altre famiglie non ebbero la stessa fortuna. A causa degli allagamenti nei seminterrati, quella notte morirono tredici persone.

Il nubifragio newyorchese fu uno shock, ma non era certo una sorpresa. Paradossalmente, un mondo più caldo è anche più secco e più umido, ossia un mondo maggiormente soggetto a siccità e alluvioni. Con il riscaldamento del pianeta la media delle precipitazioni aumenterà per quanto riguarda l'intero pianeta, ma pioverà nei luoghi sbagliati al momento sbagliato. E quando pioverà sarà il diluvio.

Le precipitazioni di natura estrema come quella che ha colpito New York nel 2021 sono diventate più frequenti negli ultimi anni. Quando nel 2017 l'uragano Harvey ha colpito Texas, Louisiana e la regione mesoamericana i meteorologi hanno dovuto ricorrere a colori inediti per segnalare l'inaspettata intensità delle piogge che stavano colpendo Houston. A settembre del 2023 una serie di alluvioni eccezionali avvenute nell'arco di dodici giorni ha colpito Grecia, Turchia, Bulgaria, Spagna, Hong Kong, Cina, Taiwan, Brasile e Stati Uniti.[27] In Libia le piogge torrenziali hanno distrutto una diga e oltre undicimila persone sono morte trascinate via dalle acque. *Undicimila.*[28]

Sappiamo perché sta accadendo tutto ciò. Quando fa caldo, l'acqua in forma liquida evapora dall'oceano e dal suolo per diventare vapore acqueo. L'aria però non può riempirsi indefinitamente di acqua; c'è un limite oltre al quale non si può andare. Quando quel limite viene raggiunto e il cielo è saturo di acqua, il vapore acqueo si condensa in goccioline liquide che diventano nuvole, pioggia o rugiada. Per ogni grado Celsius di riscaldamento in più la pressione di vapore saturo, ossia la quantità di vapore acqueo che l'aria può trattenere, sale del 7%. Un'atmosfera più calda è un'atmosfera che trattiene più acqua.

Non desta quindi particolare sorpresa sapere che in media le precipitazioni stanno aumentando ovunque, e le precipitazioni più estreme stanno aumentando più rapidamente. Un'atmosfera pregna di umidità può dare vita a tempeste dirompenti. Le precipitazioni ora arrivano in nubifragi più brevi ma più intensi sotto forma di rovesci che si abbattono implacabili sui tetti, che scivolano giù dai fianchi esposti delle montagne e che fanno esondare i fiumi già gonfi di acqua. Tutta quest'acqua deve finire per forza da qualche parte; se non viene fermata in qualche modo da piante assetate o da un suolo spugnoso continuerà a correre e, una volta raggiunta una certa velocità, non troverà più nulla che possa fermarla.

La possibilità che un acquazzone diventi un'alluvione dipende in gran parte dal luogo in cui si riversa tutta quell'acqua. Piogge intense che cadono sui marciapiedi e sull'asfalto hanno un impatto ben diverso rispetto a quelle che cadono sui parchi o sulle spiagge. Com'è facile prevedere, i luoghi più sicuri da questo punto di vista tendono a essere abitati da caucasici e benestanti. Le acque trasportate dall'uragano Harvey hanno allagato i quartieri ispanici di Houston in misura sproporzionata non perché l'uragano fosse razzista, ma perché è la nazione statunitense a discriminare i suoi abitanti.[29]

Sedici anni prima che Ida si abbattesse su New York, l'uragano Katrina aveva devastato la costa della Louisiana. Ida aveva rovesciato più di otto centimetri d'acqua su New York; in alcune regioni disseminate lungo la traiettoria di Katrina il volume di pioggia caduta era superiore ai trenta centimetri.[30] Il vento aveva raggiunto i 193 chilometri orari, una forza tale da scoperchiare parte del tetto del Caesars Superdome, lo stadio dove erano state accolte le decine di migliaia di cittadini che non erano riusciti ad andare via da New Orleans in tempo. Le mareggiate avevano allagato la città, causando danni enormi. Al blackout della corrente elettrica si dovette sommare l'impossibilità di fare affidamento sui consueti canali di comunicazione. Fu una vera e propria catastrofe. Secondo le fonti ufficiali i morti furono poco meno di duemila, ma il numero reale fu quasi certamente più grande.

Le acque calde alimentano gli uragani. L'oceano è un bacino idrico pressoché inesauribile e quando le temperature salgono aumenta anche il volume di acqua che evapora. Il processo di evaporazione allontana l'energia dalla superficie, mentre il processo inverso, ossia la condensazione in nuvole e pioggia, permette di rilasciare energia nell'ambiente circostante. La superficie del mare si raffredda ma lo strato sovrastante dell'atmosfera si scalda. Questo processo apparentemente semplice alimenta tempeste devastanti. Katrina era nato come un trascurabilissimo episodio di bassa pressione nella regione delle Bahamas. Durante il suo spostamento verso gli Stati americani che si affacciano sul golfo del Messico, Katrina cominciò ad accumulare energia dalla superficie del mare e a diventare sempre più potente: prima tempesta tropicale, poi uragano categoria 3 sulla scala Saffir-Simpson e infine uragano categoria 5. L'intensità della tempesta cresceva di pari passo con l'aumento della temperatura dell'acqua; la trasformazione in un mostruoso cataclisma meteorologico fu resa possibile dal suo attraversamento di acque *molto* calde.

Il mondo si surriscalda e diventa sempre più pericoloso. In primo luogo, le depressioni di minima intensità e che non superano i sessanta chilometri orari possono trasformarsi molto velocemente in cicloni e uragani se vengono a crearsi sopra oceani più caldi.[31] In secondo luogo, un terreno più caldo e più umido alimenta questi fenomeni atmosferici per un lasso di tempo maggiore,[32] attirandoli verso nord o verso sud e fornendo loro calore e acqua. Non è detto che il riscaldamento globale debba creare necessariamente *un numero maggiore* di uragani. Non conosciamo le condizioni esatte che portano allo sviluppo delle tempeste all'interno di un mondo più caldo; tuttavia sappiamo che la probabilità che le tempeste che nascono in un mondo più caldo si trasformino in un finimondo sono più elevate. Se le fonti di sostentamento di questi mostri meteorologici – il loro cibo – aumentano, i mostri si fanno inevitabilmente più grandi e pericolosi.[33]

Le tempeste stanno cambiando anche lontano dall'oceano. Alcune prove convincenti sembrano indicare che i tornado siano diventati più frequenti[34] e che stiano diventando anche più intensi.[35] Il calore dell'estate ora dura fino all'autunno inoltrato e la stagione dei tornado si allunga di conseguenza.[36] I temporali durano più a lungo e la loro frequenza è aumentata nelle regioni centrali degli

Stati Uniti.[37] Anche le condizioni meteorologiche che producono grandinate disastrose sono sempre più comuni.[38] Tutto ciò sembra indicare che un futuro più caldo è anche un futuro più temporalesco, sconquassato da cicloni imponenti e allagato da continui acquazzoni tropicali.

Eppure ci sono voci che ci dicono che non c'è proprio nulla di cui preoccuparsi. Supereremo le sfide poste dalle tempeste del futuro perché già oggi siamo in grado di superarle brillantemente, dicono. In effetti, il numero delle persone uccise nel mondo a causa dei disastri naturali come gli uragani sta diminuendo proprio mentre la popolazione mondiale sta aumentando. Ciò si deve in larga misura ai progressi compiuti nel campo delle previsioni meteorologiche e nei mezzi di comunicazione. I meteorologi svolgono un servizio importante grazie al quale sono state salvate innumerevoli vite, ma non sempre ottengono il riconoscimento che meriterebbero. Però gli uragani del futuro diventeranno più intensi più in fretta, si sposteranno più lentamente sulla terra e raggiungeranno categorie molto più forti di quelle registrate finora. Ciò significa che i meteorologi avranno a disposizione meno tempo per avvertirci e i governi avranno meno tempo per pianificare azioni concrete – sempre che vogliano davvero intervenire.

Ecco qualcosa che ho imparato in tutti gli anni passati a studiare eventi estremi: non esistono catastrofi *naturali*. La natura ha combinato l'acqua calda e l'aria umida che, a loro volta, hanno reso Katrina una tempesta mostruosa. Tuttavia, una tempesta, per quanto possa essere intensa, non inizia mai come una catastrofe – viene fatta diventare una catastrofe. Non è stata la natura a fare di Katrina una minaccia mortale, così come non è stata la natura a rendere caotica e disorganizzata la risposta delle istituzioni, a disincentivare in modo sistemico gli investimenti all'interno delle comunità più colpite, a far sì che i mezzi di comunicazione di massa continuino a ignorare tali problemi o a ridurre l'empatia dei governi di fronte alla sofferenza di migliaia di persone. Questi sono i sistemi e le persone al potere che dovrebbero proteggerci dal cambiamento climatico. Quando, nel futuro imminente, ci colpiranno tempeste più forti e che diventeranno più intense molto più velocemente di quanto non siamo abituati ad assistere, e quando queste rovesceranno sulle nostre città una quantità inaudita di pioggia, saranno questi stessi sistemi politici e istituzionali a poter *prevenire* o a *causare* il disastro che seguirà. La nostra incolumità è nelle mani di tali persone, e non si tratta di un pensiero particolarmente rassicurante.

Qualche giorno fa sono arrivata in anticipo a un appuntamento. Per ammazzare il tempo ho fatto una camminata nei paraggi della punta meridionale dell'isola di Manhattan, intorno ai grattacieli dove gli operatori finanziari vengono pagati profumatamente per spostare soldi in giro per il mondo, e attorno al parco dove il movimento di protesta Occupy Wall Street aveva stabilito il suo quartier generale. Sono arrivata all'imbarco dei traghetti e ho guardato una nave arrivare da Staten Island. Ho dato un'occhiata all'acqua dell'Atlantico che incontra il fiume per farsi salmastra e l'ho immaginata salire, affamata, mentre lambiva maliziosamente il cemento che tenta invano di contenerla. Tutto ciò che ho visto – i grattacieli e i parchi, le rimesse delle imbarcazioni, le strade – si troveranno molto presto sommersi dalle acque.

Ricordo di essere atterrata con il mio volo all'aeroporto internazionale John F. Kennedy di New York durante l'uragano Sandy nel 2012. All'epoca non vivevo a New York, ma ci ero tornata per incontrare la famiglia allargata dell'uomo che avrei sposato; non me la sentivo proprio di cancellare il viaggio. Mi stupii della velocità con la quale l'aeroporto fu riaperto ma rimasi delusa quando scoprii che la linea della metropolitana che avrei dovuto prendere era stata chiusa. Mi trovai quindi a salire su un bus il cui tragitto per la città sporca e allagata mi parve interminabile. Quando finalmente giunsi a Manhattan la visione che si parava davanti ai miei occhi fu spettrale: il posto era completamente al buio, illuminato solamente dai fasci guizzanti di luce bianca e rossa lasciati dalle automobili di passaggio. L'allagamento di una sottostazione elettrica sulla 13ª Strada aveva fatto saltare un trasformatore e provocato un'esplosione visibile dal quartiere di Brooklyn. In quel preciso momento tutta la città, da quel punto fino alla 39ª Strada, si trovava al buio. Sembrava di essere sul set di un film postapocalittico. Pochi giorni prima, il vento dell'uragano Sandy aveva gonfiato il mare di oltre quattro metri, inondando i piani terra di Manhattan e allagando la rete della metropolitana.

Era forse il cambiamento climatico la causa di questo ennesimo disastro? La domanda era sbagliata: ogni condizione meteorologica si sviluppa all'interno di un clima profondamente diverso. Sandy, in particolare, era una bestia strana, generata dall'incontro sfortunato tra una tempesta tropicale e una più settentrionale durante l'alta marea.[39] La magnitudine che aveva raggiunto era però il risultato della sua traiettoria al di sopra di acque più calde del normale. Un'analisi effettuata dopo la fine dell'emergenza cittadina ha stabilito che gli effetti del riscaldamento globale hanno fatto salire i costi derivanti dai danni dell'uragano Sandy di ben otto miliardi di dollari rispetto a quanto ci si sarebbe atteso altrimenti.[40] Se le acque non avessero travalicato gli argini i danni avrebbero interessato settantamila persone in meno, e se non si fosse verificato un simile innalzamento del livello del mare è probabile che la metropolitana non avrebbe subìto alcun allagamento. La mia corsa sul bus attraverso la città allagata in quel giorno terribile mi ha fornito una visione premonitrice del futuro che ci aspetta. Anzi, la prova generale per uno spettacolo di gran lunga peggiore ancora di là da venire.

Il livello del mare continuerà a innalzarsi per due semplici ragioni. Primo, il ghiaccio si scioglie quando fa caldo. Una quantità enorme di acqua è ora custodita in modo sicuro nei ghiacciai presenti sulla terraferma e nelle calotte polari. Il riscaldamento globale causa lo scioglimento di questo ghiaccio che si riversa sotto forma di acqua nel mare. Ogni anno la Groenlandia e l'Antartide rilasciano insieme 420 miliardi di tonnellate di ghiaccio:[41] si tratta di un numero capace di coprire per ben cinquecento volte il peso di tutti gli edifici della città di New York.[42]

In secondo luogo, l'acqua derivante dal disgelo dei ghiacciai non è l'unica cosa a fluire verso il mare. L'oceano assorbe più del 90% del calore in eccesso imprigionato nell'atmosfera strozzata dai gas serra.[43] Si tratta dell'equivalente di cinque bombe atomiche della stessa magnitudine di quella che ha colpito Hiroshima sganciate *ogni secondo*. Se l'oceano non fosse in grado di assorbire il calore come una spugna, nulla di ciò che potremmo fare avrebbe senso. Anzi, direi che nessuno di noi sarebbe qui a disquisire del riscaldamento globale: senza l'oceano a fare da tampone le temperature del pianeta sarebbero il doppio di quello che sono.

Questa capacità di assorbimento ha un costo. Man mano che l'oceano assorbe calore si scalda, e riscaldandosi si espande. Circa metà dell'innalzamento del livello del mare che possiamo osservare è di fatto *termosterica*, ossia provocata dal volume crescente dell'oceano che si surriscalda. Tutto il calore ora presente nell'oceano aumenta il rischio di ondate di calore marine, ovvero periodi in cui le temperature oceaniche raggiungono livelli eccezionalmente elevati, minacciando interi ecosistemi e accelerando lo scioglimento dei ghiacciai.[44] Quando le acque più calde lambiscono i ghiacciai questi ultimi si disintegrano più velocemente e il livello del mare sale ancora di più.[45]

Il livello del mare non sembra spaventare la gente più di tanto, forse perché ci appare molto lento e graduale, come uno zombie che barcolla lentamente verso di noi e che possiamo evitare con estrema facilità. Purtroppo, il mare alla fine vince sempre. Considerando la profondità dell'oceano e la lentezza di ogni suo cambiamento, l'innalzamento del livello del mare è di fatto inevitabile a dispetto di qualunque azione che i decisori politici possano intraprendere. Se smettessimo di emettere gas serra domani stesso, il riscaldamento globale si fermerebbe ma la Terra continuerebbe a cambiare: i mari continuerebbero a salire, le acque continuerebbero a espandersi e il ghiaccio continuerebbe a sciogliersi. Tutti i dati sembrano indicare l'ineluttabilità del tracollo della calotta glaciale dell'Antartide occidentale, con il conseguente innalzamento del livello del mare.[46] Facciamo bene attenzione a non prendere fischi per fiaschi. Questo non vuol dire in alcun modo che non si debbano ridurre le emissioni dei gas serra fino a eliminarle, e il motivo è presto detto: il livello del mare è destinato a salire, ma quell'aumento subirà ulteriori incrementi nella misura in cui anche la temperatura continuerà a salire. A ogni modo, prepararsi all'orrore a cui siamo condannati ad assistere è la cosa più saggia da fare.

Torniamo ora sul bus che mi stava portando in giro per la città durante quell'inquietante fine settimana successivo alla devastazione provocata dall'uragano Sandy. A un certo punto oltrepassammo la 39ª Strada e, senza alcun preavviso, mi ritrovai di fronte la New York di sempre. Quando raggiunsi l'appartamento sull'Upper West Side dove vivevano i cugini del mio fidanzato pensai che la città sarebbe uscita illesa dal disastro di Sandy. In effetti, la parte meridionale di Manhattan fu ripulita in un battibaleno e prontamente ricostruita. Le luci cominciarono a risplendere sulle facciate degli edifici e tutto sembrò luccicante e nuovo di zecca. Le zone più abbienti erano indenni. Tanto per limitarmi a un solo esempio, il quartier generale della banca d'affari Goldman Sachs non subì alcuna interruzione di corrente elettrica. La borsa poté riaprire due giorni dopo la devastazione. La città sembrava dimostrare di essere risoluta e resiliente.

Eppure sarebbe bastato lasciarsi alle spalle il quartiere finanziario per avere una visione ben diversa della situazione. L'itinerario non è difficile: occorre dirigersi verso la stazione di Fulton Street e salire su un convoglio della linea A della metropolitana per raggiungere, dopo circa un'ora di tragitto, la fermata di Beach 36th Street presso il quartiere Edgemere, nel distretto del Queens. Ci troveremmo quindi sulla penisola di Rockaway, appena prima dei negozi per i surfisti, dei chioschi che vendono gelati e dei bar che servono i turisti durante la stagione estiva. L'intera zona di Edgemere rappresenta un fenomeno tipicamente newyorchese: la distruzione di una città a misura d'uomo e la radicale ricostruzione del paesaggio cittadino a uso e consumo delle automobili per mano dell'urbanista Robert Moses dopo la Grande Depressione. Prima che l'acqua diventasse troppo inquinata per potercisi anche solo avvicinare, a Edgemere c'erano grand hotel fronte mare e casette popolari abitate da famiglie di immigrati. Molti edifici che sono riusciti a sopravvivere alla furia di Moses si sono arresi impotenti di fronte alla rabbia esplosiva di Sandy e giacciono chiusi e inaccessibili. Per preservare le zone più benestanti della penisola di Rockaway l'amministrazione cittadina si è mossa subito erigendo dune di sabbia e risanando le zone umide – interventi dall'efficacia comprovata contro l'innalzamento del livello del mare; al contrario, la ricostruzione di Edgemere è appena iniziata.[47] Molti anni dopo la distruzione causata da Sandy, l'amministrazione di New York ha presentato un «piano di resilienza» a beneficio della comunità locale:[48] i residenti hanno così potuto vedere con i propri occhi i grafici agghiaccianti che illustravano il quartiere prossimo venturo *privo delle loro case*.

Questo è ciò che sta accadendo ora in molte regioni costiere. I decisori politici parlano compunti della gestione controllata dell'arretramento urbano dai litorali e lo immaginano come un processo ordinato di trasferimenti volontari. In pratica si chiede alla gente di lasciare le proprie case e di sacrificarle al mare che sale. Abbandonare un luogo significa però lasciarsi alle spalle ricordi, comunità, cultura e famiglia; significa abbandonare case e appartamenti che sono diventati le abitazioni di generazioni intere di famiglie; significa dire addio a vicini, negozianti, scuole e amici; significa soprattutto avere fiducia in un sistema di potere istituzionale che non si è mai preoccupato di tutelare queste comunità in passato, ma che questa volta dovrebbe essere in grado di risolvere tutti i problemi. Siamo sinceri: si sta probabilmente chiedendo troppo.

Quando mai, nell'intera storia dell'umanità, la ricollocazione di un numero simile di persone si è svolta in modo equo, corretto, sicuro e soddisfacente? Può darsi che un arretramento controllato sia l'unica soluzione per salvare vite umane e prevenire calamità maggiori, ma questa «resilienza» ha un prezzo molto elevato.

Alcuni ci dicono che non c'è nulla di cui avere paura. Gli esseri umani sono pieni di risorse: saremo senz'altro in grado di adattarci. Per dimostrare l'ingenuità di tali posizioni basta rispondere: a *cosa* dovremmo adattarci, di grazia? Il riscaldamento del pianeta non si fermerà finché l'umanità intera continuerà ad appestare l'atmosfera di gas serra, e il livello del mare continuerà a salire ancora per molto tempo dopo che avremo smesso di inquinare l'ambiente.[49] Fino a quando il clima non si sarà stabilizzato, qualsiasi adattamento rappresenterà pertanto un obiettivo irraggiungibile. Non contesto il fatto che cambiamenti di grande impatto siano necessari e desiderabili, ed è vero che c'è molto che possiamo fare per ridurre sia il rischio di eventi estremi sia il loro impatto sulla società. Quello che voglio sottolineare, però, è che non si tratterà in alcun caso di un processo ordinato e senza spargimenti di sangue. Molto probabilmente il riscaldamento globale non dispenserà una crisi alla volta, in modo compìto e a nostro beneficio, per permetterci di prendere fiato e riorganizzarci prima di un nuovo disastro: più il mondo si scalda più aumenta il rischio che si verifichino combinazioni o correlazioni di eventi estremi.[50] Situazioni terribili possono svolgersi in più luoghi contemporaneamente, mettendo a dura prova i servizi di soccorso. Ad esempio, nel 2021 l'uragano Ida ha flagellato New Orleans e provocato inondazioni a New York mentre gli incendi riducevano in cenere la California. Eventi devastanti possono avere luogo in sequenza in una stessa località: un clima secco e rovente causa incendi boschivi, e piogge scroscianti che cadono sui pendii collinari rasi al suolo dalle fiamme provocano pericolosi smottamenti. Ancora, il tempo tra l'arrivo di più tempeste tropicali si può accorciare e ci troveremmo, già agonizzanti per le percosse meteorologiche subite, a dover affrontare un nuovo sfidante pronto a malmenarci senza pietà. Dovremo adattarci ad affrontare ondate di calore più lunghe e più intense, tempeste più forti, siccità prolungate e l'innalzamento del mare, imparando a fronteggiare tutti questi eventi estremi *allo stesso tempo*. Il mondo si troverebbe a passare di continuo dalla padella alla brace. E queste non sono nemmeno le eventualità peggiori. Quando intervieni sull'ambiente spingendolo in una direzione nuova e aliena, il mondo diventa un luogo ostile e inospitale. Il rischio che corriamo è quello di creare un pianeta sul quale non ci saranno più le condizioni ideali in cui poter vivere.

Il motivo è che, per quanto le società possano essere o meno resilienti, non è detto che i nostri corpi riescano ad adattarsi alle nuove condizioni. Entro certi limiti, gli esseri umani sono in grado di gestire efficacemente il calore. D'altronde, senza un clima caldo noi non esisteremmo nemmeno. Gli altri primati cercano sollievo dall'incessante sole tropicale all'ombra delle giungle più fitte; solo *Homo sapiens* è in grado di vivere stabilmente nella savana africana aperta. Dobbiamo questa peculiarità alle strategie evolutive sviluppate per proteggere i nostri fragili cervelli dalle temperature elevate: usiamo utensili e impieghiamo strumenti, ci organizziamo in società complesse e camminiamo eretti così che il sole di mezzogiorno cada a picco sulle nostre teste, minimizzando la superficie del nostro corpo esposta ai raggi solari.[51] Nel corso del tempo profondo i nostri corpi sono diventati glabri e, una volta scoperta, la nostra pelle si è trasformata in una tavola sulla quale il sudore può scorrere liberamente ed evaporare. Siamo scimmie nude e sudate perché il caldo ci ha plasmati in questo modo.

Il caldo che ci aspetta dietro l'angolo è però qualcosa di molto diverso. Un panno umido avvolto attorno a un termometro misura la cosiddetta *temperatura di bulbo umido*.[52] Si tratta di una combinazione di calore e umidità che forse sarebbe meglio immaginare come un indice di sofferenza. I 35°C registrati nel caldo secco del baluginante deserto californiano non sono esattamente i 35°C dell'estate melmosa e puzzolente di New York. È piuttosto raro vivere sulla propria pelle caldo estremo e umidità straordinaria allo stesso tempo. Nemmeno nei giorni più roventi dell'ondata di calore che ha investito l'Europa nel 2003 si è andati oltre una temperatura di bulbo umido pari a 30°C. Gli europei possono ben dire di averla scampata liscia: quando la temperatura di bulbo umido supera i 35°C si oltrepassa una soglia spaventosa al di là della quale le fantastiche capacità evolutive del sudore perdono la loro efficacia. Raggiunta quella temperatura, l'evaporazione non può più rimuovere il calore dal corpo. Essere giovani e in forma, rimanere seduti al fresco, avere tutta l'acqua potabile del mondo a portata di mano – niente di tutto ciò potrà essere utile perché i 35°C di temperatura di bulbo umido rappresentano un limite inviolabile dal punto di vista fisiologico per il nostro corpo. Non ci siamo evoluti per sopportare un clima simile: se vi avventurate fuori in quelle condizioni morirete in un paio d'ore.

Ero solita osservare le proiezioni dei miei modelli climatici riguardanti il futuro del pianeta con un misto di orrore e distacco, come se si trattasse di qualcosa di ancora vago e lontano. D'altronde, le previsioni peggiori collocavano il superamento del limite fisiologico della temperatura di bulbo umido per alcune regioni del mondo al più presto verso la metà di questo secolo. Nel 2020 due stazioni meteorologiche, una negli Emirati Arabi Uniti e l'altra in Pakistan, hanno raccolto dati sufficienti a favore del superamento dei valori di caldo umido al di là di questa fatidica soglia.[53] Per fortuna quel calore mortale si è dissipato nel giro di poche ore ed è rimasto confinato in aree ristrette. Si è comunque trattato di un presagio inquietante, una prima occhiata a un futuro ostile e a un pianeta sconosciuto che sembra farsi largo tra le rovine del mondo che conoscevamo. In quella Terra aliena e sinistra che fa già capolino, una società armoniosa, governi illuminati e una fiducia cieca e incondizionata nei decisori politici non serviranno assolutamente a nulla: ci sono condizioni alle quali non possiamo sopravvivere a causa dei nostri vincoli fisiologici. Non possiamo adattarci a questo nuovo mondo.

Quando veniamo sopraffatti dalla paura del futuro il richiamo nostalgico e confortevole del passato si fa più allettante. D'altra parte siamo sopravvissuti anche a eventi ben peggiori, no? Gli esseri umani hanno avuto a che fare con vari cambiamenti climatici in passato, anche se meno drastici e tutti di origine naturale. La storia offre molti esempi di come le società abbiano reagito ai momenti di crisi, ma pochi di questi risultano rassicuranti. Nel 44 AEV[54] il Senato romano ritenne necessario sbarazzarsi di un dittatore. Giulio Cesare aveva promesso di restituire Roma all'antico splendore, uno slogan che piacque particolarmente ai suoi sostenitori dopo aver vissuto decenni di crisi politica. La repubblica romana era un sistema democratico arcaico e difettoso e i suoi cittadini, timorosi dell'ascesa al potere di un tiranno, avevano a cuore le antiche tradizioni. Era semplicemente impensabile che un despota potesse proclamarsi sovrano dello Stato. Così, quando Cesare varcò il Rubicone e fu proclamato dittatore a vita, ben pochi romani credettero di assistere alla fine della repubblica. Tuttavia, un gruppo di senatori osservava la scena politica con malcelato orrore. Terrorizzati dall'eventualità che Cesare si proclamasse re e ancor più atterriti dal fatto che molti glielo avrebbero senz'altro permesso, quei senatori colsero l'opportunità di una seduta in Senato per pugnalarlo a morte. D'un tratto, quasi a sottolineare la sovrannaturale eccezionalità del momento, il sole si oscurò.

Gli scienziati sono praticamente certi che un'eruzione vulcanica avventa nel 43 AEV causò un raffreddamento a livello planetario e interferì con il quadro meteorologico delle precipitazioni.[55] Nel Mediterraneo il clima freddo e secco provocò carestie e inficiò la buona riuscita dei raccolti. Roma godeva di una società particolarmente ben organizzata, per cui eventuali cattivi raccolti potevano essere compensati dall'importazione di cereali da province lontane. In questo caso, però, non c'era modo di compensare uno shock climatico tanto repentino. Di fronte al caos e alla carestia la fedeltà incondizionata alle tradizioni repubblicane perse gran parte del suo fascino.

In tempi normali l'Egitto – all'epoca governato da Cleopatra, la famigerata ex-fidanzata di Cesare – avrebbe potuto rifornire Roma dei cereali necessari senza troppi problemi. Purtroppo l'eruzione vulcanica aveva influenzato il movimento delle correnti d'aria nell'atmosfera, allontanando le nuvole cariche di pioggia che provocano le fertili esondazioni annuali del Nilo. Quell'anno il grande fiume africano non esondò; dodici mesi più tardi le piene mancarono nuovamente all'appuntamento. Cleopatra emanò un decreto per cui tutti i cereali dovevano convergere verso la capitale, condannando all'inedia i contadini delle zone rurali. Questa misura eccezionale non sortì l'effetto sperato perché i cittadini di Alessandria d'Egitto, come quelli di Roma, patirono la fame. Tempi affamati spesso diventano tempi violenti, e quegli anni non fecero eccezione.

Oggi le cose sono molto diverse. Non siamo più una società a base agricola come l'antica Roma o l'Egitto di Cleopatra. Il nostro problema fondamentale non è tanto la disponibilità del cibo quanto piuttosto la sua distribuzione. Molti di noi pranzano meglio dei più indulgenti tra i patrizi romani, e ci nutriamo normalmente di prelibatezze un tempo considerate esotiche e che vengono consegnate quotidianamente ai nostri supermercati grazie ai moderni mezzi di trasporto e alle sviluppate reti commerciali. Tutto il mondo ricorre ai fertilizzanti, a complesse tecniche di irrigazione e ad altre tecnologie progettate per eliminare il rischio di carestie. Eppure il nostro sistema alimentare non è immune agli shock. Nonostante tutta la tecnologia di cui disponiamo, mangiamo solo ciò che il clima ci permette di mangiare. Ciascuna coltura può infatti crescere esclusivamente in certi luoghi e può prosperare solamente all'interno di fasce climatiche precise dove dominano determinate condizioni relative a temperatura e umidità. Con l'aumentare delle temperature e i cambiamenti più o meno drastici che interessano le precipitazioni, le nicchie ecologiche in cui si possono coltivare i prodotti agricoli diminuiranno. Gli eventi estremi come le ondate di calore, la siccità e le alluvioni metteranno in ginocchio la produzione agricola. Le leggi della fisica tracciano una linea retta che parte dal riscaldamento globale e che arriva a eventi estremi più frequenti, più intensi e più diffusi. Per quanto sia spaventoso, il futuro imminente si fa sempre più nitido di fronte ai nostri occhi. Sulla base delle conoscenze che riusciamo man mano ad accumulare, potremmo persino adottare alcune azioni efficaci per far fronte alle emergenze e per gestirle in modo adeguato, ma la fisica da sola non potrà mai mostrarci il quadro completo.

Se i raccolti scarseggiano, i prezzi delle derrate alimentari aumentano. La storia ci insegna che a quel punto dobbiamo aspettarci un effetto domino: i contadini e gli agricoltori potrebbero abbandonare i terreni ormai isteriliti e i cittadini che risiedono nelle grandi città potrebbero trovarsi a dover migrare altrove alla ricerca di una vita migliore. Ancora, quando il cibo o il carburante diventano cari la gente solitamente si arrabbia. Un popolo in preda alla rabbia potrebbe allora iniziare a vedere di buon occhio populisti bugiardi ma carismatici pronti a sciorinare bugie belle e buone. La tenuta dei sistemi politici correnti verrebbe messa a dura prova prima del suo eventuale tracollo, mentre la fiducia istituzionale e sociale toccherebbe i minimi storici. Il riscaldamento globale minaccia la produzione alimentare, ma potrebbe seriamente mettere a repentaglio la nostra democrazia.

All'assassinio di Cesare fece seguito più di un quindicennio di disordine politico. Mentre gli ideali repubblicani venivano meno e si dimostravano incapaci di arginare la crisi, l'autoritarismo cresceva sempre di più. Ottaviano, il figlio adottivo di Cesare, assieme al suo collega e aspirante despota Marco Antonio, misero da parte le rispettive differenze di vedute e si accordarono per sopprimere le affamate e macilente armate repubblicane sul campo di battaglia in Grecia. La vittoria congiunta non impedì il riaffiorare delle rivalità tra i due. Marco Antonio formò un'alleanza con Cleopatra e i due, stando alle fonti disponibili, si innamorarono perdutamente. La società dell'antico Egitto era però stata lacerata dal caos che aveva fatto seguito alla mancanza di benefiche esondazioni e ai cattivi raccolti; per quanto formidabile, neppure il talento politico di Cleopatra poteva rimetterne assieme i pezzi. Alla fine, le forze di Marco Antonio e di Cleopatra furono sconfitte in una battaglia navale che si rivelò decisiva. Le armate di Ottaviano si avvicinavano e Cleopatra sapeva bene che cosa la attendeva: una volta catturata come prigioniera sarebbe stata trasportata a Roma in catene, fatta sfilare per le vie della capitale romana ed esposta agli scherni e agli insulti dei romani in festa per la vittoria. Dopo questa umiliazione sarebbe stata costretta a prostrarsi dinnanzi al generale vittorioso, dopodiché sarebbe stata strangolata e il suo corpo gettato nel Tevere o dato in pasto ai cani. Forse l'attendeva persino un destino peggiore; d'altra parte il cibo a Roma scarseggiava.

Cleopatra aveva ben chiaro che cosa le rimaneva da fare. Quando si tolse la vita, l'Egitto dei faraoni morì con lei. Dopo millenni di esistenza come Stato indipendente l'Egitto fu riassorbito all'interno dell'Impero romano. Nella capitale dell'impero Ottaviano si proclamò Augusto e assunse il potere assoluto. Le venerande istituzioni repubblicane, già indebolite dal populismo e dalla demagogia di Cesare, collassarono del tutto. Augusto riuscì a coinvolgere l'élite nel suo progetto imperiale e rimase in carica per quarant'anni. La democrazia romana, talmente antica che le sue origini si perdevano tra le nebbie del mito, si sciolse come neve al sole.

I modelli climatici possono simulare l'impatto dell'eruzione del 43 AEV. Gli scienziati sono certi che la cenere e la polvere proiettate all'epoca nella stratosfera riuscirono a bloccare la luce solare quel tanto che bastava per raffreddare in modo significativo il pianeta. Sulla base dei dati disponibili, riteniamo che la perturbazione delle precipitazioni a livello globale abbia causato uno stop alle esondazioni stagionali in Egitto e inondato l'Italia e la Grecia sotto piogge battenti ben sopra la media.[56] I modelli ci fanno vedere i cambiamenti fisici che possono essere stati la causa di un clima impazzito e di raccolti mancati; quello che non ci mostrano è l'ascesa dei dittatori, il fascino oscuro del populismo o la fine della democrazia. Si tratta di elementi che non sono determinati da leggi naturali. Scommetto che a questo punto molti storici sarebbero pronti a elencare tutti quei fattori dietro alla caduta della repubblica romana che ritengono maggiormente rilevanti. Sul fatto che ci fossero altre forze in gioco non ci piove; i leader politici commettono errori, e fino a quando non cadono in fallo le cose possono sempre andare diversamente. Ma è proprio questo il punto fondamentale: non saremo mai in grado di svolgere un esperimento in modo rigoroso, ossia isolando i fattori ambientali dai contesti politici, storici e sociali. Il cambiamento climatico non ha luogo nel vuoto: ci siamo dentro fino al collo.

Mezzo millennio dopo la morte di Augusto il centro di gravità del mondo occidentale si era spostato a Oriente. Sul trono della nuova capitale Costantinopoli sedeva ora Giustiniano, un uomo di origini contadine ma dalla sconfinata ambizione che si era impegnato nella riconquista di una parte consistente dell'antico Impero Romano d'Occidente e che fece erigere la magnifica cattedrale di Santa Sofia. Fu proprio durante la costruzione di quell'importante luogo di culto che Dio sembrò aver abbandonato il suo impero. Nel 536 EV l'eruzione di un enorme vulcano oscurò il sole e provocò diffuse carestie;[57] due nuove eruzioni ebbero luogo nel 539 e nel 547.[58] Di conseguenza, gli anni quaranta del VI secolo della nostra era furono il decennio più freddo dai tempi che precedettero la nascita di Gesù Cristo.[59] Mentre la fame attanagliava l'impero, il malcontento cominciava a serpeggiare tra le strade della capitale. Fu allora che qualcosa di gran lunga peggiore fece la sua comparsa sulla scena della storia.

Gran parte del cibo di Costantinopoli veniva importato dall'Egitto, che era ancora il paniere dell'impero come ai tempi di Cleopatra. I granai egiziani erano da sempre soggetti a infestazioni di ratti, ma quando il clima si fece più freddo il loro numero aumentò considerevolmente. Dalle regioni limitrofe cominciarono a giungere ondate di altri topi alla ricerca di caldo e di cibo. Nei granai i roditori prosperavano e si moltiplicavano, e con loro le pulci che li accompagnavano.

Nel 541 il passaparola aveva condotto la notizia della misteriosa epidemia che si stava diffondendo in Egitto fino a Costantinopoli. Le voci non erano certo rassicuranti: le vittime sviluppavano bubboni grandi quanto un uovo sotto le ascelle e sull'inguine, e da questi spurgavano pus e sangue. Gli altri sintomi comprendevano dolore atroce e vomito, spesso seguiti dalla morte nel giro di poche ore. Ben presto la malattia giunse alle porte della capitale imperiale. I ratti avevano seguito il grano che veniva imbarcato sulle navi, e le pulci dei roditori pronti a salpare recavano con sé un batterio particolare, il cui nome scientifico è *Yersinia pestis*. La peste bubbonica – questa la malattia causata dal batterio – aveva impiegato meno di un anno per raggiungere Costantinopoli; alla fine del decennio, il 20% dei cittadini della capitale era morto.

Le conseguenze a livello sociale furono incalcolabili. I cadaveri venivano abbandonati in mezzo alle strade perché non c'era più nessuno in vita che potesse seppellirli. La peste uccise talmente tanti contadini che i raccolti marcivano nei campi. Il prezzo dei cereali salì a dismisura, i proventi fiscali derivanti dalla raccolta delle tasse crollarono e le ambizioni imperiali di Giustiniano dovettero scontrarsi con la dura realtà. La pandemia colpì gli anziani e i giovani, gli uomini e le donne, i poveri e i ricchi. Persino l'imperatore si ammalò. Giustiano fu abbastanza fortunato da sopravvivere; molti altri morirono. Oggi si stima che il bilancio delle vittime della peste giustinianea a livello globale dovette essere tra i quindici e i cento milioni di morti.

Il cambiamento del clima è probabilmente correlato alla peste bubbonica come causa indiretta. In risposta ai cambiamenti ambientali gli agenti patogeni evolvono in fretta, mentre carestia e malnutrizione compromettono le difese immunitarie dei loro ospiti.[60] Il cambiamento climatico modifica gli habitat in modo radicale, mette a contatto animali ed esseri umani e permette ai virus e ai batteri dei primi di colonizzare i corpi dei secondi.[61] Ancora, quando il clima cambia la gente tende a migrare in *massa*, contribuendo così a diffondere malattie mentre si sposta in cerca di nuovi luoghi dove poter vivere.[62]

Oggi abbiamo a disposizione acqua potabile, accesso ai servizi igienico-sanitari e medici preparati che sanno di doversi lavare accuratamente le mani. Eppure, niente di tutto ciò ha potuto impedire che la pandemia di Covid-19 sconvolgesse le nostre esistenze. Non sarà certamente l'ultima pandemia a colpirci. In questo preciso istante migliaia di virus dotati della capacità di infettare e di uccidere gli esseri umani sono ospitati all'interno dei corpi di un numero consistente di animali selvatici. L'aumento delle temperature e la continua espansione degli esseri umani all'interno di territori prima selvaggi aumenteranno le occasioni perché possa verificarsi ciò che gli epidemiologi chiamano *salto zoonotico* o *di specie*, ossia uno scambio mortale di agenti patogeni tra specie differenti. Le malattie tropicali come il dengue, la malaria o la febbre del Nilo occidentale finiranno per stabilirsi in pianta stabile lontano dai Tropici e nei centri abitati del nord e del sud del mondo. Cercheremo refrigerio e rifugio da ondate di calore, incendi e alluvioni e una volta uno accanto all'altra ci passeremo malattie mortali. A differenza della peste giustinianea, gli agenti patogeni moderni discriminano effettivamente i ricchi dai poveri: l'impatto delle malattie si fa sentire maggiormente nei luoghi dove vivono gli emarginati sociali, mentre il sistema di assistenza sanitaria assicura, in particolar modo negli Stati Uniti, un livello di cure migliori per chi è privilegiato e benestante. Questo è il sistema di cui ci dovremo fidare quando arriverà l'ondata mortale di malattie favorite dal cambiamento climatico. Il solo pensiero mi angoscia più di quanto potrebbe fare qualsiasi virus.

La vita nella steppa medievale dell'Asia centrale non era per niente facile. Nel XII secolo la variabilità naturale implicita nel sistema climatico aveva portato a siccità devastanti;[63] come è accaduto molte volte in passato, le condizioni climatiche avverse si tradussero presto in instabilità politica. Proprio come era capitato a Roma all'incirca un millennio prima, il caos sociale che fece seguito al cambiamento del clima premiò un despota. Le fazioni mongole in guerra fecero quadrato attorno a un brillante leader militare chiamato Temüjin. Nel 1206, il condottiero assunse il nome di Genghis Khan.[64] Dopo aver unificato le tribù della Mongolia Genghis Khan rivolse la sua attenzione al mondo al di là della steppa; la casuale variabilità locale colpì di nuovo, e il clima cambiò repentinamente.

Gli anni compresi tra il 1211 e il 1225 EV furono i più umidi nella storia della Mongolia.[65] Fece anche abbastanza caldo, una condizione che favorì la crescita dell'erba. A un tratto c'era nuovamente cibo sufficiente per sostenere un'armata intera. L'orda di Genghis Khan cominciò a spostarsi conquistando gli Stati confinanti con una rapidità sorprendente. Entro il 1227 l'impero mongolo copriva le terre che andavano dal Mar Caspio alla costa orientale della Cina e dalla Siberia al Tibet. Alla morte del condottiero i discendenti si dedicarono con impegno a seguire le orme del patriarca di famiglia, massacrando popoli e conquistando terre.

I mongoli univano una destrezza rara nell'arte dell'equitazione a generali particolarmente abili; tuttavia, la loro arma più efficace era la *paura*. Le voci si rincorrevano frenetiche lungo le vie di comunicazione delle praterie eurasiatiche: strade fiancheggiate da file di teschi umani, città rase al suolo dalle fiamme, massacri indiscriminati di uomini, donne, bambini e persino cani e gatti. Molte città, al corrente del fatto che ogni forma di resistenza avrebbe solamente provocato l'annichilimento totale, si arrendevano di fronte all'orda senza colpo ferire. Ciò nonostante, l'avanzata dei mongoli causò la morte di un numero compreso tra i venti e i cinquanta *milioni* di vittime. Nessuno si aspettava un simile sconvolgimento: era bastato un cambiamento praticamente insignificante a livello locale, un breve periodo di abbondanza nelle desolate e sperdute steppe dell'Asia centrale, per rendere il Vecchio Mondo completamente irriconoscibile.

La moderna letteratura scientifica ha stabilito alcuni tenui legami tra clima e violenza.[66] Gli psicologi, per esempio, hanno scoperto che l'ostilità interpersonale tende a salire e l'umore si fa più scontroso quando salgono anche le temperature. Quando fa più caldo i tassi di stupri, assassini, aggressioni e molestie salgono, mentre i poliziotti sono più propensi a fare ricorso alle armi da fuoco e gli scontri armati dopo le competizioni sportive si fanno più numerosi. Questa tendenza sembra riflettersi anche nelle interazioni umane a livello macroscopico: temperature più elevate sembrano condurre a un incremento dei conflitti tra gruppi umani, mentre un deficit delle precipitazioni può causare carestie, instabilità politica e guerre.

Nulla di tutto ciò è per forza di cose inevitabile. Il legame tra conflittualità e condizioni climatiche avverse è ampiamente dimostrato nella letteratura storiografica, ma allo stesso modo possiamo facilmente trovare prove a favore di resilienza, cooperazione e adattamento costruttivo. Inoltre, come dimostra il caso di Genghis Khan, persino periodi di abbondanza possono condurre ad aggressioni e conquiste. Non esistono considerazioni semplici tra clima e conflittualità. L'unica regola sembra essere questa: il cambiamento genera cambiamento e le società umane sono entità complesse. Non possiamo predire che effetto avrà il clima del futuro sulla geopolitica mondiale, sui conflitti armati o sui rischi di una guerra prossima ventura. Sarebbe però alquanto imprudente pensare che i cambiamenti che ci attendono porteranno la pace nel mondo.

Esiste sempre la possibilità che un pianeta più caldo comporti il collasso totale della nostra società. Non c'è nulla di irrazionale nel prendere in considerazione lo scenario peggiore tra quelli possibili. Gli storici hanno individuato le impronte digitali del cambiamento climatico sulle armi del delitto che hanno ucciso molte civiltà del passato. L'Impero Romano d'Occidente che seguì alla repubblica romana e all'impero unitario si disintegrò a sua volta dopo la fine di un periodo di relativa stabilità climatica noto come *periodo caldo romano*.[67] Siccità particolarmente dure provocarono la crisi o il crollo della civiltà maya in Mesoamerica, dell'impero accadico in Mesopotamia e delle dinastie cinesi Ming e Qing.[68]

È quanto mai opportuno ricordare che il cambiamento del clima non è mai l'unica ragione dietro al cambiamento delle società e, chiaramente, se io sono qui a scrivere e voi a leggere, non ha nemmeno provocato l'estinzione della nostra specie. Noi esseri umani siamo testardi e pieni di risorse; ci adattiamo alle condizioni peggiori e ci rialziamo dopo un disastro. Eppure è anche vero che c'è un abisso tra il sopravvivere e l'essere felici e appagati. Persone, città e persino società intere possono andare avanti a lungo dopo aver perso qualunque aspetto positivo. Non credo che il cambiamento climatico provocherà la fine dell'umanità, ma anche in un'apocalisse a metà ci sono abbastanza problemi da non farvi chiudere occhio la notte.

Temo gli sconvolgimenti degli eventi climatici estremi: gli allagamenti improvvisi, le soffocanti ondate di calore, le colture più importanti per la nostra alimentazione ridotte in cenere e la morte sotto un sole impietoso. Questi sono gli incubi che sappiamo essere al di là della soglia del nostro domani. A volte penso che tenere conto del percorso distruttivo di un uragano o della lentissima ma inesorabile avanzata del mare che sale a passo di lumaca – o come uno zombie affamato – sia persino troppo semplice, e questa semplicità mi è quasi di conforto, perché gli orrori che ci attendono non giungeranno esclusivamente dalle leggi della fisica.

Il cambiamento climatico ha luogo nel mondo in cui viviamo. Crea nuove minacce e moltiplica quelle già esistenti, si infila nelle pieghe della società e le fa esplodere. Non si tratta di una paura astratta del futuro, ma di qualcosa di tangibile qui e ora. L'emergenza dei migranti è arrivata ovunque, dal sud del mondo all'Europa orientale. La risposta istituzionale finora è stata disumana. La gente muore nel deserto ai confini meridionali degli Stati Uniti e annega nelle imbarcazioni che attraversano il Mar Mediterraneo. Dopo ogni tragedia locale i politici più opportunisti diffondono senza alcun ritegno disinformazioni e fake news, nella speranza di volgere la catastrofe a proprio vantaggio. Sono presagi che non lasciano intendere nulla di buono per il mondo *più* caldo e *più* caotico che ci attende.

Trascorro la mia vita professionale tra persone dotate di buon senso che lavorano per pianificare risposte razionali basate sulla mitigazione del cambiamento climatico e sull'adattamento a un mondo più caldo. Questi progetti dipendono dall'accettazione di scelte particolarmente dure e di realtà complicate. È però ampiamente attestato a livello storico e archeologico che le risposte più comuni siano invece panico, rimproveri e violenza. Oggi la nostra società sta fallendo nel tentativo di far fronte alle perturbazioni comparativamente minori che ci hanno già colpito. Temo ciò che il cambiamento climatico porterà con sé: alluvioni, siccità, caldo insopportabile e tempeste di una violenza inaudita. Eppure ciò che mi spaventa di più non è né l'aumento del livello del mare né gli eventi meteorologici più estremi: la cosa più terribile del cambiamento climatico è ciò che ci costringerà a fare gli uni contro gli altri.

5.
Dolore

«L'arte di perdere non è difficile da imparare».
Elizabeth Bishop, *One Art*

Capita a tutti di perdere qualcosa. Nella mia vita anch'io ho smarrito oggetti e perso di vista persone care. Nel 2014 sono addirittura riuscita a perdere la California.

Eppure in quella regione ci sono nata, lì ho frequentato il college a Berkeley e, dopo un breve periodo durante il quale ho vissuto in Inghilterra, lì sono tornata. Vivevo in un un'elegante casa di metà secolo accanto al campus universitario di Stanford assieme a un coinquilino misterioso e abbastanza inquietante che avevo trovato sul portale online di annunci Craiglist. Più tardi mi sono spostata in una piccola stanza all'interno di una bellissima casa in stile vittoriano nel quartiere Mission di San Francisco, fino a quando non ho deciso di oltrepassare il ponte per dirigermi a oriente, stabilendomi in un malmesso garage pieno di spifferi e convertito ad appartamento non lontano dall'ospedale di Oakland. Era terribile ma mi ci sono trovata benissimo. La saggezza popolare ci avverte di stare attenti a cosa desideriamo, e ci ammonisce ricordandoci che solitamente le cose sono troppo belle per essere vere. Eppure a volte sono belle per davvero. Avevo sempre voluto abitare in California e quando il mio sogno è diventato realtà tutte le mie aspettative sono state ampiamente confermate.

Oggi va di moda lamentarsi della baia di San Francisco: il suo settore tecnologico inadeguato e poco competitivo, gli affitti alle stelle e il numero dei senza fissa dimora che ha ormai raggiunto livelli incredibili sono tutti il risultato di una classe politica presuntuosa e impotente che continua a lavarsene le mani. La magnitudine di questi problemi non si può negare, eppure devo confessare che trovo il paesaggio della California accogliente e rassicurante. Gli inverni newyorchesi sono grigi e tristi, e il gelo della costa atlantica ti colpisce senza pietà mentre aspetti la metropolitana perennemente in ritardo. L'aria della baia di San Francisco, al contrario, è un caldo abbraccio che sembra invitarti verso giorni sempre nuovi ed entusiasmanti.

Mi rendo conto che confessare l'amore che si può provare per il panorama della California settentrionale è superfluo quanto proclamare urbi et orbi l'amore per il cioccolato, per i cuccioli o per le cantanti popolari come Dolly Parton. La foschia sulle colline a sud della città che si dirada in ciuffi di ragnatela al sole della tarda mattinata, le balene grigie che migrano, le alghe che ondeggiano placide tra le acque del Pacifico e il profumo degli eucalipti sono le cose più ovvie che vengono subito in mente. La tranquillità dei cieli blu e delle solide pareti di granito del Parco nazionale di Yosemite, la scarmigliata magia delle foreste di sequoie e l'odore delle spiagge umide ai confini della città riescono quasi ad anestetizzarti. Pensavo davvero che non me ne sarei andata via mai più da lì; è facile cadere nelle trappole del pensiero magico quando si subisce ogni giorno l'incantesimo della natura.

Purtroppo, ho sposato un uomo che si è rivelato essere del tutto immune al fascino di San Francisco e che era in grado di vedere solamente gli ingorghi sulle autostrade piene di buchi e i giovani imprenditori con i loro vestiti sgargianti e le loro effimere start-up. Quando è venuto il momento di fare domanda per un posto di lavoro presso un college a indirizzo artistico a Brooklyn l'ho accompagnato, girovagando per le strade congelate di una città i cui alberi scheletrici non avrebbero più visto una singola foglia fino ad aprile inoltrato. Mi confortava sapere che avrei presto fatto ritorno ai cieli blu che mi aspettavano dall'altra parte del paese assieme alle verande ombreggiate dai fiori di buganvillea e dagli alberi di avocado. Il colloquio di lavoro però andò bene e mio marito accettò l'incarico. Mi trovai allora di fronte a un bivio: o mio marito oppure la California. Feci la mia scelta e preparammo i bagagli. Siamo poi saliti su una piccola automobile rossa, abbiamo imboccato l'autostrada 580 e ci siamo diretti a est, superando le colline verdi con la loro tenue foschia che saliva e scendeva e lasciandoci infine alle spalle il gruppo di vecchie turbine eoliche presso il valico dell'Altamont. Dopo aver svoltato verso sud e attraversato i boschetti e gli allevamenti intensivi della Central Valley, trascorremmo la prima notte in uno sporco motel nelle vicinanze del confine con l'Arizona: la California era già un ricordo.

L'incubo peggiore che abbia mai fatto riguardava mio nonno. Nel sogno mio padre si presentava con un completo nero – non l'ho mai visto indossare un completo: lo faceva sembrare un becchino – per comunicarmi la notizia della morte di mio nonno. Ricordo di essere rimasta allibita dall'inaspettata crudeltà della situazione e da quanto fosse ingiusto essere trattati così. Nel mio sogno assistevo impotente alla scena della sepoltura della persona cui volevo più bene al mondo e mi meravigliavo di come si potesse sopportare tanto dolore. La forza travolgente di quell'emozione mi svegliò di soprassalto, e provai un sollievo indescrivibile a sapere di essere uscita da quell'incubo. Il sollievo fu solo momentaneo. Come in un film horror, avevo sognato le memorie del giorno precedente. Non era un sogno; era successo tutto per davvero.

I miei sogni oggi sono pressoché uguali; l'unica eccezione è che la California ha sostituito mio nonno. Molti ricordi felici se ne sono andati, e i neuroni che li conservavano sono ora liberi di pensare a cose nuove. Talvolta però, quando mi addormento nelle notti calde e umide della costa atlantica la mia mente irrequieta rimette in scena gli elementi del giorno fatidico in cui siamo dovuti partire: i bagagli stipati nella nostra automobile, il luogo dove ci siamo fermati per fare rifornimento, i sussulti del nostro cagnetto agitato. Nel sogno tengo il broncio e mi lamento come una bambina capricciosa, pensando tra me e me «non è giusto!». Ricordo quanto il nostro cane ha odiato quell'esodo verso est e ricordo soprattutto quanto mi trovassi d'accordo con lui. Mi sveglio con una determinazione incrollabile: da lì non me andrò mai. Poi mi rendo conto che me ne sono già andata via. Il nostro cane è mancato l'anno scorso, ma l'automobile rossa ce l'abbiamo ancora. Ho sempre sperato che un giorno l'avremmo usata per tornare a casa in California.

Ora credo di potermi definire una cittadina newyorchese, per quanto controvoglia. Amo i bagel, le morbide ciambelle agrodolci tipiche della Grande Mela. Ammiro le persone creative e ambiziose che vengono attirate da questa grande città, e ancor di più mi piacciono quelle che sono gentili e cortesi. La mia esperienza di New York è filtrata attraverso gli occhi dei miei figli, abituati a muoversi con disinvoltura tra i miasmi della spazzatura e lo sgattaiolare dei topi di fogna. Sono abbonata alle maggiori riviste cittadine e ogni settimana leggo la recensione di un qualche ristorante stellato le cui cene luculliane sono al di là delle mie finanze e passo in rassegna le rappresentazioni teatrali e i concerti ai quali non assisterò mai. Ogni tanto mi capita persino di dare un'occhiata alle notizie che arrivano da quel posto che mi ostino a considerare casa mia. Tuttavia, i mezzi di informazione della costa atlantica trattano spesso la California come una parabola per ammonire i loro lettori e ascoltatori, presentandola come una terra desolata, culturalmente morta e bruciata dal sole cocente che si merita quello che le è capitato, come se la California fosse sempre stata una favola e un miraggio troppo belli per essere veri. Le notizie che giungono da laggiù sono devastanti: incendi, alluvioni, cieli anneriti da fumi tossici. La sensazione che si prova di fronte a questi annunci è strana, come se si venisse a sapere su Facebook, tramite i post di conoscenti di amici di altri amici, che un ex fidanzato è ora un malato terminale di cancro. Ho sempre pensato che sarei tornata prima o poi in California, ma ogni anno che passo a New York fa sembrare il ritorno sempre di più un miraggio: l'aumento delle temperature e degli eventi climatici estremi si traduce nell'aumento di terra californiana perduta per sempre.

Il mondo ha una lunga esperienza per quanto riguarda gli oggetti smarriti. D'altra parte, 4,5 miliardi di anni, anno più anno meno, ti danno tutto il tempo necessario per accumulare e poi scordare un bel po' di cose.[1] Prima abbiamo smarrito i dinosauri e poi ci siamo persi per strada i bradipi giganti e i mammut che camminavano ancora sulla Terra quando le antiche civiltà già innalzavano le loro piramidi. Abbiamo perso le immense foreste dell'Antartide e i coccodrilli tropicali al Circolo Polare Artico. Abbiamo perso il supercontinente della Pangea, del quale non ci restano che gli enormi frantumi alla deriva che chiamiamo continenti.

Nessuno rimpiange quei bei tempi andati, anche perché nessun essere umano li ha potuti vivere. La lunga storia della Terra è piena di momenti e situazioni che sono troppo alieni da poterli anche solo immaginare; come potremmo mai sentirne la mancanza? Se potessimo anche solo andare un *pochino* indietro nel tempo (in termini geologici, si intende), troveremmo gran parte dell'emisfero boreale ricoperto di ghiacci. Andando a ritroso di qualche decina di milioni di anni vedremmo un pianeta caldo e umido pieno di primati che stanno ancora imparando a farsi strada tra i sentieri dell'evoluzione. Più indietro ancora e ci troveremmo di fronte a continenti completamente sbagliati, con correnti oceaniche mischiate in modo disordinato e i venti che soffiano su mari e montagne che non esistono più. Senza contare che il passato è popolato da animali bizzarri e da piante insolite, e che talvolta è lussureggiante e rigoglioso ma altre volte sterile e inospitale.

Dobbiamo guardare con attenzione al passato più profondo se vogliamo capire l'enormità del cambiamento climatico del presente e del futuro. Di tanto in tanto, in mezzo a tutta la stravaganza di lontane ere dimenticate, salteranno agli occhi delle somiglianze sconcertanti, un po' come quando sfogliamo le pagine ingiallite di un vecchio album di famiglia e riusciamo a scorgere le fattezze di nostro figlio nel volto di un lontano antenato. Momenti simili nell'archivio del pianeta Terra ci lasciano presagire il mondo che verrà e, nello stesso tempo, ci ricordano tutto ciò che stiamo per perdere. Quando le temperature salgono di appena qualche grado, o anche solo qualche frazione di grado, è facile trovare analogie tra le ondate di calore del passato recente per rendersi conto dell'effetto che avranno le temperature medie delle estati prossime venture; allo stesso modo non è difficile reperire tra gli archivi del passato un nubifragio catastrofico che è foriero di alluvioni e allagamenti ormai ritenuti normali. Quando però le temperature salgono di parecchi gradi, non bastano più i ricordi a memoria d'uomo, perché il pianeta ricalca condizioni che non hanno alcuna analogia nella storia umana. Solo le memorie dei morti possono mostrarci dove stiamo andando.

Tre milioni e mezzo di anni fa l'inclinazione dell'asse di rotazione terrestre e il percorso del pianeta attorno al sole erano molto simili a quelli attuali.[2] I geologi, da sempre smaniosi di battezzare rocce e periodi incuranti della potenziale confusione tra i non addetti ai lavori, chiamano questo periodo Pliocene – da non confondersi con il Pleistocene, il Paleocene o il Paleogene. Preferisco pensare a questo periodo come al «tempo degli ominidi», ossia il momento preistorico durante il quale hanno fatto la loro comparsa i primi antenati degli esseri umani.[3] È davvero singolare ravvisare una temibile simmetria tra il momento in cui possiamo rintracciare le nostre lontane origini e il futuro imminente che ci attende.

I nostri antenati ominidi si sono evoluti al culmine di una serie di cambiamenti epocali. Prima ancora che i piedi del primissimo ominide calcassero la Terra, l'era dei dinosauri si era contraddistinta per un clima caldo e umido favorito dalla presenza dell'anidride carbonica immessa nell'atmosfera dai molti vulcani attivi. Verso la fine del Cretaceo l'attività vulcanica si stabilizzò e l'anidride carbonica sparì lentamente dall'atmosfera per finire imprigionata nelle rocce e negli oceani. I milioni di anni che seguirono furono caratterizzati da un clima progressivamente più fresco e secco, con qualche modifica occasionale dovuta ai piccoli cambiamenti dell'orbita terrestre e delle correnti oceaniche.[4] All'incirca 3,5 milioni di anni fa i valori dell'anidride carbonica del pianeta erano scesi a 400 ppm,[5] che equivale grosso modo al valore registrato nel 2013.[6] La seconda metà del Pliocene – il tempo degli ominidi – rappresenta quindi un precedente che ci segnala dove sta andando il clima oggi.[7]

Se oggi sappiamo tutte queste cose dobbiamo ringraziare la morte – o, meglio, dobbiamo ringraziare chi è morto da tempo immemorabile. Le registrazioni precise del clima del passato profondo sono state infatti affidate a miliardi e miliardi di sepolcri incustoditi. I fondali oceanici sono letteralmente ricoperti di minuscoli organismi dotati di guscio calcareo che da vivi galleggiavano nelle acque. Quando le loro vite giungevano al termine, quelli che galleggiavano in prossimità della superficie affondavano, quelli che vivevano sul fondale restavano lì, e i resti di tutti quanti venivano sepolti sotto i cadaveri di altri organismi ancora. In un ciclo continuo, queste creature nascevano, morivano e affondavano, recando con sé nell'oltretomba geologico un catalogo preciso delle condizioni nelle quali erano vissuti.

Nel corso della loro vita questi organismi si creavano dei gusci prendendo in prestito gli elementi necessari dalle acque nelle quali galleggiavano, allo stesso modo in cui oggi fanno i molluschi buccinidi, le ostriche e le vongole. Gli scienziati sanno da decenni che quando la temperatura dell'acqua scende gli organismi marini utilizzano il calcio per costruirsi i loro gusci, ma quando gli oceani si scaldano questi fanno perlopiù ricorso al magnesio.[8] Ciò significa che abbiamo a disposizione un vero e proprio «paleotermometro»: le temperature delle acque circostanti si sono preservate nei gusci di questi animali marini, e oggi possiamo rilevarle e studiarle grazie alle diverse quantità di magnesio che quelle micro-conchiglie contengono. Le prove di cui disponiamo grazie a questi minuscoli cadaveri ci suggeriscono che tre milioni di anni fa la temperatura fosse tra due e tre gradi Celsius più alta di quella odierna.[9]

I residui fossilizzati di quell'antica calura sono conservati presso il litorale poco distante da Santa Cruz.[10] Le scogliere locali, composte da un'arenaria relativamente recente e color del miele, ci appaiono oggi solide ma secche, come una torta che sia rimasta in forno cinque minuti di troppo. Quando ripenso a quelle scogliere mi immagino giovane e spensierata mentre faccio surf al largo del Pacifico, aspettando un'onda da cavalcare e godendomi l'attesa persino di più del surf stesso. L'acqua era fresca e salata, il sole amichevole, l'aria frizzante piena dell'odore agrodolce e per nulla sgradevole delle alghe in decomposizione. Qualche volta un'onda lenta e perfetta per il surf mi sollevava e mi spingeva con delicatezza verso la riva. In quei momenti, guardando appena sopra di me, potevo scorgere le scogliere che si avvicinavano e la terra che faceva capolino al di là dell'onda che stava per frangersi. Dopo il surf, mi sporgevo sul parapetto in cima alla scogliera di Santa Cruz e mi riscaldavo bevendo un bel caffè nero bollente. Intorno a me vedevo le cime dei cipressi e le foglie delle piante in fiore. Osservavo tutta quest'abbondanza quasi oscena di verde e la davo per scontata, assieme all'abbuffata di adrenalina e all'eccesso di tempo libero. Sembrava che quei momenti sarebbero durati per sempre. Non per me, purtroppo. Ma nemmeno gli altri potranno goderne ancora a lungo.

I corpi fossilizzati di quelle piccolissime creature contengono una profezia: grazie a un'anomalia chimica siamo certi che il tratto di costa che amo è spacciato. I fossili di quegli organismi praticamente insignificanti conservano infatti il ricordo delle temperature del pianeta Terra e l'altezza degli oceani degli eoni passati grazie alla composizione chimica dei loro gusci. Una minima parte dell'ossigeno che troviamo naturalmente in natura è detta «pesante», ossia ha dieci neutroni invece dei consueti otto. Nel corso degli spostamenti dell'aria calda dai Tropici verso i poli, l'acqua composta da quest'ossigeno più pesante cade perlopiù sugli oceani sottostanti. Quando l'aria giunge finalmente alle calotte polari, l'acqua che viene trasportata nell'atmosfera è ormai composta quasi completamente dal normalissimo ossigeno «leggero». L'acqua che cade sotto forma di neve polare si ghiaccia seduta stante e viene così rimossa dal quotidiano ciclo biochimico dell'acqua. Più freddo è il pianeta, più grande sarà l'estensione dei ghiacci polari e maggiore sarà la quantità di ossigeno che viene sequestrata ai poli. Ciò si traduce in un più basso livello del mare e in maggiori concentrazioni di ossigeno pesante nei mari. Così, quando i nostri microscopici organismi usano l'ossigeno presente nell'acqua di mare per costruirsi i loro gusci, la quantità di ossigeno pesante presente nel mare circostante viene inscritta per sempre nelle loro minuscole conchiglie assieme al livello del mare e alle dimensioni delle calotte polari.[11]

Per quanto possa sembrare incredibile, i corpi di quelle piccole creature marine custodiscono la chiave per capire un mondo fragile e strettamente interconnesso, e il loro destino è legato per l'eternità ai ghiacci polari che in vita non hanno mai nemmeno visitato. I loro fossili ci dicono che nella seconda metà del Pliocene, ossia l'ultima volta che i valori dell'anidride carbonica sono stati così alti, i livelli del mare erano tra i nove e i venti metri più alti rispetto a quelli attuali.[12]

La ragione per cui non abbiamo ancora assistito a un simile aumento oggi è molto semplice. Ci vogliono *molti anni* prima che i sistemi geoclimatici più lenti della Terra, come gli oceani e i ghiacciai, possano reagire agli effetti del riscaldamento globale. Anche se le temperature smettessero di aumentare oggi stesso, il pianeta continuerebbe nondimeno a reagire all'aumento che si è verificato finora.[13] Non esiste alcun modo di interrompere l'incremento graduale dei livelli del mare in risposta al cambiamento climatico in corso, a meno di non lanciarsi in spericolate operazioni di geoingegneria per raffreddare l'intero pianeta e rimuovere enormi quantità di anidride carbonica dall'atmosfera. L'inevitabile aumento del livello del mare inciderà su tutto.

Intanto i mari crescono e cominciano a reclamare per sé vaste porzioni di terraferma. Nel 2023 una tempesta invernale ha sollevato onde capaci di oltrepassare le scogliere di Santa Cruz. La sommità della scogliera ha subìto allagamenti significativi e il flusso delle onde ha trasportato la sabbia lontano dalla spiaggia.[14] Man mano che i livelli del mare continueranno a salire, onde più alte si riverseranno sulla scogliera e si abbatteranno sulle spiagge sottostanti. L'acqua continuerà a presentarsi più o meno puntuale, accompagnata da tempeste di violenza inaudita o sotto forma di una costante erosione. Verso la fine di questo secolo, gran parte delle coste californiane avrà subìto cambiamenti talmente grandi da renderle irriconoscibili.[15] I fianchi delle colline saranno inghiottiti dal mare, le strade verranno spazzate vie, le piccole villette posizionate sui bordi panoramici delle scogliere marciranno fino a quando non saranno anch'esse fatte a pezzi dalla furia del mare. Tutti i luoghi che amiamo spariranno e saranno inesorabilmente ridotti a sabbia che si depositerà sui fondali del mare, accumulandosi fino a formare una tomba eterna.

È strano piangere la scomparsa di un minuscolo angolo di mondo di fronte all'enormità di tutto ciò che stiamo perdendo. Ma quando il luogo che ho tanto amato sarà fatto a pezzi e poi inghiottito dall'innalzamento delle acque, dove potrò mai rivolgermi per trovare conforto? Gli effetti deleteri del riscaldamento delle acque si faranno sentire in tutto il pianeta. Per quanto riguarda la costa atlantica, dove vivo, ne vedo già gli effetti sulla I-95, la principale autostrada della zona. Fino agli Stati della Carolina del Nord e della Carolina del Sud l'autostrada corre su una scarpata che rappresenta i resti di antiche scogliere disseminate dei fossili di creature antiche di tre milioni di anni.[16] L'autostrada segna infatti il confine che in quell'epoca lontana divideva la terraferma dal mare e rappresenta l'analogia migliore che abbiamo a disposizione per capire cosa ci riserva il futuro: in alcuni punti questa antichissima linea costiera si trova a oltre ottanta chilometri nell'entroterra.

Quasi tutte le coste saranno colpite, e ogni angolo di bellezza a ridosso dell'oceano sarà a rischio di essere spazzato via per sempre. Il futuro che ci attende, per certi versi così simile al presente, sarà dolorosamente diverso. Ne siamo certi perché sappiamo come guardare al passato per poter poi intravedere tutta la spaventosa crudeltà del domani. I continenti di 3,5 milioni di anni fa non erano poi così diversi da quelli che conosciamo oggi. La geologia dell'epoca è grosso modo la stessa. Tuttavia, se facciamo attenzione, possiamo notare che i confini sono sfumati, le coste sfocate, le terre stranamente diverse – un pianeta perturbante che tenta di spacciarsi per il nostro mondo.

Nelle giornate più uggiose che trascorro in quel di Brooklyn, mi piace ricordarmi di una roccia a strapiombo sul bordo di una cascata che ho scalato nella valle dello Yosemite. Non è un'arrampicata difficile: il dirupo si spacca in un costone verticale largo quanto una mano. A una certa distanza dal suolo una volta in pietra si protende all'esterno e crea un bel posticino all'ombra perfetto per una persona. Mi sistemavo in quell'anfratto protetto per recuperare la fune del compagno in cordata e la giravo attorno allo scheletro di un albero di manzanita. Gli scalatori sono soliti parlare del fascino allettante del baratro per definire un irrazionale desiderio di lanciarsi nell'ignoto. Quando ho scalato quella roccia, ho avvertito sia quella temeraria vertigine di possibilità senza fine sia un senso di gioia così grande che mi sembrava di esserne travolta come un mare in burrasca. Il paesaggio è la chiave per capire la mia risposta emotiva: una cascata a poca distanza dalla roccia sporgente e nascosta alla vista rimesta le chiare e fresche acque di montagna in schiuma montata ad arte e in vapore acqueo. Dai prati sottostanti si ergono gli imponenti colonnati di una cattedrale naturale, e i pini si fanno da parte per svelare l'enrosadira che ammanta la nuda roccia di tinte che vanno dalla ruggine al viola. Questa valle è un luogo tanto selvaggio quanto incantevole. Personalmente lo ritengo uno dei luoghi più belli sulla faccia della Terra.

Le scintillanti facciate di granito dello Yosemite rappresentano i resti di un mondo svanito tra le brume del tempo profondo, un tempo che si misura in millenni e in metri di ghiaccio. La montagna del Cathedral Peak, con i suoi pinnacoli che da lontano paiono denti storti, si ergeva al di sopra di un mare ghiacciato ed è stata modellata dai colpi lentissimi ma inesorabili inferti da ondate di ghiaccio.[17] Centinaia di migliaia di anni fa, fiumi di ghiaccio hanno intagliato e scolpito con pazienza certosina la superficie della Terra; quando hanno finito il loro lavoro si sono ritirati, rivelando così i risultati ottenuti. Trentamila anni fa, torrenti e ruscelli ghiacciati dalla portata più contenuta hanno rimesso in piedi i cantieri dei loro predecessori per perfezionarne i lavori.

Oggi sappiamo che l'era glaciale ha modellato la valle dello Yosemite seguendo diverse fasi.[18] Innanzitutto, l'orbita del pianeta aveva subìto un'oscillazione in modo quasi impercettibile, e ciò aveva causato una minore inclinazione del suo asse. Durante l'estate l'emisfero boreale era più freddo; pertanto il ghiaccio invernale durava di più e rimaneva integro più a lungo. Le lastre di ghiaccio riflettevano la luce del sole e raffreddavano il pianeta e questo, a sua volta, permise un graduale accumulo di ghiaccio. I ghiacci crescevano e continuavano a riflettere la luce solare, e ogni anno che passava il mondo si faceva man mano più freddo. Questo è il processo della glaciazione, per cui un pianeta si arrende poco a poco alla morsa del ghiaccio. Alla fine però l'asse terrestre è tornato al suo posto e il clima si è fatto nuovamente più caldo. I ghiacciai hanno cominciato a morire, e nel corso della loro straziante ritirata hanno iniziato a scaraventare massi e detriti, rifiutandosi categoricamente di finire nel dimenticatoio degli eoni senza prima opporre una strenua, benché inutile, resistenza.

Chiariamo subito una cosa: il domani che ci attende non ha alcuna relazione climatologica con quei tempi freddi e alieni. Gli scienziati come me studiano l'era glaciale per mera convenienza: in termini geologici quel periodo è molto vicino a noi, e pertanto conosciamo le varie fasi dell'era glaciale pleistocenica (in particolare quella di 21 000 anni fa) meglio di qualunque altro clima del passato. Abbiamo a disposizione una documentazione indiretta varia e puntuale in merito: sedimenti oceanici, cavità speleologiche e nidi e cumuli «fossili» di materiale raccolto da roditori (la fonte di informazioni che preferisco).[19] Una volta raccolti, tutti i dati provenienti da queste fonti ci restituiscono indirettamente un'immagine dell'ultima fase dell'era glaciale come di un mondo profondamente diverso da quello attuale, probabilmente tra i 4,4°C e 6,1°C più freddo di quanto non sia oggi.[20]

A volte possiamo addirittura osservare il passato in presa diretta. I luoghi più freddi della Terra sono preziosissimi perché custodiscono esattamente ciò che stiamo cercando, ossia l'antica atmosfera intrappolata sulla superficie terrestre e ricoperta ogni anno da un fresco strato di neve. Gli scienziati possono perforare in profondità il ghiaccio dell'Antartide e della Groenlandia per estrarre cilindri di pura e incontaminata acqua effervescente vecchia di centinaia di migliaia di anni. Ogni strato di questi campioni di ghiaccio (chiamati «carote») pullula di minuscole bollicine di aria pura che un tempo fluttuavano al di sopra della superficie ghiacciata della Terra. Maggiore è la lunghezza della carota campionata – alcune sono lunghe addirittura *chilometri* – più lontano sarà il passato che ha registrato. Nel complesso, questi carotaggi ci restituiscono un'immagine particolarmente affidabile della composizione dell'atmosfera nel corso degli ultimi ottocentomila anni.[21]

Le carote di ghiaccio estratte dai ricercatori mostrano chiaramente che i livelli di anidride carbonica variavano seguendo le fluttuazioni della glaciazione. Verso la metà dell'era glaciale pleistocenica i livelli di CO_2 erano più bassi, in parte perché l'anidride carbonica si dissolve più facilmente nell'acqua fredda che in quella calda. Di conseguenza, l'anidride carbonica spariva all'interno degli oceani più freddi dell'epoca.[22] Nel frattempo i ghiacciai si facevano strada sulla terraferma tra valli e montagne, e come operai maldestri lasciavano dietro di sé cumuli di polveri ferrose.[23] Questa polvere veniva poi soffiata via fino a raggiungere il mare dove agiva da fertilizzante per le minuscole alghe che, crescendo, risucchiavano ancora più anidride carbonica dall'atmosfera. Al termine dell'era glaciale, i ghiacciai si ritirarono e i livelli di anidride carbonica cominciarono di nuovo a risalire. Negli ultimi ottocentomila anni i valori dell'anidride carbonica hanno fluttuato grosso modo tra 180 e 300 ppm; nel corso del XX secolo della nostra era i livelli hanno subìto un incremento spaventoso, al punto che oggigiorno l'anidride carbonica supera i 420 ppm, un valore che rispetto a quelli registrati nelle ultime centinaia di migliaia di anni è altissimo.

L'ultima era glaciale ci appare come un mondo completamente alieno. D'altra parte era anche un *tempo* alieno. Dopo aver regnato incontrastati i ghiacciai si sono ritirati nel tempo profondo dove tutte le cose sono destinate a finire. Se abbiamo compreso la fisica essenziale che sta dietro al clima attuale, allora dovremmo essere in grado di utilizzare i nostri modelli per ricreare il nostro passato, per quanto possa sembrarci straniero e bizzarro. In effetti, i modelli ci confermano che 21 000 anni fa la temperatura della Terra era più fredda e che la differenza copriva una forbice compresa tra i 4,4 °C e i 6,1 °C in meno.[24] Questi stessi modelli ci dicono che entro la fine di questo secolo il mondo si riscalderà di almeno 6,1 °C – se non di più.[25] Ciò significa sperimentare sulla propria pelle e tra qualche decennio l'esatto contrario di un'era glaciale – ossia, per rendere meglio l'idea, *ventimila anni* di cambiamento climatico graduale compressi all'interno di *una singola vita umana*.

Il ritmo del cambiamento climatico attuale è spaventosamente rapido. La maggior parte delle ere del nostro pianeta ha goduto di una buona salute in termini geologici ed è scomparsa per cause naturali, l'esatto contrario di quello che sta accadendo sotto i nostri occhi. Non è previsto che il mondo si scaldi così tanto e così in fretta e, difatti, non è mai successo (o, perlomeno, non è mai successo da quando gli esseri umani e i loro antenati hanno cominciato a calcare la superficie del pianeta). È tutto sbagliato, *profondamente* sbagliato. Non si tratta di perdere qualcosa di caro, ma di vera e propria violenza fisica. Un conto è piangere la morte di una nonna che ha vissuto cento anni buoni e alla quale abbiamo voluto molto bene; un altro è perdere un bambino. Il primo caso rappresenta qualcosa di terribilmente triste ma comunque naturale; il secondo è un tradimento dell'ordine naturale.

Qui a New York siamo circondati dall'antica catena montuosa degli Appalachi, che digradano stancamente in dolci colline prossime alla fine della loro esistenza geologica. Ho fatto qualche fugace tentativo di scalare qualche montagna a nord dello Stato di New York ma francamente non mi sono piaciuti né l'afa estiva né le rocce umide e non ho apprezzato nemmeno la vista alquanto deludente di cui si gode una volta arrivati in vetta. È così che ho smesso di fare arrampicate: lasciata la California ho abbandonato anche il mio hobby. Ora ho scordato gran parte di quanto sapevo ma mi resta la memoria dei sensi, flash di suoni e odori: lo sventolio di una tenda battuta dal vento, la sensazione della rugiada mattutina sugli aghi di pino che attraversa e impregna le calze spesse, il tremolio e il calore della fiamma di un fornello da campo che riscalda del caffè istantaneo. Ho qualche vago ricordo di come mi apprestavo a scalare al mattino presto e del modo in cui cercavo di arrampicarmi in maniera maldestra su rocce particolarmente scomode, come se fossero cose accadute in un'altra vita o a un'altra persona. Forse non è nemmeno un modo tanto bizzarro di pensare a quei ricordi: all'epoca ero giovane, ora sono diventata una persona completamente diversa. Ho avuto il mio momento – il decennio che copre tutti i vent'anni – ed è un lasso di tempo rispettabilissimo per essere giovane e spensierata. Riconosco di essere stata fortunata: nulla di tragico è intervenuto in quegli anni a privarmi della mia giovinezza. Come ogni ragazza o ragazzo abbastanza fortunati da riuscire ad arrivare all'età adulta mi sono adattata e ho accettato il passare del tempo.

Il pianeta però non gode di questo lusso. È difficile adattarsi quando il mondo ti viene tolto da sotto i piedi; eppure, tutto ciò che non sarà in grado di adattarsi verrà spazzato via senza pietà prima che abbia fatto il suo tempo. Questa è la vera tragedia del vivere su un pianeta che sta cambiando troppo in fretta, per di più in un'epoca che non avrà mai l'opportunità di invecchiare in modo naturale.

Stipati contro i pendii occidentali della Sierra Nevada ci sono settantacinque piccoli boschetti dove possiamo trovare alcune creature dotate di un'enorme esperienza in fatto di vita vissuta. Il luogo non è stato scelto a caso; le sequoie giganti sono infatti molto esigenti quando si tratta di decidere dove andare a vivere.[26] D'altra parte, dovendo trascorrere diverse migliaia di anni ben piantati in un posto senza potersi muovere neppure di un millimetro è naturale diventare piuttosto pignoli. Le estati qui sono semplicemente perfette. Ogni tanto può capitare che una tempesta si allontani dalle montagne vicine e finisca qui sopra, ma quasi ogni giorno inizia e si conclude con un bel cielo limpido screziato da nuvole bianche come in una cartolina. Nel corso della loro lunga esistenza le sequoie giganti hanno vissuto tutte le intemperie possibili e immaginabili in questo piccolo angolo di mondo: hanno attraversato e sopportato siccità, alluvioni, ondate di calore in estate e la soffocante coltre di neve che ammanta di bianco tutto il paesaggio fino ad aprile inoltrato. La specie delle sequoie esiste da milioni di anni ma il loro irremovibile attaccamento alla California è uno sviluppo recente.[27] Un tempo le sequoie crescevano in Europa e nell'America settentrionale ma il gelo brutale dell'era glaciale le ha obbligate a cercare riparo in questo fazzoletto di terra. Quando i ghiacciai si sono ritirati per l'ultima volta circa 12 000 anni fa, questi alberi millenari sono rimasti qui. Perché mai avrebbero dovuto andarsene da un posto tanto bello da mozzare il fiato? Le sequoie non hanno ambizioni, obblighi e nemmeno familiari che potrebbero cercare di convincerle a lasciare il luogo dove sono sempre state felici.

Questi alberi sereni e realizzati hanno trascorso le loro lunghe esistenze nell'Olocene, un'era climaticamente gentile che ha fatto seguito all'ultima era glaciale.[28] Il periodo dell'Olocene si caratterizza per essere stato anonimo e quasi banale grazie al clima relativamente mite e stabile. La ritirata dei ghiacciai ha ucciso i bradipi giganti e i mammut, ma le altre creature si sono moltiplicate e hanno prosperato. Gli esseri umani si sono evoluti nel corso dell'era glaciale, ma è stato l'Olocene a svezzarci e a renderci ciò che siamo oggi. Grazie al clima favorevole gli esseri umani hanno iniziato a lavorare la terra, a raccogliersi in gruppi e comunità, a costruire templi, a erigere palazzi e a pianificare intere città. Tutta la storia scritta si svolge in quest'era – l'epoca migliore durante la quale crescere e prosperare.

Possediamo una gran quantità di informazioni sull'Olocene grazie a rocce, sporcizia e ghiaccio. A lungo andare, il lento gocciolio dell'acqua piovana ricca di minerali all'interno di una caverna forma speleotemi, ossia ghiaccioli di roccia che crescono in alto (stalattiti) o in basso (stalagmiti). Negli anni più umidi, questi depositi di minerali luccicano come una ciambella glassata; quando invece il clima si fa più secco, i loro strati esterni vengono esfoliati ed erosi dall'aria. All'interno di ciascuna di queste formazioni possiamo trovare una piccola serie di strati, come se fosse una torta; ogni strato contiene le tracce delle precipitazioni e delle temperature del mondo di superficie. Le caverne, insomma, custodiscono gelosamente le siccità e le alluvioni del passato, le memorie sfocate di ondate di calore, nevicate invernali e disgeli primaverili.[29] Ciò che però non sono in grado di dirci è come ci si doveva *sentire* a vivere in quei mondi lontani, ad affrontare le perdite che si sommano con il passare degli anni e a ricordare tutto ciò che è sparito per sempre. Se vogliamo capire tutto questo, dobbiamo rivolgerci agli anziani.

Le sequoie giganti possono raccontarci la storia delle loro lunghe vite attraverso gli anelli di accrescimento.[30] Per leggere il passato di questi alberi, gli scienziati praticano un foro nelle loro cortecce ed estraggono un sottile campione che reca con sé una sezione degli anelli celati all'interno dei tronchi. La crescita di un albero dipende da molti fattori: caldo, precipitazioni, qualità del suolo, vento, presenza di incendi, animali e competizione con altri alberi per conquistarsi un posto al sole. Gli anelli di un singolo albero ci raccontano solo gli elementi basilari della sua vita; se prendiamo più alberi possiamo avere una visione più chiara del loro mondo. I dati provenienti dai carotaggi eseguiti su migliaia di alberi possono essere assemblati per costruire una sequenza che riporta in modo affidabile l'alternanza di periodi secchi e nubifragi, anni buoni e anni cattivi. Le sequoie, e gli ancora più longevi pini dai coni setolosi, possono vivere per migliaia di anni. Il racconto dendrocronologico delle loro vite può essere esteso grazie all'aggiunta degli anelli di accrescimento di alberi morti ancora più antichi conservati in zone secche e fresche. Una volta presi tutti assieme, questi «atlanti della siccità» rappresentano una vera e propria storia del clima scritta nel legno e vecchia di migliaia di anni.[31]

Le sequoie hanno vissuto esistenze privilegiate, ma non sono completamente immuni dalle avversità. La California è spesso vittima di siccità importanti. Ci sono stati periodi in cui il clima era particolarmente arido, talvolta in modo spettacolare. Le tracce raccolte all'interno delle caverne suggeriscono che la California di 11 000 anni fa fosse più arida e secca di quanto non sia oggi.[32] Gli anelli degli alberi ci raccontano di gravi e più recenti siccità: ad esempio, gli episodi compresi tra il 900 e il 1400 EV sono durati addirittura decenni.[33] La siccità che abbiamo vissuto durante le nostre vite, quella che è durata dal 2000 fino alle catastrofiche alluvioni del 2023, ricorda da vicino la grande siccità medievale. Nel corso di ogni episodio il suolo si seccava e si spaccava, il sole implacabile faceva evaporare tutta l'acqua dai laghi e dagli altri bacini idrici naturali,[34] mentre i coleotteri scolitidi, capaci di uccidere interi alberi, prosperavano grazie a inverni secchi e caldi.[35] Gli alberi sopravvissuti hanno registrato questi periodi nei loro anelli anemici e sottili. Gli scienziati del futuro potranno estrarre informazioni importanti relative a quei prolungati episodi di siccità, una serie di eventi che non solo sono stati particolarmente duri, ma che non hanno precedenti. Gli alberi ci confermano che si è trattato del periodo più arido che la California abbia mai attraversato nell'arco di almeno dodicimila anni, e forse anche di più.[36]

Le piogge alla fine sono arrivate. Nel 2022 una serie di tempeste invernali ha fatto cadere un'ingente quantità di precipitazioni sulla terra assetata. Sulla mia amata Oakland sono caduti addirittura oltre nove centimetri di acqua il giorno di Capodanno, un record storico per la città.[37] Le sottili correnti di aria umida nell'atmosfera trasportano l'acqua che proviene dagli oceani tropicali verso nord, fino a riversarla sulla California. L'acqua viene assorbita dal suolo secco e contribuisce a ricostituire il manto nevoso delle montagne. Purtroppo, in quel caso, la tanto agognata fine della siccità non arrecò alcun sollievo. Lo Stato della California passò dalla carestia a un'abbuffata da baccanale in un breve lasso di tempo. L'acqua corse giù lungo i pendii scoscesi delle montagne asciutte, si raccolse sul cemento impermeabile e rifluì fino a causare inondazioni e slavine. Tutta quell'acqua fece chiudere autostrade, devastò gli edifici e fece esondare i fiumi. Il disastro preannunciava il futuro dell'intera regione, un mondo di calure estive infernali e diluvi invernali, un mondo di oscillazioni senza controllo tra aridità e alluvioni che segnalano irrevocabilmente il mancato rispetto dei fragili termini contrattuali che regolano il rapporto degli esseri umani con il pianeta.

Di solito le cose dovrebbero andare così: dopo la stagione delle piogge l'erba cresce rapidamente grazie al suolo ricco di umidità. La vegetazione abbondante diventa poi secca e marrone quando viene l'estate. Il clima perfetto e baciato dal sole dell'estate californiana crea le condizioni ideali per la formazione di nuvole serali. All'interno delle nuvole l'aria sale e scende, strofinandosi come un cappello di lana che sfrega contro i capelli; questo movimento rimuove elettroni e carica le nuvole di elettricità statica che attende solo di essere rilasciata. Se una nuvola è fredda, alta nel cielo e si viene a trovare al di sopra di aria particolarmente secca, la pioggia che rilascia evapora prima che possa raggiungere il suolo; al contrario, non c'è nulla che possa seccare un lampo. Questo si protende verso la superficie e si ramifica disperatamente fino a raggiungere il suolo colpendolo e provocando uno shock termico. Si tratta del cosiddetto *fire weather*, ossia il mix di condizioni climatiche favorevoli allo sviluppo di un incendio, altrimenti note come *virga*. In pratica, è il capriccio elettrico di una pioggia frustrata cui è stato negato il diritto di bagnare la terra.

Quando la scintilla di un fulmine incontra i ramoscelli secchi il risultato è l'inizio di un incendio. Il vento diffonde il fuoco che inizia a serpeggiare tra l'arancio e il nero sulla terra riarsa dalla calura estiva. Le fiamme divorano gli abeti del Colorado, i ciliegi dell'Oregon e i pini da zucchero fino a ridurli a una finissima polvere di cenere nera. Solo i titani possono resistere alla furia del fuoco: le sequoie giganti non solo sopravvivono ma hanno assolutamente bisogno di questi incendi.[38] Affinché gli alberi possano vivere a lungo, i giovani devono essere sacrificati: questa è la legge impietosa delle sequoie. Una sequoia produce in genere un migliaio di pigne all'anno; se le condizioni sono giuste, un albero particolarmente grande può arrivare a produrne ventimila o anche di più.[39] La stragrande maggioranza delle piantine che nascono dai semi contenuti nelle pigne muore; se anche solo uno di questi semi cresce fino a raggiungere la maturità, allora potrà vivere per secoli, contribuendo a produrre nipoti e pronipoti fino a quando tutta l'acqua sarà stata prosciugata dal terreno e i cieli si saranno oscurati sotto una volta opprimente di rami e di foglie. Come tra le famiglie più litigiose, anche le sequoie si fanno dispetti a vicenda, e ciascuna tenta di accaparrarsi quanta più luce e quanto più calore possibili a scapito dei propri familiari.

In mezzo a tutto questo sconquasso, gli alberi vanno avanti con ostinato stoicismo. Quando è il momento di mettere al mondo i loro potenziali eredi, le sequoie avvolgono i loro futuri rampolli all'interno di una pesante armatura. Le pigne delle sequoie non si aprono con facilità; saranno alcuni estranei ad aprirle per loro. In questo modo i semi rilasciati saranno trasportati dal vento lontano da casa. Le larve dei coleotteri xilofagi (ossia «che si nutrono di legno») scavano un buco all'interno delle parti più morbide della pigna e recidono il cordone ombelicale che unisce le squame esterne alla carne più tenera. A quel punto anche gli scoiattoli panciuti si presentano all'appuntamento, e iniziano subito a pasteggiare aprendo le pigne con cura, come un buongustaio farebbe pulendo i carciofi. Gli alberi attendono pazienti, gli animali arrivano e i semi vengono disseminati ovunque. Tuttavia gli incendi che distruggono periodicamente le foreste sono ancora più efficienti. Mentre il fuoco brucia gli alberi malati e le piantine più giovani e indifese, l'aria calda sale fino a raggiungere i rami delle sequoie più alte. Una volta lassù il calore fa seccare le pigne, le quali rilasciano i semi. Questi cadono in un terreno fertilizzato dalla cenere e liberato da potenziali competitori. Le piccole sequoie nate dal fuoco come delle fenici sono quelle più fortunate, e avranno una chance in più di poter crescere al fianco dei loro genitori che porteranno a lungo i segni delle bruciature sulle loro cortecce. Nel mondo delle sequoie, scottarsi ogni tanto è qualcosa di utilissimo perché il fuoco sgombra il disordine che regna nel reparto maternità e apre le finestre dell'asilo. Inoltre, non impensierisce per nulla gli alberi più anziani grazie alla loro pellaccia dura e coriacea. O, almeno, non dovrebbe.

Tutti gli alberi raccontano le loro storie attraverso gli anelli di accrescimento, ma le storie delle sequoie sono ancora più lunghe. La carne piena di cicatrici e bruciature delle sequoie ci racconta una storia fatta di incendi e di sopravvivenza. Durante i periodi di aridità prolungata, gli incendi tendono a essere frequenti ma piuttosto contenuti. Questo capita perché nel corso della vita degli alberi un clima caldo si traduce in siccità che limita la crescita del sottobosco, evitando così di fornire carburante sufficiente perché il fuoco divampi senza controllo. Durante i periodi più umidi e freschi, gli incendi sono più estesi ma meno frequenti; condizioni calde e secche come quelle che caratterizzano il *fire weather* sono meno comuni in questi periodi, ma la vegetazione rigogliosa fornisce molto più carburante. Questo è lo schema base che si è ripetuto nel corso delle migliaia di anni che hanno visto crescere le sequoie giganti: caldo e arido significa più incendi ma meno carburante, mentre freddo e umido si traduce in meno incendi ma più carburante.[40] Le sequoie si sono adattate e sono venute a patti con l'ambiente assieme a tutti gli altri organismi della California: gli incendi iniziano con facilità oppure dilagano in modo capillare.[41] Mai le due cose assieme.

Ciò a cui assistiamo oggi a livello regionale è invece l'instaurarsi di un legame tra le due condizioni prima separate all'interno di violentissime oscillazioni tra aridità e diluvi.[42] Quando la pioggia cade nel corso di brevi e intensi temporali invernali, le piante crescono rapidamente grazie al suolo umido. Quando in estate fa caldo i loro corpi rinsecchiti diventano combustibile per gli incendi. Lo scoppio degli incendi è quindi reso alternativamente più probabile dal clima estivo e più intenso dalla vegetazione invernale.[43] Oggi tutto è diverso.

I fattori che contribuiscono allo scoppio degli incendi sono legione all'interno di un quadro dominato da un clima in costante cambiamento. Al momento in California vivono circa quaranta milioni di persone. Le città si espandono verso le zone residenziali delle cinture urbane legate da una fitta ragnatela di autostrade piene di buche e intasate all'inverosimile, mentre asfalto e cemento vengono interrotti solo dai prati all'inglese innaffiati quotidianamente. Tramite le loro politiche malaccorte, i coloni europei hanno soppresso sia i fuochi che servivano per autoregolare la crescita della vegetazione sia le popolazioni native che sapevano come gestirli.[44] Questi fattori, combinati al cambiamento climatico, hanno spianato la strada alla *nuova era delle fiamme*, il Pirocene.[45] Ora i cieli blu dell'estate californiana si tingono d'un rosso spento pregno dei fumi provenienti dalle foreste ridotte in cenere. Un inferno di fiamme avvolge interi paesi, lasciandosi dietro un tributo di corpi inceneriti e di gusci carbonizzati di automobili. L'estate non è più quella di un tempo; adesso è la stagione del caldo asfissiante e del pericolo mortale.

Questa è la nuda e cruda verità che emerge dallo studio del passato del nostro pianeta: siamo destinati a sopravvivere alla morte di molte delle cose che amiamo di più. Nulla dura per sempre, è vero; io lo so, e lo sapete anche voi. Eppure, ho sperato fino all'ultimo che almeno la California, la *mia* California, sarebbe sopravvissuta alla mia morte. Invece no; la stiamo perdendo e con essa se ne stanno andando le sequoie, le spiagge, le estati spensierate, i cieli blu, l'aria pulita e le foreste screziate da lampi di luce – tutto se ne sta andando via tra le fiamme. Ho visto e valutato tutte le previsioni e, purtroppo, non ci sono dubbi a riguardo: la scienza è chiarissima su questo punto. Come il proprietario di un vecchio e fedele cane malato, la mia ragione mi impone di prendere atto che la fine è inevitabile, mentre il mio cuore mi sussurra di aggrapparmi a una vana speranza. Una crudele disparità dei cicli vitali ci costringe a sopravvivere a molte cose belle. Tutto sommato, la nostra situazione non è poi così diversa da quella delle sequoie, che sono rimaste in piedi come sentinelle a vegliare sulla California per millenni; ma anche il loro tempo è ormai agli sgoccioli.

Nel 2021 una serie di fulmini ha appiccato il fuoco nella Sierra Nevada meridionale. Alcuni incendi locali si sono espansi finendo per unirsi in un incendio mostruoso che si è nutrito dei corpi essiccati degli alberi morti a causa della prolungata siccità. Questo incendio ha devastato i parchi nazionali di Sequoia e Kings Canyon, riducendo in cenere il sottobosco e lambendo le radici degli alberi giganti. Le fiamme, dopo aver tentato un primo timido approccio, sono poi salite sulle loro cortecce. Molte sequoie sono state distrutte: la perdita ammonterebbe a una percentuale compresa tra il 13% e il 19% della popolazione globale.[46] Dopo aver sfidato i millenni con temerarietà le sequoie se ne sono andate in un giorno solo. Il caldo ha fatto dischiudere le loro pigne e i semi che sono caduti a terra hanno fatto nascere piccole piantine orfane che cresceranno in un terreno carbonizzato e solitario.

Se devo essere sincera, le discussioni ufficiali riguardo alla questione della durata dell'Olocene, l'era dal clima relativamente stabile e tutto sommato mite, non mi interessano granché. Molti studiosi hanno dichiarato che siamo entrati nella nuova era dell'Antropocene, un'epoca interamente modellata dall'impatto che l'umanità ha avuto sull'intero pianeta.[47] I geologi si sono opposti, facendo notare che non siamo ancora stati in grado di lasciare un segno davvero distintivo e duraturo sul pianeta.[48] La questione non mi interessa perché io non sono una roccia. Le impronte digitali dell'umanità sul paesaggio terrestre e sul clima planetario sono chiarissime e abbondanti, e sono certa che la nostra influenza continuerà a fare sentire i suoi effetti almeno per le prossime migliaia di anni anche in assenza della confessione firmata dal colpevole e incisa in modo eterno e inequivocabile nella documentazione geologica della Terra. Ciò che mi interessa veramente è quanto mi resta da vivere qui e il mondo che lascerò ai miei discendenti.

È molto probabile che vivrò il resto di quest'era sconquassata (qualunque sia il nome con la quale vogliamo chiamarla) sulla costa atlantica. Sono anni che non metto piede in California. Il viaggio da New York è molto lungo e non riesco a trovare una ragione sufficiente per giustificarne la spesa e le conseguenti emissioni di anidride carbonica. Alla fine mi sono trovata cose da amare anche qui: le spiagge estive che pullulano di un'umanità variopinta, le paludi costiere e persino i viaggi che faccio di tanto in tanto fino alla penisola di Rockaway per praticare un po' di surf. Quando mi ricordo che è una città di mare, riesco persino a voler bene a New York. Se guardo l'Atlantico a mezzogiorno mentre sono sulla spiaggia mi viene molto facile fingere di essere dove vorrei tanto tornare, e mi immagino mentre osservo il sole che si sposta a ovest per inabissarsi sotto l'Oceano Pacifico. Dopo tutto, c'è un solo oceano globale e le sue correnti si muovono rapide superando i confini dei continenti. Non è poi così implausibile pensare che le acque che bagnano i miei piedi siano arrivate da poco dal Pacifico per portarmi qualche notizia dall'altro capo del continente.

Fino a poco tempo fa, molti dei miei amici qui pensavano alla California come a una terra mitica e ormai spacciata. Un luogo bellissimo dagli scenari mozzafiato, certo, ma anche un posto estremamente pericoloso dove vivere. La costa occidentale è condannata a essere completamente prosciugata, allagata e soffocata dai fumi tossici degli incendi continui. Sanno benissimo che mi manca da morire e cercano di consolarmi come possono: «non puoi davvero rimpiangere di essertene andata via da lì, dai!», mi dicono. Come se New York fosse il luogo più sicuro del mondo. Come se fossimo davvero al riparo dai fumi tossici, come se le strade e il loro asfalto potessero assorbire gli allagamenti, come se il mare si fosse dimenticato che gli abbiamo costruito l'intera città di fronte. Il cambiamento climatico raggiunge tutti, e alla fine è arrivato anche qui. Molti luoghi sulla costa non si sono ancora ripresi dalla distruzione che ha portato l'uragano Sandy più di dieci anni fa.[49] All'epoca, l'acqua era salita a dismisura per ingoiare le spiagge, allagare le case e inondare la metropolitana. Salirà ancora di più. Le precipitazioni nella città di New York stanno già aumentando e quando si fanno molto intense creano torrenti in piena che inondano le strade e gli appartamenti negli ormai pericolosissimi seminterrati.[50] Le strade esalano un odore ripugnante quando il caldo umido sembra non volersene più andare. Nel giugno del 2023 le colonne di fumo provenienti dagli incendi scoppiati nel Canada orientale si sono dirette a sud e sono arrivate in città.[51] Il cielo si era fatto buio a mezzogiorno e respirare era doloroso. Il fumo se ne andò via solo per fare ritorno poco dopo. Nel frattempo, l'acqua continuava a salire.

Nessuno sa esattamente come sarà il futuro. Per gli addetti ai lavori le ragioni sono ovvie: l'incertezza relativa ai futuri livelli di emissioni, i dubbi riguardanti il modo preciso in cui si scioglieranno i ghiacciai e la difficoltà implicita nell'estrapolare i dati del passato per proiettarli nel futuro complicano qualunque previsione. C'è anche una ragione più semplice: nessuno ha mai vissuto un periodo simile. Il tasso di cambiamento dell'atmosfera non ha precedenti nell'intera storia umana. Gli eventi meteorologici estremi si sono intensificati rapidamente, e i mari non sono mai cresciuti così tanto in un lasso di tempo così breve.

La California è particolarmente sensibile all'innalzamento del livello del mare, ma tutto sommato è ancora sicura se paragonata alla situazione dall'altra parte del continente. Sulla costa atlantica, infatti, il livello del mare sta salendo in modo molto più rapido rispetto a quanto sta avvenendo sulla costa occidentale.[52] Ciò è dovuto in parte alla scomparsa di masse di ghiaccio galleggianti così imponenti da renderle capaci di esercitare un'attrazione gravitazionale sulle aree circostanti. Quando queste si sciolgono, il livello del mare si abbassa nelle loro vicinanze e si alza nelle zone più lontane. L'accelerazione dell'innalzamento del livello del mare sulla costa atlantica dell'America settentrionale è dovuta in parte ai cambiamenti che riguardano la temperatura, la salinità e le correnti dell'Oceano Atlantico settentrionale. New York è ancora più vulnerabile di fronte a questi cambiamenti per via del suo passato profondo. Durante l'ultima era glaciale gran parte del Canada, gli stati del blocco continentale noto come *Midwest* e le regioni del Medio Atlantico e della Nuova Inghilterra erano sepolti sotto una coltre di ghiaccio pesante milioni di tonnellate. I ghiacciai ricoprivano la maggior parte dell'isola di Manhattan e della parte settentrionale di Brooklyn, e terminavano in un cumulo di detriti presso la zona di Prospect Park.[53] Schiacciato sotto il peso immane di uno strato di ghiaccio spesso oltre seicento metri, il suolo si abbassava come un materasso che si affloscia per cedere alla pressione di una persona particolarmente corpulenta. Intanto, ai margini della calotta glaciale preistorica (oggi corrispondenti alle coste e ai parchi di Queens, Brooklyn e Staten Island) la terra veniva spinta verso l'alto sempre sotto l'effetto della medesima pressione. Al termine dell'era glaciale, la terra seppellita sotto quelle enormi distese di ghiaccio rimbalzò verso l'alto mentre le porzioni di terra che prima erano state sollevate ai margini subirono un abbassamento. Questo effetto è particolarmente evidente sulla costa orientale perché il livello del mare sale a causa del riscaldamento di un oceano che deve accogliere le acque provenienti dallo scioglimento dei ghiacciai in Groenlandia e nell'Antartide. Come se ciò non bastasse, la terra che una volta si trovava ai margini della calotta glaciale sta sprofondando per venire incontro al mare.[54] Il passato è sempre presente, e si allunga per avvolgerci con i suoi tentacoli e per scagliarci verso un futuro sempre più alieno.

Se siete fortunati, perderete i vostri nonni prima della vostra dipartita. Vi toccherà assistere impotenti all'invecchiamento dei vostri genitori e li vedrete perdere la loro agilità fisica, la loro acutezza mentale, la capacità di esprimersi come una volta e infine i loro ricordi. A loro volta, i vostri figli vi vedranno affrontare la stessa inesorabile sorte, dopo che li avrete visti crescere e avrete detto addio alle loro guance rotondette e alle loro manine paffute per diventare degli adulti alti, forti e burberi pronti a lasciare il nido familiare per sempre. Nel corso della nostra crescita accumuliamo vari livelli di disastri piccoli e grandi che sono lo specchio invisibile della morte fossilizzata conservata sotto i nostri piedi. L'esistenza più felice sulla faccia della Terra è comunque attraversata dalla tristezza, da momenti di dolore inconsolabile che risplendono di una luce fredda e oscura come cristalli di quarzo incastonati all'interno del granito più liscio e uniforme.

Il pianeta ha perso molte cose nel corso della sua storia, esattamente come noi, ma *mai* in questo modo. *Mai* come oggi. Questa perdita è palpabile ovunque, è rapida ed è inevitabile. La consapevolezza di questo processo mi abbatte in un modo che non riesco nemmeno a descrivere a parole, come una profonda spaccatura che non fa rumore su una superficie invisibile, come miliardi di cuori spezzati all'unisono. Il mondo che amiamo ci viene sottratto prima che abbia fatto il suo tempo. «Basta, vi prego, abbiate pietà... fermate il tempo che scorre inesorabile»; così pensiamo quando perdiamo qualcuno cui abbiamo voluto bene. Eppure il tempo non prova pietà e non si può fermare; il tempo non fa pause per permetterci di piangere chi non c'è più. Il tempo, irrispettoso, incurante e sempre alla ricerca di cose nuove con cui riempire il vuoto che avanza, non conosce interruzioni. La vita va avanti, anche se ciò significa farsi largo tra i fantasmi delle cose perdute.

Incrociando le dita, posso dire che la mia vita ha superato il giro di boa, e mi sono lasciata una buona metà della mia esistenza alle spalle. I miei nonni sono morti, i miei genitori sono anziani. Presto i miei bambini saranno grandi e se ne andranno per la loro strada. Durante gli ultimi mesi della sua vita mio nonno ha infuriato contro il morire della luce, ma è morto comunque.[55] Se n'è andato arrabbiato e inquieto di fronte alla notte eterna; era un uomo simpatico e gentile, e adesso non è altro che un corpo inerme rinchiuso dentro una tomba sepolta sottoterra. Pensare a lui mi fa ancora male, così come mi fa stare male pensare a tutte le persone che ho perso, quelle morte pacificamente e quelle scomparse a seguito di terribili incidenti. Provo un dolore senza fondo quando penso agli alberi che mio figlio non vedrà mai, ai prati che bruceranno, alle città sul mare avvelenate dall'inquinamento atmosferico. Alle persone intrappolate nei loro appartamenti e affogate nei seminterrati durante alluvioni devastanti. Ai paesi fatti a pezzi dalla furia degli uragani. Allo sciabordio delle acque calde degli oceani che consuma e scioglie il ghiaccio polare. Tutti i miracoli della natura se ne stanno andando, persi per sempre. Intanto, dall'altra parte del continente, una roccia a strapiombo sul bordo di una cascata luccica un'ultima volta attraverso il fumo che sale, l'ennesimo luogo che ho amato che brucia e scivola nel dimenticatoio del tempo profondo lasciando dietro di sé solamente cenere e ricordi.

6. Sorpresa

«È stato raggiunto il punto critico di desalinizzazione!».
L'alba del giorno dopo, diretto da Roland Emmerich, sceneggiatura di Roland Emmerich e Jeffrey Nachmanoff (Stati Uniti, 2004)

La gente spesso pensa che il mio sogno da bambina fosse quello di fare la scienziata, ma quando ero giovane sognavo di scrivere e girare film. Film brutti e B-movie, nello specifico. Da adolescente trascorrevo gran parte del mio tempo libero presso un vecchio cinema della catena Cinemark che proiettava film in seconda visione per la modica cifra di un dollaro. Se si riusciva a sgattaiolare in sala dopo la proiezione dei titoli di coda per assistere allo spettacolo seguente, allora si poteva tranquillamente passare il resto della giornata a guardare i peggiori filmacci prodotti dall'America degli anni novanta e rovinarsi il cervello per sempre. Oggi faccio fatica a ricordarmi il compleanno di mio marito o la differenza tra latitudine e longitudine, ma il mio lobo temporale è sempre felice di ripropormi in un batter d'occhio le scene cardine dei peggiori film che siano mai stati prodotti.

Data la mia giovanile esposizione all'opera omnia di Jean-Claude Van Damme, è praticamente un miracolo che io sia diventata un essere umano adulto senza troppi grossi problemi. Forse il fatto veramente scioccante è che io sia diventata una scienziata. A scuola andavo benino, ma le uniche materie che mi interessavano erano Inglese e Storia; pensavo che Matematica non servisse a nulla, a meno che qualcuno – evidentemente una persona noiosa – non volesse passare il resto della sua vita nel ramo delle assicurazioni a fare calcoli attuariali o a studiare diritto tributario.[1] Biologia mi interessava già di più, ma solo perché nelle ore di laboratorio ci facevano sezionare i cadaveri di cose disgustose; al contrario, Chimica e Fisica le evitavo come la peste. Non si trattava di mancanza di interesse. Il sentimento che provavo era molto più ostile: io *odiavo* la scienza.

A mia discolpa, posso dire che durante la crescita ho subìto influenze nefaste. La colpa è di *E.T. l'extra-terrestre*, il film uscito nel 1982 e girato da Steven Spielberg in cui tutti gli scienziati erano uomini anonimi sigillati dentro tute di protezione chimica e impegnati a sezionare un alieno gentile e indifeso. Quando questi loschi figuri vengono a prendere E.T. per portarlo via, l'amico umano dell'alieno li prega invano di lasciarlo stare perché lo stanno spaventando. Stavano spaventando anche me. Immaginatevi di imbattervi nel primo essere extraterrestre che sia mai finito sul pianeta Terra e poi decidere così, su due piedi, che la prima cosa da fare da un punto di vista rigorosamente scientifico è quella di *ucciderlo*. C'è da meravigliarsi che io sia cresciuta diffidando fortemente della scienza e degli scienziati?

Per concludere il ciclo di studi triennale all'università e laurearmi mi mancavano dei crediti di scienze. Scelsi controvoglia un corso che si chiamava *Introduzione all'astronomia* e in cuor mio mi preparavo già a dover subire qualcosa di stupido e noioso. Eppure il corso non fu per niente noioso. Io e gli altri studenti abbiamo imparato tutto sulle stelle e sui buchi neri che si lasciano dietro quando muoiono, sulla formazione delle galassie, sulla forma e sulla struttura dell'universo. «Porcamiseria!», ho pensato, «è per *questo* che si usa davvero la matematica?». Ma allora perché nessuno me lo aveva detto alle superiori? Adesso volevo saperne di più, ma per poter andare avanti dovevo prima vincere la mia paura della fisica. È stato così che ho deciso di studiare Termodinamica, Elettromagnetismo e Fisica quantistica; mi sono addirittura turata il naso e mi sono iscritta a qualche corso di Matematica. Non ero naturalmente portata per la materia, ma ho lavorato duramente per provare a me stessa che potevo farcela (e per fare un dispetto a Spielberg). Alla fine, dopo molti anni di studio e apprendistato, ho iniziato a potermi considerare una scienziata.

Il punto fondamentale è che la scienza non assomiglia per niente a quella caricatura che ci viene propinata nei film. Non ci sono molte vivisezioni di poveri alieni innocenti (non ce n'è neanche una, a dir la verità) e non ho mai indossato un camice da laboratorio (gli scienziati che si occupano di teoria come me possono vestirsi come vogliono – anche se a giudicare dai vestiti indossati in media da chi frequenta i dipartimenti universitari di Fisica forse bisognerebbe effettivamente mettere qualche paletto). Soprattutto, gli scienziati non sono solo anziani spettinati e trasandati o giovani occhialuti: di scienziati ce ne sono di tutte le forme e di tutte le misure. Senza contare che la scienza non è per niente noiosa! C'è molto da imparare, e ci sono ancora più domande che attendono una risposta. I colpi di scena, poi, sono mille volte meglio di qualunque sceneggiatura hollywoodiana. La natura è piena di sorprese.

Tra le domande cui la climatologia non è ancora riuscita a dare una risposta, queste sono le più importanti: non sappiamo quanto si riscalderà la Terra perché non abbiamo ancora compreso appieno i cicli di risposta retroattiva (o *feedback loops* in inglese) che si attivano quando un pianeta si sta riscaldando;[2] non sappiamo quanta anidride carbonica ci sarà nell'atmosfera del futuro;[3] non sappiamo quando oltrepasseremo i punti di svolta dopo i quali non si potrà più tornare indietro;[4] soprattutto, non sappiamo come si comporteranno e cosa faranno gli esseri umani.[5]

Chiariamo subito una cosa fondamentale: l'incertezza non equivale all'ignoranza. Molte cose le conosciamo bene. La fisica dell'effetto serra, per esempio, è ben nota e poggia su basi solidissime. Sappiamo perché il pianeta si sta scaldando e ne conosciamo le ragioni. Chiunque si senta in diritto di contestare queste cose è pregato di tornare al secondo capitolo («Rabbia»). Non ho alcuna intenzione di rimettermi a elencare le basi della ricerca scientifica nell'ambito, e non ho alcuna voglia di sprecare tempo prezioso discutendo di falsità belle e buone e cospirazioni assortite. Se devo proprio leggere romanzi, allora preferisco lavori con una trama migliore e personaggi principali più convincenti. In fin dei conti, non c'è poi molto di cui non siamo al corrente in merito al cambiamento climatico; tuttavia, questo mondo mutevole e accaldato non cessa di stupirci.

ATTO I. *Sensibilità climatica: quanto farà caldo?*

Uno dei misteri irrisolti più importanti dell'intera branca climatologica è anche il più semplice: quanto caldo farà in futuro? Rispondere a questa domanda elementare si è rivelato essere più difficile del previsto. Il motivo principale è che il pianeta è complicato e man mano che si riscalda cambia. Forse alcuni di questi cambiamenti riusciranno a rallentare, fermare o addirittura invertire il processo di riscaldamento. O magari la Terra guarirà facendosi scendere la febbre da sola. È possibile che sopraggiunga qualcosa di totalmente inaspettato che ci sorprenderà. Io, personalmente, non ci scommetterei due lire.

Facciamo un esperimento mentale. Immaginiamo di trovarci, tutto a un tratto, con il doppio dell'anidride carbonica nell'atmosfera.[6] Sappiamo che il pianeta reagirebbe in modo repentino a un simile cambiamento, dopodiché la sua risposta rallenterebbe. Nel giro di qualche giorno la troposfera, ossia la porzione dell'atmosfera dove avvengono i fenomeni meteorologici, si riscalderebbe. Di conseguenza, si scalderebbe anche la terra. Le temperature degli strati più superficiali degli oceani salirebbero nel giro di qualche anno e, dopo qualche secolo oppure un paio di millenni il calore raggiungerebbe anche le profondità abissali. Prima di poter raggiungere un nuovo equilibrio ci vorrebbe molto tempo,[7] ma alla fine il mondo si stabilizzerebbe assestandosi su parametri relativi a temperature più alte.

Questo cambiamento a lungo termine delle temperature in risposta all'ipotetico raddoppiamento della CO_2 atmosferica è noto come *sensibilità climatica all'equilibrio*.[8] Si tratta di un parametro artificiale e piuttosto semplice, misurabile solo all'interno dei confini digitali di un modello climatico; con ogni probabilità è anche il numero più importante al mondo perché quantifica la sensibilità della Terra all'anidride carbonica e il tetto di surriscaldamento che può raggiungere il pianeta.

Questo parametro è stato per molto tempo fonte di confusione presso la comunità scientifica. Da un certo punto di vista la cosa è perfettamente comprensibile: non abbiamo alcuna idea di come possa reagire il pianeta di fronte a un'offesa così grave. Nessuno ha mai condotto un esperimento simile. Poco importa, perché possiamo osservare l'intero processo svolgersi virtualmente all'interno dei modelli climatici che abbiamo costruito investendo tempo e denaro. Questi modelli sono bravissimi a fare molte cose: hanno predetto accuratamente le tendenze dell'attuale riscaldamento e colgono molti aspetti del sistema mondo altrimenti ignorati. Tuttavia, questi modelli non concordano su quanto caldo farà. La loro mancanza di affidabilità su questo punto è causa di imbarazzo.

Faccio fatica a descrivere quanto sia effettivamente insormontabile questo problema. Una volta qualcuno mi ha detto che il modo migliore di comunicare un'idea complessa è di provare a spiegarla a una versione più giovane di te stessa. L'unico problema è che alla versione più giovane di me stessa di questo argomento non importerebbe assolutamente nulla... a meno che non venga trattato in qualche modo sul grande schermo. Ecco allora come rivolgermi alla me stessa del passato per spiegare la sensibilità climatica in modo efficace.

UN'AULA SCOLASTICA – INTERNO GIORNO

È il 1979. Jule Charney, un autorevole professore del MIT *(il Massachusetts Institute of Technology a Cambridge, Stati Uniti), è in piedi di fronte a una lavagna interamente ricoperta da equazioni, e tutto fa pensare che si stia rivolgendo ai colleghi che probabilmente affollano l'aula.*

CHARNEY
... è chiaro allora che la sensibilità climatica all'equilibrio a fronte di un raddoppio dell'anidride carbonica si colloca tra 1,5°C e 4,5°C.

Panoramica sul pubblico presente: è l'aula di un asilo. I bambini presenti hanno lo sguardo perso e assente, alcuni sono a bocca aperta.

CHARNEY
Sentite, lo so che per oggi vi avevano promesso un pompiere e invece vi è toccato ascoltare me. Mi dispiace tanto, ma se solo mi lasciaste...

BAMBINO
Che cos'è la sensibilità climatica?

CHARNEY
È una misura che indica quanto si scalderebbe la Terra se raddoppiassimo la quantità di anidride carbonica presente nell'atmosfera. La risposta è la stessa: salirebbe di una forbice compresa tra 1,5°C e 4,5°C.

BAMBINO
(*silenzio*)

CHARNEY
In pratica abbiamo due possibilità: o va malissimo oppure è una catastrofe.

BAMBINO
Possiamo scegliere solo una di queste due possibilità?

CHARNEY
Sì, se raddoppiamo l'anidride carbonica presente nell'atmosfera.

BAMBINO
Allora credo che forse è meglio se non lo facciamo.

CHARNEY
Sono perfettamente d'accordo con te.

DODICI ANNI DOPO (1991)

UNA GRANDE SALA CONFERENZE – INTERNO GIORNO (O FORSE NOTTE, NON LO SAPPIAMO)

Un'équipe di scienziati è accalcata su un podio dietro a un leggìo. È chiaro che nessuno dei presenti vorrebbe essere lì. Uno scienziato viene spintonato in avanti da due suoi colleghi; lo scienziato appare sorpreso e spaventato all'idea di doversi trovare sotto i riflettori. Il resto del gruppo fa un passo indietro. Lo scienziato, non senza qualche esitazione, inizia a parlare tradendo subito l'ansia e l'agitazione che lo assalgono.

SCIENZIATO AGITATO
Sono qui per conto del Gruppo intergovernativo sul cambiamento climatico delle Nazioni Unite...

SCIENZIATO DIETRO DI LUI
(*sibilando sottovoce*)
Chiamalo con l'acronimo inglese IPCC!

SCIENZIATO AGITATO
L'IPCC, certo... Ecco...
(*si guarda le scarpe*)
... dunque... ci siamo affidati ai migliori modelli climatici di cui disponiamo e...

SCIENZIATO INGLESE DALL'ÉQUIPE AMMASSATA SUL PODIO
Beh, tutti eccetto il modello americano. Quello fa davvero schifo!

SCIENZIATO STATUNITENSE
Ma falla finita, per piacere!

SCIENZIATO AGITATO
(*rivolgendosi agli studiosi alle sue spalle*)
Colleghi, *per favore*!
(*continua*)
... abbiamo calcolato la sensibilità climatica al raddoppio dell'anidride carbonica atmosferica.

Lo SCIENZIATO AGITATO *tira fuori un grafico molto complicato, che è stato chiaramente elaborato da più persone. L'équipe di scienziati ha cercato di ficcare tutto lo scibile dell'intera disciplina climatologica in un'unica figura.*

Un ADOLESCENTE *presente in sala si alza. È il bambino della scena precedente che ora ha dodici anni in più.*

ADOLESCENTE
Che *cosa* state facendo?

SCIENZIATO AGITATO
Beh, mi sembra chiaro.

ADOLESCENTE
No, non lo è *per niente*! Quanto caldo farà?

SCIENZIATO AGITATO
Se l'intera società dovesse tagliare in modo giudizioso le emissioni ponendosi dei traguardi realizzabili, la temperatura salirà di poco. Talmente poco, infatti, che non credo dovremmo preoccuparci troppo.

ADOLESCENTE
E se non facciamo così?

SCIENZIATO AGITATO
Ma certo che lo faremo! Tutti ascoltano quando parla…
(*gesticola indicando il suo grafico incomprensibile*)
… la *scienza*!

ADOLESCENTE
Supponiamo però che alla fine raddoppieremo l'anidride carbonica. Quanto caldo farà in quel caso?

SCIENZIATO AGITATO
(*visibilmente a disagio*)
Tra 1,5°C e 4,5°C.

ADOLESCENTE
Ma, scusi tanto, non sono per caso gli stessi valori che Jule Charney aveva calcolato usando modelli molto meno avanzati nel 1979?

SCIENZIATO AGITATO
Eh…

ADOLESCENTE
Davvero non avete fatto alcun progresso in dodici anni?
(*tra gli scienziati stretti dietro al leggìo scoppia un* TAFFERUGLIO)

SCIENZIATO STATUNITENSE
Stammi un po' a sentire, socio, i nostri modelli girano sui migliori supercomputer del mondo. Su cosa gira il tuo modello, tè Earl Grey e *fish & chips*?

SCIENZIATO INGLESE
Almeno non usiamo quegli stramaledetti gradi Fahrenheit!

STACCO NETTO. VENTIDUE ANNI PIÙ TARDI (2013)

SALA CONFERENZE – INTERNO GIORNO

Una COMMISSIONE COMPOSTA DA UN GRUPPO DI SCIENZIATI *è seduta a un tavolo sul quale poggia il logo blu del Quinto Rapporto dell'*IPCC. *La commissione appare molto più azzimata e professionale rispetto al passato e include donne e persone provenienti da ogni angolo del mondo. Siamo a una conferenza stampa; i giornalisti presenti si alzano a turno per porre le loro domande agli scienziati.*
È il turno di un UOMO. *È l'*ADOLESCENTE *della scena precedente, ora un uomo adulto.*

UOMO
Quali progressi sono stati effettuati in questi anni riguardo al problema della sensibilità climatica?

DIRETTORE SCIENTIFICO
Abbiamo impiegato modelli climatici molto più avanzati rispetto al passato e le nostre stime indicano che la forbice di valori entro i quali dovrebbe assestarsi la sensibilità climatica a una quantità doppia di anidride carbonica è...
(*pausa*)
... compresa tra 1,5°C e 4,5°C.

UOMO
Ma non si tratta forse della stessa previsione di prima?

DIRETTORE SCIENTIFICO
Esattamente.

UOMO
Quindi non sapete quanto caldo farà, vero?

DIRETTORE SCIENTIFICO
No.

UOMO
Cristo santissimo! Avevate solo una cosa da scoprire, UNA, e neanche quello siete riusciti a fare!

DISSOLVENZA A CHIUDERE

I modelli climatici sui quali si accapigliano i miei scienziati immaginari sono migliorati moltissimo nel corso del tempo. Abbiamo visto nel primo capitolo come le fondamenta sulle quali poggiano siano molto semplici. I primi modelli erano grezzi come i film muti degli inizi del Novecento: c'era un sole, una Terra e un'atmosfera capace di intrappolare il calore in uscita dal pianeta. Per quanto fosse primitivo, quel tipo di modelli era molto utile perché era capace di predire in modo efficace la temperatura media del pianeta. Tuttavia, c'erano aspetti importanti che erano stati tralasciati. Ecco allora che i modelli furono estesi verso l'alto allo scopo di includere una colonna atmosferica. Adesso l'aria e l'acqua potevano circolare verso l'alto e verso il basso, e i modelli diventarono in grado di simulare la pioggia e le nuvole. Questo progresso tecnologico permise di ottenere un grado maggiore di realismo, esattamente come l'introduzione delle apparecchiature di registrazione audio in presa diretta consentì ai personaggi dei film di parlare. Il passo successivo fu quello di accatastare diversi strati atmosferici orizzontali uno sopra l'altro per creare un cielo digitale più ampio entro il quale potesse soffiare il vento; in questo caso, il progresso tecnologico fu simile al passaggio dal bianco e nero ai colori, e il mondo racchiuso all'interno del modello immaginario si fece molto più vivo e vibrante. Dopodiché fu il turno dell'oceano, e cielo e mare cominciarono a interagire. Ciò consentì ai modelli di simulare fenomeni complessi come El Niño e di capire finalmente il modo in cui l'aumento della temperatura del mare può influenzare il clima di regioni lontanissime – in pratica, l'equivalente degli effetti digitali sul grande schermo. Con il passare del tempo i modelli climatici, esattamente come i film, diventavano sempre più simili al mondo che avrebbero dovuto rappresentare.

Dato che il cambiamento climatico è un fenomeno globale, gli scienziati di tutto il mondo hanno unito le forze per sviluppare modelli climatici sempre più complessi. Il risultato è che oggi abbiamo a disposizione centinaia di modelli, ciascuno elaborato da un gruppo di scienziati al lavoro da qualche parte nel mondo.[9] Anche se le leggi fisiche su cui si basano sono sempre le stesse, questi modelli non sono identici.

Mettiamola così: è la stessa storia – quella del cambiamento climatico – ma raccontata attraverso generi differenti. La versione musical di Bollywood sarebbe lunga quattro ore e si concluderebbe con lo stop alle emissioni dopo un esuberante numero musicale. La versione supereroistica vedrebbe un gruppo di uomini aitanti in spandex impegnati a scaraventarsi addosso veicoli e a schivare automobili per novanta minuti. Il filmone drammatico inglese in costume avrebbe come protagonisti alcuni gentiluomini dell'era georgiana che per amore sarebbero pronti a rinunciare alla Rivoluzione industriale (detto tra parentesi, questi film immaginari li vedrei tutti molto volentieri). Il tema centrale è lo stesso, ma registi diversi lo affronterebbero in modi ovviamente diversi.

Detto ciò, chiarisco subito che le differenze che esistono tra i nostri modelli sono molto meno marcate. Tutti mostrano che la Terra si sta scaldando e che continuerà a scaldarsi ancora di più se le emissioni di gas serra non vengono interrotte al più presto. Tutti mostrano che il rischio di siccità aumenterà, che le precipitazioni si faranno più estreme e che il livello del mare continuerà a salire. Però alcuni di questi modelli indicano un aumento di 2 °C in risposta al raddoppio dell'anidride carbonica presente nell'atmosfera, mentre negli altri l'aumento è addirittura il doppio.[10] Anche se i modelli sono andati migliorando, l'esistenza di tale disparità non è ancora stata risolta.[11]

Perché questi modelli si trovano in disaccordo su questo punto? Che sia per un qualche mistero profondo? Una legge fisica ancora da scoprire? Oppure un oscuro processo che non siamo ancora riusciti a comprendere? Nulla di tutto ciò. Il motivo per cui esistono questi risultati contrastanti è banalissimo ed è sotto gli occhi di tutti – basta dare un'occhiata fuori dalla finestra quando fuori è nuvoloso.

ATTO 2. *Cicli di risposta retroattiva: perché non sappiamo quanto caldo farà?*

Nel corso del processo di riscaldamento, tutto ciò che ha luogo sulla Terra subisce una qualche modifica. Il ghiaccio si scioglie, l'aria diventa più umida e le nuvole cambiano forma e posizione. Data la loro capacità di influire retroattivamente sul sistema nel suo insieme, questi aggiustamenti possono da soli determinare quanto si può riscaldare il pianeta passando così da effetto a causa. Gli scienziati utilizzano l'espressione *feedback positivo* (o *retroazione positiva*) per descrivere il «processo destabilizzante che rende il riscaldamento globale peggiore di quanto già non sia», ma il termine è davvero infelice ed è fonte di confusione per i non addetti ai lavori. «Feedback positivo» suona infatti come un complimento per un lavoro eseguito bene («ho ricevuto un buon feedback!»), ma qualcosa che in climatologia funziona bene per abbassare la temperatura che sale è un *feedback negativo*! Per questo preferisco ricorrere a «destabilizzante» e «stabilizzante» al posto di «positivo» e «negativo».

Alcuni processi di feedback li conosciamo come le nostre tasche. Non ci meravigliamo del fatto che il ghiaccio si sciolga quando fa caldo. Ora, un pianeta più caldo è un pianeta con meno ghiaccio. Quando c'è meno ghiaccio, ci sono anche più terra o più acqua sotto il sole, e questi assorbono una quantità maggiore di energia solare, riscaldando ancora di più il pianeta. Questo è un esempio banale di feedback destabilizzante sul quale tutti i modelli climatici e tutti gli scienziati concordano: il caldo aumenta, il ghiaccio si scioglie e il clima diventa ancora più caldo.[12]

Ci sono anche altri tipi di cicli a risposta retroattiva.[13] Ad esempio, sappiamo che l'aria calda trattiene più vapore acqueo, il quale è a sua volta un gas serra che intrappola più calore in uscita dal pianeta. Questo è un altro feedback destabilizzante. Man mano che la temperatura del pianeta aumenta, anche l'energia che viene dispersa nello spazio aumenta: in questo caso ci troviamo di fronte a un feedback stabilizzante. Non c'è alcuna controversia riguardo al modo in cui funzionano questi feedback: si tratta di elementi di fisica elementare. Eppure c'è un particolare ciclo di feedback che è tuttora fonte di grattacapi per i climatologi e che è causa di molte incertezze riguardo alla sensibilità climatica: le *nuvole*.[14]

Io e le nuvole abbiamo una relazione complicata, e il motivo è presto detto: ho abitato in Inghilterra per quattro anni. Dopo aver preso la laurea triennale vinsi una borsa di studio per studiare Astrofisica teorica presso l'Università di Cambridge, un posto che assomiglia alla Scuola di magia e stregoneria di Hogwarts se non fosse per l'assenza totale di magia e per l'appartenenza di tutti gli studenti alla casa dei Serpeverde. In quei quattro anni ho imparato che gli inglesi sono davvero ossessionati dal meteo. La loro mania mi ha contagiato.

Durante i mesi umidi e fradici tipici dell'estate inglese ero solita starmene sul tetto del dipartimento di Fisica teorica a cercare di leggere articoli scientifici scritti male e a guardare il cielo, calcolando nella mia testa quanto sarebbe durato un breve momento di luce prima che una nuvola nera arrivasse a guastare la festa. Il tetto era molto bello: c'era erba ed era molto accogliente, e si trattava di un buon posto dove andare a nascondersi. Molti studenti erano bravissime persone, ma tanti erano socialmente impacciati o a disagio e profondamente insicuri, sempre pronti a mettersi in mostra e a dimostrare la loro superiorità intellettuale. Temo che non pochi sarebbero stati felici di vivisezionare E.T. se ciò avesse potuto in qualche modo giovare alle loro aspirazioni accademiche e aiutarli a ottenere un posto in facoltà.

Quando le nuvole coprivano il sole faceva più freddo e aumentavano le probabilità che si mettesse a piovere, e questo si traduceva nella necessità di tornare dentro l'edificio e di stare al chiuso con altri aspiranti squartatori di E.T. Con il passare del tempo ho capito perché gli inglesi amano le loro nuvole, ma la cosa che desideravo di più al mondo era che quelle maledette nuvole sparissero per sempre. Non ho pensato nemmeno per un momento a cosa potrebbe succedere se le nuvole sparissero davvero. Oggi so che se qualcuno avesse esaudito il mio desiderio il risultato sarebbe stato un disastro degno di un colossal hollywoodiano. La scomparsa improvvisa delle nuvole sarebbe infatti qualcosa di terribile da vivere – ma molto divertente da vedere seduti comodamente in poltrona.

LA MORTE DELLE NUVOLE

LOGLINE
Non c'è felicità senza nuvole

SINOSSI
Una studentessa di Fisica sta facendo il dottorato ma è stufa del sistema accademico e vuole vendicarsi punendo la Gran Bretagna. Elabora un piano per eliminare le nuvole per sempre, azzerando la variabilità meteorologica della perfida Albione e privando quindi l'intera nazione dell'unico argomento di conversazione ritenuto socialmente accettabile. La studentessa sa che le nuvole si formano quando cristalli di ghiaccio o goccioline d'acqua si raggruppano attorno a particelle di sale, sabbia, polvere o inquinamento. E così, una notte, la studentessa inviperita decide di intrufolarsi all'interno del laboratorio di nanotecnologie e di rilasciare uno sciame di piccolissimi robot capaci di ripulire il cielo da ogni minuscola particella. Gli effetti sono immediati e gravissimi. Una volta eliminato il potente effetto serra prodotto naturalmente dalle nuvole, la temperatura notturna crolla drammaticamente. Il giorno seguente, però, non c'è nulla che sia in grado di bloccare i raggi solari e il riscaldamento globale si intensifica a dismisura. La temperatura del pianeta sale in un battibaleno di decine di gradi Celsius, mentre gli effetti sulla società sono devastanti. I londinesi vagano per le strade in lacrime, isolati e incapaci di attaccar bottone. Dall'oggi al domani interi quartieri vengono decimati dalla vergogna e dall'imbarazzo.

Le nuvole non sono solamente indispensabili affinché gli inglesi possano fare un po' di conversazione come la gente normale,[15] ma sono anche elementi fondamentali per la regolazione del clima a livello globale. Le nuvole sono infatti capaci allo stesso tempo di raffreddare e di scaldare il pianeta: lo scaldano perché sono molto efficienti quando si tratta di intrappolare il calore che fugge dalla superficie del pianeta. Una volta considerato nel suo insieme, l'effetto serra prodotto dalle nuvole è enorme – all'incirca cinque volte più grande dell'effetto riscaldante che ha il raddoppio dell'anidride carbonica atmosferica. Questo effetto è però largamente bilanciato dalla capacità che hanno le nuvole di bloccare i raggi solari. A livello globale il raffreddamento dovuto all'effetto riflettente delle nuvole è quasi il doppio dell'effetto riscaldante prodotto dalle stesse nuvole! Quindi senza nuvole il mondo sarebbe molto più caldo.[16] Ora, nessuno ha veramente l'intenzione di sbarazzarsi delle nuvole; piuttosto, il punto è che grazie al ruolo svolto dalle nuvole nella regolazione del clima e delle condizioni meteorologiche a livello mondiale, bastano anche solo minime variazioni della nuvolosità per avere conseguenze enormi.

Siamo certi che man mano che il pianeta si scalderà le nuvole cambieranno, e i loro effetti saranno sia stabilizzanti che destabilizzanti. Questa dualità si spiega con il fatto che nuvole diverse hanno effetti molto diversi: una minore quantità di nuvole basse e opache si traduce in un numero maggiore di giorni estivi caldi, e in questo caso le nuvole hanno quindi un effetto retroattivo destabilizzante;[17] nuvole più spesse bloccano un numero maggiore di raggi solari, e questo ha un effetto retroattivo stabilizzante; nuvole sottili che fanno passare i raggi solari ma intrappolano una quantità maggiore del calore in uscita dalla Terra producono un effetto retroattivo destabilizzante;[18] infine, temperature più elevate fanno sciogliere i cristalli di ghiaccio all'interno di nuvole fredde e le rendono più «grasse» e più opache, e questo meccanismo causa al contrario un effetto retroattivo stabilizzante.[19]

Purtroppo i modelli climatici non riescono a trovare un accordo su questi punti. D'altra parte, modellare le nuvole è un compito estremamente difficile. Le nuvole coprono enormi distese del globo terracqueo e sono capaci di mutare forma e scala con singolare rapidità e imprevedibilità; eppure è straordinario pensare che siano semplicemente il risultato di minuscoli cristalli di ghiaccio e di gocce d'acqua infinitesimali. In teoria conosciamo benissimo i meccanismi che stanno dietro alla loro formazione. Modellare un pezzo di cielo sospeso al di sopra di un piccolo spaccato di terra o mare è piuttosto facile e permette di osservare in presa diretta l'acqua che evapora dalla superficie e che durante l'ascesa verso gli strati più freddi dell'atmosfera si trasforma in un lucido velo di gocce d'acqua. Nulla di tutto ciò è particolarmente misterioso; l'unico problema è che il processo è troppo complesso per essere elaborato da un computer. Per poter modellare in modo accurato le nuvole avremmo bisogno di prendere in considerazione ogni singolo cristallo di ghiaccio e goccia d'acqua presenti nell'atmosfera, assieme a ogni granello di sabbia, polvere e sale. Al momento non esiste alcun computer in grado di fare ciò – e probabilmente non esisterà mai. Tutto quello che possiamo fare è cercare di produrre un modello che possa rendere conto in modo grezzo e approssimativo della raffinata fisica relativa alla formazione delle nuvole. Un modello climatico assomiglia a un quadro impressionista: da lontano è stupendo e magnifico, da vicino è un po' un pasticcio.

Ecco spiegato il motivo per cui è così difficile includere le nuvole, con tutta la loro complessità, all'interno di un modello climatico, ed ecco perché in questo caso modelli diversi producono previsioni molto differenti tra loro. Secondo alcuni modelli climatici le nuvole si dissiperanno al di sopra di un più caldo Oceano Glaciale Antartico, facendo così penetrare molta più energia solare. Una buona parte dei modelli prevede che tutto l'Oceano Pacifico diventi molto caldo all'altezza dei Tropici, e questo dovrebbe portare a un numero minore di nuvole più spesse e più basse, con un conseguente aumento delle temperature. Altri modelli ci dicono invece che le nuvole potrebbero assumere conformazioni più benigne, bloccando i raggi solari e contribuendo a rallentare il riscaldamento globale. I modelli che presagiscono una sensibilità climatica molto alta presuppongono l'innesco di vasti feedback destabilizzanti a causa dell'azione della nuvolosità.[20] Quali modelli hanno ragione e quali no? Non lo sappiamo. Non sappiamo quanto caldo farà perché ignoriamo come si comporteranno le nuvole.[21]

Su una cosa siamo tutti d'accordo: le nuvole non potranno salvarci. Non esiste alcuna possibilità che i cicli di feedback relativi alla nuvolosità atmosferica possano in qualche modo cancellare il riscaldamento globale provocato dai gas serra. Tutti i modelli e tutte le previsioni scientificamente fondate ci dicono che quando le emissioni aumentano il mondo si scalda. Punto. Quanto caldo farà è una questione che dipende in parte dal comportamento delle nuvole. Quanto le cose andranno male dipende invece dagli esseri umani che vivono sotto di loro e che commentano il meteo.

ATTO 3. *Feedback relativi al ciclo del carbonio: quanto andranno male le cose?*

Dopo essermi addottorata in Cosmologia teorica ho capito che il mercato offerto dalla disciplina non stava attraversando un periodo particolarmente florido e così ho cominciato a guardarmi intorno alla ricerca di un lavoro. Per un po' di tempo ho fatto di tutto: ho lavorato nel campo della limitazione degli armamenti, nella modellizzazione della rete elettrica e ho preso parte a un progetto molto impegnativo volto alla valutazione dell'energia nucleare come possibile soluzione energetica alle sfide poste dal cambiamento climatico. Un giorno ho fissato un appuntamento con un famoso climatologo presso l'università dove lavoravo. L'ambito non mi era familiare, ma quello che sapevo era sufficiente per capire tra le righe che si trattava di un uomo molto importante, che io mi ero dimostrata alquanto sfacciata, che gli stavo facendo perdere del tempo prezioso e che lui invece si era dimostrato estremamente generoso ad aver accettato di incontrarmi. Gli spiegai con una certa apprensione che volevo fare qualcosa di utile per il mondo, che amavo la fisica e che mi piaceva lavorare a contatto con la gente e imparare cose nuove. Lui mi squadrò e poi mi disse, con un fortissimo accento newyorchese di Long Island, «... e che ci fai ancora qua!? Ma non fare la stupida!», aggiungendo, in modo più gentile e come se si trattasse della cosa più ovvia al mondo, «vai a lavorare sul clima, allora!».

Con la climatologia è stato amore a prima vista. La disciplina era fresca, basata sulla collaborazione e umile. I fisici teorici sono alla spasmodica ricerca della teoria universale del tutto, mentre gli scienziati che si occupano della Terra non fingono nemmeno di poter capire tutto quello che accade nel piccolo angolo di cosmo di cui si occupano. Non si tratta di una cosa negativa. Anzi. La complessità e il livello di interconnessione del nostro mondo fanno sì che qualunque ricerca su un qualsiasi problema dell'ambito conduca quasi subito ogni studioso ai limiti estremi delle sue competenze.

Uno specialista che si occupa dei fenomeni atmosferici ha bisogno di un'oceanografa perché possa capire a fondo la variabilità del clima. Un ricercatore che si occupa di modelli climatici e che elabora previsioni per il futuro imminente deve rivolgersi ai demografi e agli economisti. Inoltre, il pianeta è verde e vivo, e ciò rende pertanto necessaria la stretta collaborazione dei fisici con i biologi allo scopo di comprendere il funzionamento del ciclo del carbonio tra cielo e terra.

In ultima analisi, il cambiamento climatico è in larga parte causato dall'anidride carbonica, e non si può parlare di anidride carbonica senza parlare della vita. Il carbonio si trova in tutti i mattoncini base con i quali si costruisce la vita, ossia tutte quelle molecole come le proteine, i grassi, i carboidrati e gli acidi nucleici. Questo capita perché il carbonio è un elemento particolarmente amichevole, sempre pronto a formare legami robusti con l'idrogeno, l'ossigeno e con altri atomi di carbonio. Il carbonio è prezioso e molto utile, pertanto quando qualcuno chiude i rapporti con lui qualcun altro è già pronto a farsi avanti per prenderne il posto. La socievolezza del carbonio lo rende quindi capace sia di spostarsi nell'atmosfera, negli oceani e all'interno dei corpi degli esseri viventi, sia di essere estratto, riciclato e impiegato in mansioni molto diverse. Questo ciclo naturale del carbonio esiste da quando ha avuto inizio la vita ed è un filo che collega tutti gli esseri viventi tra di loro e li connette all'intero pianeta.

Questo delicato equilibrio è ora minacciato dalle attività umane. Ogni anno immettiamo più di quaranta *miliardi* di tonnellate di anidride carbonica nell'atmosfera.[22] All'incirca la metà di questa somma esorbitante resta nell'atmosfera per secoli; l'altra metà viene rimossa dagli esseri viventi attraverso la magia della fotosintesi.[23] Non abbiamo alcuna garanzia che questa magia continui per sempre.

Non sappiamo quanto andranno male le cose perché non siamo a conoscenza di quanta anidride carbonica ci sarà e perché non abbiamo alcuna idea riguardo alla reazione del mondo naturale di fronte a una simile sfida. Le piante prosperano proprio grazie all'anidride carbonica, e una quantità maggiore di questo composto inorganico nell'atmosfera potrebbe anche tradursi nella crescita di un maggior numero di piante pronte a intrappolare l'anidride carbonica nelle loro foglie, nei loro gambi e nel suolo.[24] D'altra parte, la CO_2 scalda il pianeta e, in molti casi, lo rende più vulnerabile agli incendi.[25] Gli alberi che muoiono tra le fiamme perdono la loro abilità di risucchiare il carbonio dall'atmosfera; allo stesso tempo, l'anidride carbonica non si dissolve con altrettanta facilità nelle acque più calde degli oceani, e questo significa che la quantità che finisce per accumularsi nell'atmosfera aumenta man mano che la temperatura sale.[26] Infine, il disgelo del permafrost provoca la fuoriuscita di ulteriori metano e carbonio nell'atmosfera.[27]

Questi circoli viziosi si chiamano *feedback del ciclo del carbonio*: il mondo si scalda e il ciclo del carbonio cambia, aumentando l'accumulo di carbonio nell'atmosfera e rendendo così il pianeta ancora più caldo. Questo processo è diverso rispetto ai cicli di risposta retroattiva descritti nella sezione precedente: in quel caso si trattava di processi fisici capaci di determinare la risposta del pianeta di fronte alla quantità di anidride carbonica nell'atmosfera. I feedback del ciclo del carbonio, invece, determinano innanzitutto la quantità prossima ventura di anidride carbonica. Nessuno sa con esattezza come cambierà il ciclo del carbonio in futuro. Ma una cosa la sappiamo: ogni volta che in passato questo ciclo è stato sconvolto, le conseguenze sono state tutt'altro che piacevoli.

Più di 250 milioni di anni fa, verso la fine del periodo geologico noto come Permiano, una serie di eruzioni vulcaniche devastò l'attuale Siberia. La scala di quel cataclisma primordiale è praticamente inconcepibile. Le eruzioni più grandi della storia, come quelle dei vulcani Tambora e Pinatubo, tendono a essere brevi e circoscritte e il loro effetto sul clima è quello di far scendere temporaneamente le temperature. Al contrario, alla fine del Permiano la Terra si squarciò e la sua superficie fu inondata da una quantità di magma tale da ricoprire gli attuali Stati Uniti con uno strato di roccia fusa spesso centinaia di metri. Questa dirompente attività vulcanica bruciò un'enorme quantità di combustibili fossili all'epoca racchiusi all'interno del pianeta, e riversò una quantità immane di anidride carbonica nell'atmosfera. Il pianeta si scaldò, gli oceani si acidificarono e tutte le forme di vita cercarono di adattarsi a un clima che stava cambiando profondamente. Purtroppo, non andò a finire bene. Tutto quel caldo fece appassire le piante sulla terra ed estinguere il fitoplancton negli oceani. La scomparsa degli esseri viventi in grado di praticare la fotosintesi fece andare fuori controllo l'anidride carbonica nell'atmosfera, provocando un aumento drammatico del riscaldamento globale e innescando una spirale di morte che culminò nella più grande estinzione di massa che il pianeta Terra abbia mai conosciuto. L'estinzione colpì quattro specie marine su cinque, mentre il 70% dei vertebrati sulla terraferma sparì per sempre. Per questo motivo la fine del Permiano è anche nota come la *grande morìa*.

La fine del Permiano è solo una delle cinque estinzioni di massa che hanno colpito la Terra nel passato. Come capitò in buona parte anche per le altre, l'estinzione del Permiano fu il risultato di un cambiamento delle temperature e del livello del mare.[28] In altre parole, le estinzioni di massa dipendono dal cambiamento climatico. L'aumento delle temperature provoca estinzioni su una scala enorme, le quali causano a loro volta ulteriori perturbazioni del ciclo del carbonio, innescando così circoli viziosi che conducono inevitabilmente a morìe di massa. Questo è senza dubbio ciò che sta capitando ora sotto i nostri occhi. Le attività umane hanno modificato sia la superficie del pianeta sia il cielo sopra le nostre teste. Abbiamo distrutto l'habitat di innumerevoli specie, cacciato animali fino a provocarne l'estinzione e inquinato senza ritegno le nostre stesse fonti di cibo e di acqua. Non sappiamo ancora quanto andranno male le cose domani, ma sappiamo bene che oggi, a causa del nostro comportamento e di tutti i danni che abbiamo provocato, il pianeta sta attraversando la sesta estinzione di massa della sua storia.

La sesta estinzione è stata trattata in numerosi articoli e libri che hanno vinto vari premi. Non posso e non voglio competere con opere di saggistica tanto brillanti e rigorose. Ciò che posso fare invece è buttare giù un canovaccio ispirato da un'intera infanzia passata a guardare *action movies*.

È TEMPO DI ESTINZIONE!

LOGLINE

Un cercatore di petrolio scopre la verità sui combustibili fossili

SINOSSI

La divisione Ricerca e Sviluppo di una compagnia petrolifera ha sviluppato una macchina del tempo che permette agli aspiranti crononauti di viaggiare a ritroso nel tempo e di fare ritorno al presente sani e salvi. Team di «prospettori» vengono regolarmente spediti indietro nel tempo di parecchi milioni di anni per massacrare enormi quantità di animali, in modo tale che i loro cadaveri possano creare i futuri giacimenti di petrolio e gas naturale. Il nostro eroe (Dwayne «The Rock» Johnson) viene inviato indietro nel tempo assieme a un gruppo di scapestrati. The Rock e la sua improbabile banda di squinternati non hanno nemmeno cominciato a esplorare il luogo di destinazione che la macchina del tempo comincia a dare problemi. Sballottato avanti e indietro nel tempo, il gruppo sopravvive alle cinque estinzioni di massa del pianeta in modo rocambolesco: eccoli fronteggiare un'orda di trilobiti lunghi trenta centimetri e sfuggire alle fauci di un mostro marino affamato cercando invano rifugio sulla terraferma (nel frattempo la bestia si è evoluta per seguirli all'asciutto). A volte il tempo rallenta, come avviene nel corso dell'impatto dell'asteroide che sancisce l'estinzione dei dinosauri, con i quali The Rock e compari hanno fatto amicizia. Altre volte la macchina accelera lo scorrere del tempo, permettendo alla squadra capitanata da The Rock di attraversare incolume la devastante estinzione alla fine del Permiano in pochi minuti. L'esperienza in prima persona promuove un radicale ripensamento critico e il gruppo capisce sulla propria pelle che quando vengono bruciate enormi quantità di combustibili fossili il risultato è sempre un massacro. All'agognato ritorno al presente li attende una terribile sorpresa. La compagnia petrolifera ha regolato la macchina del tempo in modo tale da raggiungere il futuro prossimo. Il team guidato da The Rock capisce allora che l'azienda sta cercando di provocare una *sesta* estinzione di massa nel presente allo scopo di creare vasti giacimenti di combustibili fossili da poter rivendere a caro prezzo e trarre profitto dalla distruzione del pianeta. I nostri eroi devono fare ricorso alle abilità affinate nel corso delle disavventure vissute nel passato remoto per fermare il malvagio piano aziendale. Nel corso dello scontro finale si rendono conto che il vero tesoro sono gli amici che hanno incontrato nel corso delle loro avventure, uno dei quali è un *Velociraptor* che liquida in quattro e quattr'otto l'intero reparto marketing dell'azienda. Alla fine, The Rock e i suoi volenterosi commilitoni trionfano. Il mondo è salvo e i dirigenti della scellerata compagnia petrolifera fanno una brutta fine: diventano concime organico.

Cara Hollywood, chiami tu o mi faccio sentire io?

ATTO 4. *Punti di non ritorno: quali possibilità abbiamo che vada tutto malissimo?*

Alla fine sono rimasta nel campo della climatologia. Non so bene quando mi sono resa conto che avrei fatto questo lavoro per il resto della mia vita. Forse è stato quando ho pubblicato il mio primo articolo scientifico (nel quale ho fatto sparire tutti i venti dalla faccia della Terra per capire cosa succederebbe se finissimo il vento; come si può non amare un lavoro simile?). Oppure è stata la prima volta che sono stata attaccata online da una masnada di belligeranti negazionisti climatici. O magari è stato quando mi hanno offerto un lavoro a tempo indeterminato dopo anni persi a cercare di convincere invano i dipartimenti di varie università ad assumermi.[29] In ogni caso, c'è stato un momento in cui ho capito che quella era la mia strada e che non sarei più tornata indietro – il mio personale punto di non ritorno.

I punti di non ritorno (*tipping points* nel gergo climatologico) contraddistinguono anche il sistema Terra nel suo insieme. Si tratta in buona sostanza di soglie climatiche critiche che, se superate, possono provocare cambiamenti irreversibili capaci di ripercuotersi sull'intero sistema. Perturbazioni su larga scala della circolazione dell'aria attraverso l'atmosfera[30] possono interrompere i monsoni[31] o spostare le precipitazioni su regioni impreparate a ricevere ingenti quantità di pioggia. Il permafrost che si sta sciogliendo potrebbe cominciare a rilasciare enormi quantità di anidride carbonica e di metano,[32] contribuendo a riscaldare ancora di più il pianeta. La maggior parte delle barriere coralline potrebbe sparire per sempre.[33] Il caldo, la siccità e i parassiti potrebbero spingere le foreste boreali[34] o la foresta dell'Amazzonia[35] verso un collasso catastrofico, il quale provocherebbe a sua volta la perdita irreversibile di un'infinità di specie e l'immissione di una quantità smisurata di anidride carbonica in un'atmosfera già surriscaldata. Tutti questi punti di non ritorno sono connessi tra di loro: il tracollo della circolazione atlantica potrebbe provocare siccità nella regione amazzonica;[36] ciò causerebbe una maggiore emissione di anidride carbonica, che a sua volta innescherebbe il disgelo di vaste distese di permafrost. Nonostante una superficiale somiglianza, questi punti di non ritorno sono ben distinti dai cicli di feedback: quando il ghiaccio del mare si scioglie e rivela l'oceano più scuro che prima si celava al di sotto della banchisa, ciò provoca lo scioglimento di quantità crescenti di ghiaccio. Questo è un ciclo di risposta retroattiva. Quando invece si scioglie una porzione significativa della calotta polare che non si ricostituirà mai più abbiamo un punto di non ritorno. La differenza chiave è proprio l'irreversibilità: in teoria potremmo anche abbassare le temperature per far tornare il ghiaccio, ma ci vorrebbero comunque molte migliaia di anni prima che una calotta polare possa ricostituirsi.

I mass media *adorano* i punti di non ritorno. E perché mai non dovrebbero? Sono sensazionalistici, terrificanti ed estremamente cinematografici, che non guasta mai. Una volta ho fatto due chiacchiere con un famoso regista,[37] e ho avuto l'impressione (rivelatasi profondamente errata) che fossimo entrambi certi di aver compreso alla perfezione ciò che faceva l'altro. Forte della mia esperienza da cinefila navigata, gli ho offerto le basi di ciò che credevo essere un'ottima storia. Lui, dopo aver letto un certo numero di tweet, mi ha spiegato come funzionano i modelli climatici. Ci siamo felicemente parlati addosso per un po' senza prestare troppa attenzione l'uno all'altra, ma io cominciavo a sentirmi sempre più a disagio. Lui ci teneva proprio a dirmi che non c'è più alcuna speranza, che stiamo vivendo la fine della storia e che, alla resa dei conti, riceveremo ciò che ci meritiamo. «Non abbiamo già raggiunto il punto di non ritorno?», e ancora, «non siamo forse già tutti *fottuti*?»: questi erano i suoi commenti. Ecco, per lui la situazione attuale era fonte di eccitazione, perché d'ora in avanti tutti i film importanti sarebbero stati film su catastrofi naturali – e lui non vedeva l'ora di mettersi dietro alla cinepresa.

Forse quel regista aveva in mente di girare un film sul cambiamento climatico sulla falsariga di *The Day After Tomorrow – L'alba del giorno dopo*, uscito nelle sale nel 2004. L'ultima volta che l'ho visto è stato parecchi anni fa, ma a occhio e croce la storia è questa qui: Dennis Quaid, l'unico scienziato disponibile in tutto il continente americano, sta conducendo delle ricerche in Antartide quando, a un tratto, il ghiaccio si spezza. Il collasso della banchisa mette in moto una serie di catastrofi a catena che culminano in una morsa di gelo globale. Jake Gyllenhaal cerca rifugio all'interno della biblioteca pubblica di New York, facendo spensieratamente un bel falò dei libri ivi conservati e cercando di respingere gli attacchi di un branco di lupi generati al computer in un modo piuttosto raffazzonato. Nel frattempo, Dennis Quaid si sgola gridando dietro alle persone, ignora bellamente la termodinamica, e prende visione dei modelli climatici grazie a una vecchia stampante a matrice di punti. Gli elicotteri dell'esercito si ghiacciano in volo e precipitano a terra, alcune comparse che hanno la sventura di essere meno attraenti dei protagonisti fanno una brutta fine e tutta l'Inghilterra si fa una bella tazza di tè prima di morire senza disturbare nessuno. Il pianeta raggiunge il punto critico di desalinizzazione e le temperature scendono sotto lo zero assoluto. L'aspetto più improbabile di tutto il film è un politico di destra che cambia idea quando gli vengono presentate le prove inequivocabili del cambiamento climatico.

Ora farò del mio meglio per essere comprensiva e magnanima: l'esistenza di gelate improvvise e intense provocate dal cambiamento climatico è innegabile. All'incirca 13 000 anni fa abbiamo assistito a un breve interludio di gelo, l'ultimo disperato sussulto dell'era glaciale ormai in fin di vita. Mentre il mondo si stava lentamente riscaldando, le grandi calotte glaciali iniziarono a disintegrarsi. L'acqua disciolta si raccoglieva in un enorme lago tenuto a bada da una diga composta dai residui di ghiaccio della calotta polare in ritirata. Il pianeta però continuava a scaldarsi e gli iceberg a sciogliersi; a un certo punto la diga crollò e l'acqua gelata finì per riversarsi nell'Oceano Atlantico. L'afflusso di tutta quella massa di acqua gelata alterò radicalmente il movimento dell'aria e dell'acqua in tutta l'atmosfera e negli oceani, e la circolazione termoalina (ossia, il graduale inabissarsi dell'acqua fredda e il suo fluire sui fondali oceanici) si interruppe.[38] Il periodo che seguì, noto come lo *stadiale del Dryas recente*[39] dal nome di un fiore tipico della tundra, rappresentò una breve ma gelida battuta d'arresto per il mondo intero alla fine dell'ultima era glaciale (breve in termini geologici, si intende – circa 1300 anni, ossia un periodo più o meno equivalente al tempo che mi è sembrato di passare davanti a *The Day After Tomorrow*).

Oggi sta accadendo qualcosa di simile. Il ghiaccio del Mar Glaciale Artico si sta sciogliendo e l'acqua gelida si sta nuovamente riversando nell'Oceano Atlantico. L'acqua dolce disciolta è meno densa dell'oceano salato e quindi l'afflusso d'acqua galleggia in superficie come l'olio in un bicchiere d'acqua. La conseguenza è che la quantità d'acqua che si inabissa verso le profondità oceaniche diminuisce e il nastro trasportatore della circolazione termoalina in viaggio verso sud rallenta. In pratica, l'acqua fredda si accumula nell'Atlantico settentrionale e resta lì.

Sappiamo che il processo per cui l'acqua sprofonda nell'oceano sta già rallentando;[40] alla fine potrebbe interrompersi del tutto.[41] Ciò non significa che le conseguenze debbano per forza essere serie come quelle del Dryas recente e men che meno gravi come in *The Day After Tomorrow*. Nel primo caso abbiamo avuto l'afflusso relativamente rapido di *tutto* il ghiaccio disciolto dell'era glaciale; nel secondo c'è Jake Gyllenhaal che si precipita a gambe levate in un corridoio per sfuggire alle grinfie delle temperature gelide. Comunque, se il nastro trasportatore dell'Atlantico dovesse bloccarsi ci sarebbero delle conseguenze importanti. L'andamento delle precipitazioni cambierebbe drasticamente, portando a siccità e alluvioni in luoghi inaspettati.[42] Tutta la massa d'acqua rimasta in superficie e incapace di inabissarsi farebbe alzare il livello del mare e contribuirebbe a erodere le coste dei paesi che si affacciano sull'Atlantico. Il clima dell'Antartide si farebbe probabilmente più caldo a causa delle interconnessioni di aria e acqua tra oceano e atmosfera e ciò aumenterebbe lo scioglimento dei ghiacci, facendo alzare ancora di più il livello del mare. Anche se qualunque potenziale effetto refrigerante a livello globale verrebbe annullato dal riscaldamento prodotto dai gas serra, i luoghi che si trovano sottovento rispetto all'Atlantico (ossia, la Scandinavia e le isole britanniche) diventerebbero molto più freddi. Nulla di tutto ciò provocherebbe un'invasione di lupi digitali ma certamente causerebbe abbastanza problemi ai residenti da avere un impatto considerevole sulle condizioni di vita e sugli approvvigionamenti. Anche in assenza di cataclismi apocalittici sarebbe una situazione terribile. La cosa peggiore riguardo al collasso della circolazione atlantica, però, sarebbe l'impossibilità di tornare in breve tempo alla situazione precedente: se rompiamo il meccanismo della circolazione oceanica ci vorranno secoli e secoli prima di poterla riaggiustare.

Il tracollo della circolazione termoalina è solamente uno dei punti di non ritorno potenzialmente irreversibili e catastrofici che potrebbero essere attivati man mano che il pianeta si scalda. Nessuno sa esattamente quando verrà superata la fatidica soglia che ci separa dalla catastrofe. L'incertezza non ci fa certamente un favore: non possiamo affermare con sicurezza che limitare il riscaldamento globale possa in qualche modo metterci al riparo, e non possiamo neppure dire che superare una qualsiasi soglia ci condanni all'apocalisse. Sappiamo che alcuni cambiamenti irreversibili (tra cui la frantumazione della calotta glaciale dell'Antartide occidentale,[43] la scomparsa del ghiaccio estivo nel Mar Glaciale Artico[44] e la morte di gran parte delle barriere coralline[45]) sono ormai inevitabili. Quando cominceranno a cadere gli altri pezzi del domino? Non lo sappiamo, e forse non vogliamo nemmeno saperlo.

Ho trascorso la mia intera carriera a cercare di rispondere ai problemi più grandi della climatologia. Ho cercato di capire come funzionano i cicli di feedback all'interno di un pianeta complesso, interconnesso e soggetto a un processo di riscaldamento. Ho riflettuto sul ciclo del carbonio e sui vari meccanismi di perturbazione che possono influenzarlo e ho cercato di capire quando potranno verificarsi eventi davvero terribili. Lungo il percorso sono rimasta esterrefatta di fronte alla bellezza, alla fragilità e alla resilienza di questo mondo. La sorpresa più grande però è stata questa: non voglio conoscere tutte le risposte. Non ho alcuna intenzione di scoprire come si comporterà il pianeta quando l'anidride carbonica atmosferica raddoppierà. Spero di non avere mai a disposizione i dati reali relativi alle peggiori perturbazioni del ciclo del carbonio. Anzi, sarei ben contenta di passare a miglior vita senza aver mai dovuto vivere sulla mia pelle gli effetti del superamento di un punto di non ritorno del sistema climatico. Se però insistiamo e continuiamo a immettere sempre più gas serra nell'atmosfera troveremo tutte le risposte possibili di fronte ai nostri stessi occhi, e penso che questo sia un ottimo motivo per smettere di farlo. Forse l'adolescente che ero aveva ragione: alcuni esperimenti è meglio non farli.

È molto probabile che qualcuno abbia già in cantiere un film su ciascuno di questi punti di non ritorno. Jake Gyllenhaal verrà inseguito da un rabbioso pezzo di banchisa antartica, Mad Max si scatenerà in un'Amazzonia desertificata e Gerard Butler si rivolgerà al permafrost gridandogli addosso (no, qui non voglio nemmeno parlare di *Geostorm*; guardatevelo voi). Se devo essere sincera, ogni tanto mi sta anche bene guardare due ore di catastrofi ed esplosioni, ma quando finiscono i titoli di coda mi piace fare ritorno a un mondo vivibile e possibilmente in salute. E mi piacerebbe ancora di più avere altre opzioni oltre alle solite calamità. Vorrei vedere più varietà nelle storie da raccontare. Mi piacerebbe vedere John Wick che scopre gli effetti deleteri del riscaldamento globale e giura vendetta contro i dirigenti delle compagnie petrolifere responsabili. Voglio vedere visioni meno tetre del futuro, ma anche un film horror sugli spiriti malvagi che vengono liberati dalla prigione eterna del permafrost. Più di ogni altra cosa, comunque, mi piacerebbe vedere queste scene:

SALA CONFERENZE NELLA SEDE DELLE NAZIONI UNITE – INTERNO GIORNO

Uno scienziato siede a un tavolo; di fronte a lui vediamo riuniti tutti i LEADER POLITICI *delle nazioni del mondo intero. Possiamo scorgere la* PRESIDENTE DELL'AMERICA, *il* RE D'EUROPA, *il* PAPA *e la* PRESIDENTE DELL'UNIONE PANAFRICANA. *Il* RE *è un bell'uomo; anche la* PRESIDENTE DEGLI STATI UNITI *è una donna di bell'aspetto, ma ancora non lo sappiamo perché indossa un paio di occhiali. I* LEADER POLITICI *appaiono concentrati sul discorso di uno* SCIENZIATO.

SCIENZIATO
La Terra si sta scaldando e il clima sta cambiando. Stiamo attraversando una situazione molto pericolosa. Se le temperature continuano a salire rischiamo di oltrepassare uno dei tanti punti di non ritorno.

PRESIDENTE DELL'AMERICA
Che cosa sono i punti di ritorno e che cosa comporta il loro superamento?

SCIENZIATO
Sono eventi devastanti: i monsoni smettono di soffiare, le foreste pluviali e le barriere coralline vengono distrutte e la circolazione oceanica si interrompe. Si tratta della distruzione dei meccanismi che regolano il clima sul pianeta Terra, meccanismi che non saremo più in grado di aggiustare nel corso delle nostre vite.

RE D'EUROPA
Mon Dieu! Ma allora è davvero una cosa molto brutta. Sappiamo chi c'è dietro a tutta questa distruzione?

SCIENZIATO
Sì, lo sappiamo. I responsabili sono i miliardi di tonnellate di gas serra capaci di intrappolare il calore e che spariamo dritti nell'atmosfera ogni anno perché consumiamo combustibili fossili a tutto spiano.

PRESIDENTE DELL'AMERICA
Ma è terribile! Cosa possiamo fare?

Nella sala conferenza cala il silenzio. Tutti i leader politici del mondo si stanno spremendo le meningi per cercare una soluzione.

PRESIDENTE DELL'UNIONE PANAFRICANA
Potremmo forse smettere di usare i combustibili fossili?

PRESIDENTE DELL'AMERICA
Santo Cielo! Ma certo, ha ragione!

TUTTI I LEADER POLITICI MONDIALI
(*all'unisono*)
Sì, dobbiamo intervenire subito!

TAGLIO NETTO. UN ANNO DOPO

AREA RISTORO NELLA SEDE DELLE NAZIONI UNITE – INTERNO GIORNO

I LEADER MONDIALI *si sgranchiscono le gambe dopo un turno di lavoro alle Nazioni Unite. La stanza è troppo piccola per ospitare un tale numero di persone e qualcuno, probabilmente la delegazione svedese,*[46] *si è bevuto tutto il caffè dimenticandosi di farne altro. Resta solamente una caffettiera piena di decaffeinato. A nessuno però importa più di tanto essere rimasti senza caffè: l'atmosfera è rilassata e conviviale. La sessione è stata un successo.*

PRESIDENTE DELL'UNIONE PANAFRICANA
Sono molto felice che siamo riusciti a risolvere il problema del cambiamento climatico. Ce la siamo vista davvero brutta per un attimo!

PAPA
Eh, sì. Dovremmo sempre dare retta agli scienziati. Sono stati davvero gentili a metterci al corrente dei gravi rischi che stavamo correndo.

PRESIDENTE DELL'UNIONE PANAFRICANA
Sinceramente, pensavo che sarebbe stato molto più difficile. Ma non è stato male creare milioni di posti di lavoro e dare una bella ripulita all'aria e all'acqua.

PAPA
La parte che mi è piaciuta di più è stato mandare al diavolo i dirigenti delle aziende petrolifere.

PRESIDENTE DELL'UNIONE PANAFRICANA
Bravo! Così si fa!

SCIENZIATO
È stato bello sentirsi dare ragione una volta tanto! A dire il vero non mi aspettavo nulla di meno da voi, visto il modo in cui siete riusciti a gestire efficacemente la pandemia dell'anno scorso.

La PRESIDENTE DELL'AMERICA *entra nell'* AREA RISTORO *e si versa una tazza di caffè. Appare distratta e sta chiaramente pensando ad altro. Al primo sorso di caffè si accorge che qualcosa non va...*

PRESIDENTE DELL'AMERICA
Eh, ma ditelo, no!? È *decaffeinato*!

Sputa tutto il caffè addosso al RE D'EUROPA *che stava passando proprio lì davanti.*

PRESIDENTE DELL'AMERICA
Oh no, che pasticcio! Mi dispiace tanto!

Il RE D'EUROPA, *segretamente innamorato della* PRESIDENTE, *se ne va senza dire una parola.*

PRESIDENTE DELL'AMERICA
Quant'è pieno di sé! Mi dà il voltastomaco solo a vederlo!

PAPA
Sei davvero *sicura* che ti faccia tanto schifo?

DISSOLVENZA A CHIUDERE

Questo è il mio sogno nel cassetto: un film in cui gli scienziati richiamano l'attenzione del pubblico su un problema serio, tutti stanno ad ascoltare, si comportano di conseguenza e poi – *sorpresa*! – il film diventa una commedia romantica. Se ci sono dei produttori in ascolto: vi supplico, fate questo film! E già che ci siete, fate in modo che la trama diventi realtà.

ATTO 5. *Il futuro delle emissioni: cosa possiamo fare?*

Quando ho iniziato a occuparmi di scienza pensavo che avrei trascorso la mia intera carriera a trattare dello spazio. La mia laurea era in Cosmologia, ossia lo studio del cosmo, che in pratica vuol dire «tutto quello che c'è». Però quando studi l'intero universo capisci ben presto che gran parte di quello che c'è là fuori è vuoto e freddo: un posto in cui ci lasceresti le penne all'istante. Il primo pianeta a orbitare attorno a una stella fu scoperto quando andavo alle superiori; da allora ne abbiamo scoperti più di cinquemila. Nella sola Via Lattea potrebbero esserci trecento milioni di pianeti capaci di sostenere la vita. Per quanto ne sappiamo al momento, fanno tutti abbastanza schifo. Alcuni pianeti potrebbero essere caldi il giusto da consentire la sopravvivenza di forme di vita, mentre altri potrebbero addirittura avere dell'acqua allo stato liquido. Ma davvero ce ne importa qualcosa? Qui sulla Terra abbiamo il whisky, cuccioli carinissimi, gelati, fiori, arte incredibile e film terribili. Questo è il motivo per cui ho deciso di dedicarmi alla Terra – è l'unico pianeta a essere davvero *buono* per noi.

Oggi, però, il pianeta sta cambiando. Quando le temperature salgono succedono cose strane. Alcune di queste cose sono prevedibili, altre ci riserveranno delle sorprese. Non sappiamo come si comporteranno le nuvole, non sappiamo quanta anidride carbonica ci sarà nell'atmosfera, non sappiamo quali saranno i punti di non ritorno fondamentali e non sappiamo nemmeno quando varcheremo le soglie che ci separano da questi eventi. La ragione più semplice dietro alla nostra ignoranza è una soltanto: non abbiamo alcuna idea di cosa faranno gli esseri umani. Se continuiamo a immettere gas serra nell'atmosfera il rischio sale; se smettiamo il mondo sarà un luogo più sicuro. In questo preciso momento, la tendenza indica che stiamo andando nella direzione sbagliata. Invece di correggere i nostri comportamenti, ogni anno che passa aumentiamo le nostre emissioni e, a giudicare da come stanno andando le cose, pare proprio che non smetteremo mai. Magari la sorpresa più grande verrà proprio da noi stessi. A ogni modo, la scienza è chiara: gli esseri umani sono i responsabili del cambiamento climatico, e gli esseri umani possono scegliere di fermarlo. Siamo la prima specie nella storia del pianeta Terra a trovarsi di fronte a una simile decisione.

E se non fossimo stati i primi? Se fosse esistita un'altra civiltà non umana sul nostro pianeta, quali tracce avrebbe potuto lasciare dietro di sé? Forse nessuna. I fossili sono estremamente rari. La stragrande maggioranza degli esseri che muoiono marcisce o viene divorata in fretta. Affinché un organismo possa fossilizzarsi deve trovarsi in condizioni molto particolari al momento della morte. Se anche tutti i prerequisiti fossero soddisfatti, la geologia farebbe in modo di cancellare ogni traccia di vita. La tettonica a placche solleva montagne là dove c'erano mari, ingoia e cancella per sempre mondi antichi e crea nuove terre dalla roccia fusa. I dinosauri hanno dominato il pianeta per 165 milioni di anni, eppure oggi i loro resti fossilizzati sono oggetti rari e preziosi. Si stima che siano esisti all'incirca 2,5 miliardi di esemplari di *Tyrannosaurus rex*; oggi non ci restano che le ossa di meno di un centinaio di esemplari.[47] Senza contare che la specie *T. rex* è esistita per milioni di anni durante il Cretaceo superiore. Noi *Homo sapiens* esistiamo appena da qualche centinaia di migliaia di anni. In termini geologici, siamo degli adolescenti.

Se nel prossimo secolo la nostra civiltà dovesse crollare a causa dei danni ambientali, e la specie umana estinguersi, una futura forma di vita intelligente potrebbe non venire mai a sapere che siamo esistiti. I moderni esseri umani non hanno che poche centinaia di migliaia di anni di età, senza contare che abbiamo adottato agricoltura e sedentarietà da diecimila anni o giù di lì. Le possibilità che un singolo fossile completo di *H. sapiens* contemporaneo possa sopravvivere indenne per chissà quante ere geologiche sono molto poche. Nel giro di qualche milione di anni non sarà rimasto praticamente nulla di noi e della nostra civiltà da scoprire. I sedimenti geologici non conserveranno nessuna traccia della nostra storia a eccezione di un sottile e innaturale strato di plutonio.[48] Il cambiamento climatico che rischia di spazzarci via dalla faccia del pianeta potrebbe essere il nostro unico vero lascito, ma nessuno riuscirebbe mai a capire che siamo stati noi a provocarlo.

Cinquantasei milioni di anni fa qualcosa fece schizzare di colpo verso l'alto i valori dell'anidride carbonica presente nell'atmosfera.[49] Le temperature del pianeta salirono di circa 5°C, e in alcune zone la temperatura superficiale dell'oceano poteva essere ancora più alta.[50] L'acqua ai Tropici era bollente come quella di una vasca a idromassaggio, e persino le acque antartiche dovevano essere di una temperatura accettabile, se non addirittura gradevole. Questo evento, che segna il confine tra le epoche del Paleocene e dell'Eocene, provocò una strage di massa tra le creature degli abissi marini.[51] Sulla terraferma i mammiferi cominciarono a evolvere in forme più piccole in risposta alle pressioni ambientali.[52] In un battito di ciglia geologico le dimensioni dei primissimi rappresentanti della linea evolutiva dei cavalli e dei primati diminuirono del 15%.[53] Questo processo di riduzione delle dimensioni corporee di specie intere può aver luogo durante i periodi caratterizzati da un incremento rapido delle temperature perché corpi più piccoli riescono a disperdere il calore in modo più efficace, perché il riscaldamento e le siccità rendono difficile trovare cibo sufficiente o magari per una combinazione di entrambe le cause. Quello che gli scienziati chiamano *massimo termico del Paleocene-Eocene* fu un periodo di cambiamento straordinario, ma non fu l'unico.

Siamo a conoscenza di altri periodi contraddistinti da cambiamenti climatici significativi, tra cui i cosiddetti *eventi ipertermici*, che provocano un incremento vertiginoso delle temperature,[54] e periodi durante i quali gli oceani avevano praticamente esaurito tutto l'ossigeno. Tutti questi eventi estremi furono caratterizzati dal rapido rilascio di gas serra, in pratica la stessa situazione che stiamo vivendo noi oggi. Gli scienziati non conoscono ancora le cause precise dietro a questi eventi così rapidi e sconvolgenti; ci sono molte ipotesi plausibili, ma per ora la documentazione geologica ha deciso di custodire gelosamente i suoi segreti. Se la Terra avesse davvero ospitato una qualche civiltà avanzata milioni di anni fa[55] – magari una dalla vita geologicamente breve come la nostra e apparentemente dedita anima e cuore alla sua stessa distruzione come lo siamo noi – ci vorrebbe un colpo di fortuna senza precedenti per scoprirne anche solo una flebile traccia. La possibilità che esista un'altra spiegazione dietro ai cambiamenti climatici più gravi subiti dal pianeta nel passato profondo è assai remota e praticamente inverosimile, ma non è *zero*.

SPAZIO SIDERALE – ESTERNO GIORNO

Dallo spazio guardiamo in basso verso un bellissimo pianeta. I continenti e gli oceani non occupano la stessa posizione di quelli terrestri, eppure c'è una vaga aria di famiglia in queste masse di terra verdi e marroni e nel profondo blu del mare. È chiaro che si tratta di un mondo abitabile e ospitale.

Facciamo uno ZOOM e una bella panoramica a mezz'aria. Il sole sta sorgendo su una CITTÀ meravigliosa. Siamo in inverno e ovunque c'è uno strato di neve. Gli edifici sono costruiti con materiali sconosciuti. L'architettura è bizzarra: torri altissime svettano su piccole abitazioni mentre una struttura maestosa sembra essere adibita a luogo di culto o palazzo regale. Tuttavia non ci sono strade; gli edifici sono raggruppati a pochissima distanza gli uni dagli altri e sono collegati tra loro per mezzo di una rete di cavi sospesi per aria. Grazie a questo sistema una serie di MODULI SEMOVENTI di varie dimensioni si sposta ad alta velocità tra gli edifici. L'impressione è quella di un brulicare di attività e di movimento costanti. Sentiamo una cacofonia di rumori di fondo: motori che sferragliano, scoppi e rumori metallici mischiati a voci gutturali che parlano lingue sconosciute. Alcune cabine più piccole fanno bella mostra di un simbolo particolare: tre linee curve che richiamano una fiamma. Ne seguiamo una mentre allarghiamo la visuale per comprendere le zone fuori città.

FUORI CITTÀ – ESTERNO GIORNO

Il modulo si ferma sopra una fossa enorme. Dalle profondità di questa fossa fuoriescono dei tubi di un materiale trasparente che assomigliano quasi a delle cannucce. Uno di questi tubi inizia a contorcersi e a muoversi verso l'alto e alla fine si aggancia al modulo sospeso. Una poltiglia nerastra inizia a scorrere lungo il tubo. Una volta fatto rifornimento il modulo si mette in viaggio per fare ritorno in città. Durante il viaggio di ritorno vediamo migliaia di altre cabine arrivare e fare rifornimento per poi ritornare in città. È ora evidente che la città è alimentata da qualcosa che viene estratto dal terreno.

CAMBIO DI SCENA

Stessa città, vent'anni dopo. Gli alberi sono secchi e senza foglie, ma della neve questa volta nemmeno l'ombra. Gli edifici giacciono visibilmente in uno stato di abbandono e incuria. Le cabine con il SIMBOLO continuano a fare i loro viaggi lungo i cavi sospesi ora sfilacciati. Un incendio brucia lontano, appena visibile all'orizzonte. Il livello più basso degli edifici è ora sommerso da qualche metro di acqua lurida. Possiamo sentire esplosioni, fischi e un suono ovattato che potrebbe essere un grido.

CAMBIO DI SCENA

Le rovine fatiscenti di una città deserta. Non vediamo nulla muoversi a eccezione di qualche fruscio nel fitto sottobosco. I muri di quelli che un tempo erano edifici sono ricoperti da piante rampicanti. Resiste ancora qualche cavo sospeso, ora strappato e alla mercé del vento.

CAMBIO DI SCENA

Una foresta rigogliosa e fitta dominata da felci, ginkgo e insetti enormi. Nessuna traccia di una qualche civiltà in vista tranne un solo modulo metallico che giace semidistrutto.

CAMBIO DI SCENA

La sommità di alberi morti completamente sommersi dall'oceano.

CAMBIO DI SCENA

Il mare sconfinato.

STACCO SU UN'INQUADRATURA PIÙ AMPIA

SPAZIO SIDERALE

Vediamo la piccola sfera blu compiere una rotazione attorno al suo asse; la seconda rotazione è più veloce, e dalla terza in poi il movimento si fa tanto veloce da trasformare il pianeta in un'immagine sfocata in movimento. Il tempo sta accelerando. Vediamo i continenti spaccarsi e andare alla deriva, per poi ricostituirsi secondo le più familiari forme attuali.

CAMBIO DI SCENA

Primo piano di una superficie metallica dipinta di rosso; ci passiamo sopra fino a raggiungere un foro. Il beccuccio di un erogatore metallico viene spinto all'interno del foro. Sentiamo il gorgogliare di un serbatoio che si riempie di benzina fino all'orlo.

CAMBIO DI SCENA

Un'automobile rossa sta attraversando una strada remota e polverosa. In lontananza possiamo scorgere la trivella di un pozzo petrolifero che svetta su una terra piatta e desolata. L'automobile si avvicina mentre nel giacimento petrolifero sale l'eccitazione. Gli operai si accalcano attorno a qualcosa; qualcuno corre verso l'automobile per richiamare l'attenzione del conducente e segnalargli di fare in fretta. Il conducente ferma l'automobile, apre la portiera e si dirige verso il gruppo di operai. Vediamo un enorme buco nel terreno e qualcosa che stanno tirando su.

PRIMO PIANO

L'oggetto è un pezzo che potrebbe essere di un qualche metallo, conservatosi miracolosamente per chissà quanto tempo sottoterra. Sul fianco scorgiamo il SIMBOLO – tre linee curve.
Il conducente fa spallucce e gli operai si guardano l'un l'altro stupiti per poi tornare ciascuno al proprio lavoro.
Noi spettatori però sappiamo bene di cosa si tratta.

La moderna civiltà tecnologica è alimentata dai combustibili fossili. La continua richiesta di energia si traduce nell'immissione di enormi quantità di gas serra nell'atmosfera. Il consumo di combustibili fossili provoca un rapido cambiamento del clima che mina la stabilità della nostra società e minaccia l'intera civiltà umana.
Ma qui ci troviamo di fronte alla sorpresa più grande di tutte: questi eventi drammatici si sono già verificati nel passato profondo.
Non siamo la prima civiltà a essersi autodistrutta.
Questo non è altro che il sequel.

FINE

7. Orgoglio

> «Il bene crescente del mondo dipende in parte da azioni ignorate dalla storia; e se per me e per voi le cose non sono così male come sarebbero state altrimenti lo dobbiamo in buona parte a coloro che condussero fedelmente un'esistenza nascosta e riposano ora in tombe dimenticate».
> George Eliot, *Middlemarch*[1]

Nel 40 EV, sotto il regno dell'imperatore Caligola, una legione di soldati romani si trovò disposta di fronte al mare in quella che oggi è la Francia settentrionale. Caligola non era particolarmente noto per le sue decisioni assennate e credo che all'epoca tutti avessero imparato che era bene non contraddirlo facendo domande impertinenti. Ecco quindi le truppe schierate, con tanto di macchine d'assedio e di baliste caricate e pronte a colpire. L'ordine non si fece attendere e i soldati iniziarono l'attacco. Il nemico si fece avanti con un boato, avanzando di gran carriera sulla spiaggia ed esalando un lezzo di sale e di pesce. I soldati finirono ben presto zuppi, e i meccanismi delle macchine d'assedio si riempirono di sabbia. L'esercito romano aveva dichiarato guerra al mare.[2]

L'esito della pugna era scontato. Nessuno era in grado di opporsi alla potenza dell'esercito di Roma. A dir la verità, l'oceano non dovette impegnarsi più di tanto per difendersi dall'assalto, dato che aveva permesso alle navi di solcare le sue onde senza mai nemmeno degnarsi di rispondere al fuoco degli aggressori. I legionari si sparpagliarono sulla spiaggia riempiendosi gli elmi e i mantelli di conchiglie come bottino di guerra. Il nemico alla fine fu sconfitto. Al termine della battaglia Caligola fece costruire un faro su quella spiaggia per commemorare la grande vittoria di Roma contro l'oceano.

Non so se questa storia sia vera. Non ci sono testimonianze dirette e le cronache romane sopravvissute, come capita per gran parte dei manoscritti antichi, sono solitamente resoconti scritti a distanza di tempo dai fatti e raccontati da bugiardi patentati con intenzioni poco nobili. Tuttavia, Caligola non fu il solo sovrano nella storia ad aver dichiarato guerra alla natura. Gli esseri umani hanno tentato di piegare la natura al loro volere dal primo giorno in cui hanno messo piede sul pianeta. Si dice che il re vichingo Canuto il Grande abbia cercato di controllare le maree, e l'imperatore persiano Serse abbia fatto frustare il mare dopo che questo gli aveva distrutto un ponte di barche. La storia, la leggenda oppure lo strano intreccio di entrambe che costituisce la nostra memoria collettiva sono piene di storie di esseri umani che lottano contro gli elementi. Talvolta vinciamo, ma il più delle volte perdiamo.

Il punto fondamentale è che gli esseri umani sono veramente in grado di controllare gli elementi o, perlomeno, di gestire i loro effetti. Oggi la Terra è un pianeta antropizzato in tutto e per tutto; le nostre impronte sono ovunque. Metà della superficie terrestre libera dai ghiacci è ora adibita a usi agricoli.[3] La quantità di plastica presente sul pianeta è oggi circa il doppio della massa totale di tutti gli animali viventi.[4] Gli esseri umani hanno riversato nell'atmosfera più carbonio di quello che c'è nei corpi di tutti gli esseri viventi messi assieme.[5] Che ci piaccia o no, adesso il pianeta è modellato a nostra immagine e somiglianza.

Dopo aver incassato colpo su colpo, il pianeta sta finalmente avendo un momento di riscatto. Più sale la temperatura, più colpi è in grado di sferrare ai nostri danni. Ecco allora che la siccità e le precipitazioni si fanno più intense. Quando il caldo diventa insopportabile il metallo e l'asfalto si deformano e si sgretolano, gli incendi divampano e il fumo tinge i cieli di arancio e di bruno rossiccio. Il mare ha già dichiarato guerra all'umanità e ha cinto d'assedio le città costiere per riprendere possesso delle spiagge. Non potrà che andare sempre peggio.

Il verdetto della scienza in merito è chiaro: per prevenire gli effetti più catastrofici del cambiamento climatico abbiamo solamente due opzioni a disposizione. La prima è quella di farla finita una volta per tutte con l'emissione dei gas serra che stanno facendo salire le temperature. La seconda è di cercare in qualche modo di intervenire direttamente sul sistema climatico terrestre per abbassare le temperature. Il piano B è presunzione allo stato puro, e questo forse spiega il fascino che esercita; d'altra parte non siamo mai stati una specie particolarmente umile. Gli esseri umani hanno già manomesso il pianeta, talvolta in modo accidentale e talaltra in modo deliberato. Perché mai non potremmo – o non dovremmo – farlo di nuovo?

Il piano B prevede la manipolazione intenzionale del pianeta, un'attività meglio nota come geoingegneria. I molti modi per attuare una qualche strategia geoingegneristica possono essere suddivisi a grandi linee in due categorie distinte: la *riduzione della radiazione solare* dovrebbe ridurre la quantità di energia che arriva sulla superficie del pianeta,[6] mentre la *rimozione dell'anidride carbonica* interverrebbe sul ciclo del carbonio allo scopo di bonificare l'atmosfera.[7] Nessuna opzione tra quelle contenute in questi due gruppi è al momento impiegata su una scala minimamente efficace per rallentare il cambiamento climatico, e tutte sono estremamente rischiose. Considerata la lunga lista di azioni presuntuose e arroganti che caratterizza la storia dell'umanità, direi che è quanto meno inevitabile che qualcuno provi a manomettere il clima del pianeta Terra. Il pianeta cambia, ma noi non cambiamo mai.

Per questi motivi vale la pena dare un'occhiata ai progetti che i geoingegneri stanno ideando. Iniziamo dalla prima categoria, ossia dalla riduzione della radiazione solare. In teoria è molto semplice ridurre l'energia che la Terra riceve perché sappiamo benissimo da dove proviene quell'energia. La vita sulla Terra esiste grazie alla luce del sole. E se la nostra stella non brillasse più?

Nel 1783 il suolo dell'Islanda tremò e si spaccò.[8] La lava gorgogliò e rifluì dalla terra dilaniata verso i fiumi. La pioggia si fece acida. La cenere finì nell'atmosfera e cadde sui campi circostanti, appiccicandosi all'erba ingiallita e bruciando gli occhi e la pelle delle pecore fresche di tosatura. Gli ovini morirono assieme alle vacche e agli allevatori. Gli islandesi, isolati nel bel mezzo dell'Oceano Atlantico, non avevano modo di chiamare aiuto, ma anche se avessero potuto farlo chi sarebbe venuto in loro soccorso? L'Europa si sarebbe presto ricoperta anch'essa di quella caligine avvelenata. In Inghilterra le esalazioni di gas si rivelarono tanto potenti da uccidere più di ventimila persone.[9] Sul continente il sole si fece rosso sangue e le giornate erano annerite da una nebbia secca e maleodorante, tanto da causare capogiri e problemi respiratori. Tutti erano irascibili e insofferenti. Il sole si era fatto debole e la sua luce fioca, quasi come se si fosse dimenticato di risplendere.

L'eruzione vulcanica alle radici di questo cataclisma non era nemmeno una delle più esplosive,[10] e certamente non reggeva il confronto con quella più tardiva del Tambora, avvenuta nel 1815, che ispirò a Mary Shelley la sua ormai classica storia di arroganza scientifica. Eppure, quando si aprì una faglia nel cosiddetto *sistema di Laki*, i crateri rilasciarono un fiume di roccia fusa talmente vasto da poter seppellire tutta la città di New York sotto un manto di lava spesso quasi diciotto metri.[11] Per l'Islanda fu una tragedia, ma per il pianeta intero si trattò di una catastrofe: gran parte delle centinaia di milioni di tonnellate di anidride solforosa emesse salì fino ad altissima quota,[12] e una volta lassù finì per essere trasportata dalle correnti a getto in giro per l'emisfero boreale. Nell'atmosfera l'anidride solforosa si trasformò in fini particelle di aerosol contenenti solfato capaci di bloccare la luce solare. Private del calore del sole, le temperature iniziarono a diminuire.

Se fossimo in grado di scatenarle a piacere, le eruzioni vulcaniche come quelle di Laki potrebbero in teoria contrastare efficacemente il riscaldamento globale. Al momento, però, non siamo in grado di attivare un'eruzione vulcanica; non siamo nemmeno capaci di predire con esattezza quando avrà luogo la prossima eruzione. Non si può fare affidamento su eventi sporadici per raffreddare sistematicamente il pianeta. Abbiamo però a disposizione un'altra opzione. Le eruzioni vulcaniche raffreddano il pianeta perché irrorano la stratosfera di particelle capaci di bloccare la luce solare; agli esseri umani bastano una flotta di aerei e un carico di polveri.[13] Sparare aerosol nella stratosfera è un processo fattibile e relativamente poco costoso. In pratica sarebbe come applicare una crema solare a base minerale su scala planetaria.

Imitare l'attività vulcanica non è l'unica opzione che abbiamo a disposizione. In effetti, stiamo già conducendo un esperimento simile, benché inconsapevolmente. Al di sopra degli oceani svettano nuvole sottili che si formano a seguito del passaggio delle navi mercantili. Dato che gli oceani sono grandi e sono solcati continuamente dal traffico intercontinentale, le scie lasciate dalle navi si intrecciano a formare un logoro patchwork di nuvole che scherma parzialmente l'oceano dal sole.[14] Il risultato è che il mondo è un po' più fresco.

Cosa succederebbe se adottassimo questo processo serendipico in modo sistematico? Potremmo impiegare le navi per spruzzare dell'innocuo sale marino allo scopo di rendere le nuvole sopra gli oceani più riflettenti e luminose, più spesse o più longeve.[15] Il mondo si raffredderebbe e il prezzo da pagare sarebbero alcuni giorni di buio sugli oceani, dove non ci sarebbe nessuno pronto a lamentarsi. Abbiamo evidentemente il potere di bloccare il sole per sbaglio; ne consegue che possiamo anche farlo di proposito.

Siamo abbastanza sicuri che almeno alcuni di questi metodi dovrebbero riuscire ad abbassare la temperatura media globale, ma siamo altrettanto certi che ci sarebbero effetti collaterali significativi e conseguenze impreviste.[16] Sappiamo che ci sono molte cose che ignoriamo. Offuscare il sole non è semplice, e le eruzioni vulcaniche possono avere risvolti inattesi. L'eruzione islandese del Laki rese l'estate europea del 1783 torrida e afosa in modo insopportabile.[17] Un'anomala massa di alta pressione stazionò sull'Europa settentrionale deviando la fredda aria proveniente dall'Artico verso sud e permettendo all'aria soffocante di accumularsi sul continente.[18] All'afa insostenibile si aggiunsero presto temporali violenti capaci di produrre grandinate talmente forti da riuscire a uccidere il bestiame sul colpo.[19] A quella estate fece seguito l'inverno più rigido che si potesse ricordare a memoria d'uomo.[20] Nell'Europa centrale il disgelo primaverile portò con sé inondazioni torrenziali.[21] Le estati successive furono umide e fresche, poi si registrarono alcuni inverni particolarmente duri e una grave siccità.[22] Nessuno sa esattamente perché ebbe luogo questa catena di eventi tanto atipici. Un conto è voler spegnere il sole, un altro è predire tutte le conseguenze che ne derivano.

Tra tutti, gli esseri umani restano l'elemento più imprevedibile. Nel 1783 i monarchi europei restavano avvinghiati a un potere pressoché assoluto che si riteneva loro concesso per diritto divino. In effetti è molto più facile parlare con Dio che gestire efficacemente un sistema finanziario, e la Francia si distingueva per una gestione assolutamente disastrosa dell'erario. Ancora prima che il vulcano islandese eruttasse, i raccolti avevano cominciato a scarseggiare e il prezzo dei cereali a salire. Re Luigi XVI aveva esaurito ogni fonte di potenziale finanziamento e non era più possibile fare affidamento sui prestiti internazionali. L'aristocrazia si rifiutava di pagare, ma qualcuno doveva pur farlo. La situazione forzò la mano di un sovrano che non brillava certo per la sua competenza in materia, e la soluzione adottata fu quella più semplice: esentare la nobiltà e tassare il popolo a più non posso. Il raccolto seguente si rivelò un disastro;[23] il popolo si ribellò, la Bastiglia fu assaltata e il re perse letteralmente la testa.

C'è quasi la tentazione di tracciare una linea diretta tra l'eruzione in Islanda e la ghigliottina francese o, perlomeno, di identificare una serie di effetti a catena capaci di condurre più o meno speditamente alla rabbia popolare, ai patiboli e ai cesti ricolmi di teste mozzate. Purtroppo, non è così. Sparare polvere e gas nell'atmosfera e rendere più riflettenti le nuvole sono azioni che hanno conseguenze specifiche, ma anche i sistemi politici che garantiscono il potere assoluto ai discendenti dei barbari scatenati che imperversarono nelle epoche più buie del Medioevo hanno determinate conseguenze. La fisica da sola non può rispondere ai problemi relativi a questi aspetti, non può illuminare il modo in cui questi aspetti si intrecciano e non può nemmeno dirci quali conclusioni possiamo trarre per il mondo di oggi (se ne esistono). Eppure, sembra che ogni volta che il sole si fa più fioco e flebile la Terra impazzisca.

Il caos politico che colpì il tardo XVIII secolo non era nulla rispetto a quello che colpì il mondo nel VI secolo. Un'eruzione vulcanica di proporzioni gigantesche ebbe luogo in Islanda nel 536 EV,[24] presto seguita da altre due o forse addirittura tre esplosioni significative. Con ogni probabilità queste eruzioni resero il VI secolo l'epoca peggiore in assoluto in cui si potesse vivere.[25] Se escludiamo le eclissi solari passeggere, il cielo diurno non si era mai fatto così scuro. Tutti gli annalisti dall'Irlanda alla Cina, passando per Costantinopoli, si lamentarono dei cieli bui e della debole luce bluastra che c'era di giorno. Le temperature crollarono, i raccolti andarono perduti, il pescato diminuì e ciò che era rimasto dell'Impero Romano implose in un vortice di peste e violenza.[26] In Scandinavia, l'epicentro di questa catastrofe, gran parte della popolazione locale morì di stenti e di inedia.

Dal caos del clima nacque una nuova civiltà. I vichinghi sembrarono spuntare dal nulla, specialmente agli occhi di un monaco ignaro di quello che succedeva nel mondo o di un contadino in una qualche località priva di difese sulle sponde del mare. I vichinghi però provenivano da un luogo ben preciso: ciò che rimaneva di una Scandinavia in ginocchio. Loro stessi avrebbero affermato che all'origine del loro popolo c'era una morte violenta e che la fine di tutto sarebbe stata altrettanto brutale. Solitamente i pantheon delle altre religioni prevedono che siano gli dèi a *creare* i primi esseri viventi; nella mitologia norrena, invece, gli dèi *uccidono* il primo essere vivente e assemblano pezzi di mondo a partire dai pezzi del suo cadavere. Quel mondo primordiale era estremamente violento: gli oceani erano sangue, gli alberi capelli strappati e le montagne ossa e denti. Eppure questi dèi infinitamente più forti dei patetici mortali erano di fatto impotenti di fronte all'apocalisse che stava arrivando. Nella bizzarra e paradossale cronologia del mito norreno, l'apocalisse che era giunta un tempo lontano, che sta arrivando ora o che arriverà domani è preceduta da un'oscura luce diurna e da un inverno eterno. Il *ragnarök*, ossia la fine di ogni cosa e il destino degli dèi, era inevitabile; d'altra parte era già accaduto.

L'apocalisse non è certamente un risultato ideale, eppure potremmo finire dentro una qualche forma di scenario cataclismatico sia nel caso in cui cercassimo di bloccare la luce solare sia nel caso in cui decidessimo di astenerci da simili progetti geoingegneristici. I rischi enormi che derivano dall'aumento incontrollato delle temperature impongono di prendere in considerazione tutti i mezzi a disposizione per contrastare questo incremento, per quanto drastici possano sembrare. Gli eventi terrificanti che stiamo vivendo ora – uragani, ondate di calore, siccità, alluvioni, l'aumento del livello del mare – potranno solamente peggiorare man mano che il mondo si scalda. So però che abbiamo già modificato il clima del pianeta attraverso le nostre incessanti emissioni di gas serra: l'opzione «zero esperimenti geoingegneristici» non è più contemplata. Siccome sono una scienziata di formazione, sono incline a cercare soluzioni tecnologiche. Le mie competenze sono più adatte a pianificare un modo efficace per bloccare la luce solare che al lavoro duro e spesso confusionario che sta dietro alla promozione del cambiamento sociale e politico. È bello perdersi in un sogno a occhi aperti dove gli scienziati riescono a salvare il mondo dalla catastrofe. Immaginate per un attimo la soddisfazione che si può provare nell'essere finalmente presi in considerazione e addirittura adorati da un pubblico riconoscente! Pensate a quanta ricerca finalmente finanziata senza dover elemosinare, quanti posti di lavoro stabili, quanto tempo guadagnato – visto che non servirebbe più stilare complicate richieste di finanziamento! Tutto quello che dobbiamo fare è semplicemente spegnere il sole.

Poi ci si sveglia da queste fantasticherie e i vulcani ci ricordano che bloccare la luce che proviene dal sole ha conseguenze nefaste. Spruzzare polveri nella stratosfera abbasserebbe sicuramente la temperatura, però modificherebbe anche il ciclo dell'acqua in modi strani e imprevedibili, e molte regioni del pianeta si troverebbero a rischio di siccità oppure di alluvioni, o magari di entrambe in una sequenza mortale.[27] Immettere sostanze estranee nella stratosfera potrebbe danneggiare il delicato strato di ozono.[28] Una volta adottata e messa in pratica, la riduzione della radiazione solare costituirebbe un fardello del quale non potremo più sbarazzarci. Se escludiamo tagli drastici alle emissioni dei gas serra, non esiste un modo sicuro di interrompere il processo grazie al quale è possibile bloccare i raggi solari; se decidessimo comunque di procedere in questa direzione il pianeta andrebbe incontro al cosiddetto *shock di arresto*, ossia un riscaldamento rapidissimo – calcolabile in pochi mesi – causato da decenni di cambiamento climatico represso.[29]

Queste, peraltro, sono solo le conseguenze potenziali di cui siamo al corrente. Qualunque decisione relativa alla modifica deliberata di un mondo già alquanto pericoloso può portare allo scontro bellico. Se un tifone dovesse colpire la costa cinese o se l'agricoltura americana fosse paralizzata da una siccità devastante, le conseguenze per il mondo intero sarebbero disastrose. Soprattutto, chi si accollerebbe la responsabilità di una tale scelta? Un miliardario potrebbe anche decidere di inviare una flotta di aerei per irrorare la stratosfera; una nazione potrebbe scegliere di rendere più riflettenti le nuvole; una singola azienda potrebbe commercializzare il raffreddamento globale per decimi di grado. Raffreddare il pianeta dovrebbe essere una decisione collettiva, ma dove sono le istituzioni capaci di mobilitare e raccogliere consensi in merito al clima dell'intero pianeta? In quale modo possiamo decidere chi è che detiene il potere di bloccare il sole?[30]

Al momento, la riduzione della radiazione solare è un'operazione di un'arroganza inconcepibile. Quali altre opzioni abbiamo per implementare il piano B? Il pianeta si sta riscaldando perché gli esseri umani hanno emesso troppi gas serra, e in particolare troppa anidride carbonica. Potremmo allora provare a rimuovere l'anidride carbonica dall'atmosfera grazie all'uso di macchinari, oppure potremmo chiedere alla natura di darci una mano tramite alberi e rocce; potremmo persino cercare di cooptare l'oceano in quest'operazione. Siamo in questo pasticcio perché abbiamo guastato e imbrattato l'atmosfera; non potremmo semplicemente ripulirla?

Dodicimila anni fa, prima dell'invenzione dell'agricoltura, sulla Terra c'erano circa seimila miliardi di alberi.[31] Da allora ne abbiamo tagliati la metà, e una buona parte di tutta questa distruzione ha avuto luogo dopo la Rivoluzione industriale. Nonostante il massacro subìto, gli alberi continuano ad aiutarci. Al loro interno l'acqua continua a scorrere verso l'alto, dal suolo alle radici, fino a essere espirata in soffici nuvole al di sopra delle foreste.[32] La vita prospera sui loro rami e sotto la loro ombra. Le loro radici rinsaldano il terreno e tengono in piedi colline e pendii come baluardi contro l'erosione.[33] Senza di loro la terra sulla quale molti di noi vivono sarebbe già stata spazzata via dal mare. Ancora, gli alberi rimuovono l'inquinamento dall'aria prima che possa essere respirato dagli esseri umani.[34] Senza contare che gli alberi sembrano venir su dal nulla grazie alla loro abilità quasi esoterica di trasmutare l'anidride carbonica in legno e foglie. All'incirca la metà di tutta l'anidride carbonica che viene emessa dalle nostre centrali elettriche, dalle nostre automobili e dai nostri stabilimenti industriali persiste nell'aria per secoli interi, ma l'altra metà viene estratta dall'atmosfera grazie agli alberi e agli altri esseri viventi in grado di praticare la fotosintesi.[35] Viviamo davvero in una foresta incantata, un mondo verde pieno di magie incredibilmente buone. Intere generazioni di alchimisti hanno buttato via il loro tempo cercando di trasformare i metalli più umili in oro mentre le foreste continuavano a trasformare un veleno mortale in fiori senza disturbare nessuno.

Gli alberi sono in grado di rimuovere l'anidride carbonica dall'atmosfera e quindi sono anche capaci di rallentare in piccola parte il riscaldamento del pianeta. Potrebbero fare anche di più se solo li lasciassimo lavorare in pace. Gli alberi hanno bisogno di terra, ma anche noi vogliamo più terra; quindi, li tagliamo per liberare spazio prezioso. Quando un'intera foresta viene abbattuta la tragedia vale doppio: il carbonio presente all'interno dei tronchi viene liberato nell'atmosfera dove ricomincia a intrappolare il calore,[36] e una volta morti gli alberi non crescono più. Il risultato è che ciò che un tempo era capace di ridurre il carbonio presente nell'atmosfera ora contribuisce ad aumentarlo.

Due cose sono vere senza ombra di dubbio. La prima è che se vogliamo avere anche solo una minima possibilità di fermare il cambiamento climatico dobbiamo assolutamente smettere di distruggere gli alberi. Purtroppo, al momento sembra che il mondo stia andando esattamente nella direzione opposta. Nel 2022 abbiamo perso la bellezza di quarantamila chilometri quadrati di foresta tropicale, un'area capace di coprire l'estensione della città di New York una volta alla settimana lungo il corso di un anno intero.[37] L'anidride carbonica finita dritta nell'atmosfera dopo questa strage equivale a 2,5 miliardi di tonnellate.[38] Oltre ad aiutare la flora, la fauna e le popolazioni locali, proteggere le foreste che ancora resistono significa evitare miliardi di tonnellate di emissioni.

La seconda verità è questa: gli alberi non esistono per sacrificarsi a nostro uso e consumo – esistono *per esistere*. Abbiamo solamente la fortuna sfacciata che, facendo ciò che devono fare per vivere, gli alberi riescano ad assorbire l'anidride carbonica che noi emettiamo senza posa. Però gli alberi fanno quello che fanno per vivere e non per sistemare i problemi causati da noi esseri umani, e quando hanno concluso il loro ciclo vitale terminano anche di sequestrare l'anidride carbonica. Il ritorno del carbonio sequestrato nell'atmosfera avviene per gradi quando i tronchi marciscono, oppure in modo repentino quando bruciano. Le foreste non sono fatte per essere delle prigioni dove incarcerare l'anidride carbonica. Se fosse così sarebbero delle prigioni davvero ridicole; solamente il più imbecille tra gli antagonisti di James Bond potrebbe pensare di rinchiudere un avversario in una gabbia così fragile e precaria.

Il carbonio ha anche degli amici che lo aspettano là fuori. La CO_2 non assorbita dagli alberi si accumula nell'atmosfera. Quando il mondo si scalda gli incendi aumentano,[39] il numero dei coleotteri sale[40] e si moltiplicano le malattie che possono fare tabula rasa delle foreste.[41] Nel migliore dei casi, il sequestro del carbonio all'interno delle foreste è un processo delicato. Oggi avete la possibilità di acquistare dei cosiddetti crediti di carbonio per compensare la CO_2 emessa e per posticipare il taglio di un albero di un anno. Dopo questa breve parentesi, l'albero verrà tagliato, la foresta che lo ospita aumenterà inevitabilmente la concentrazione di anidride carbonica atmosferica, e della vostra speranzosa compensazione del cambiamento climatico rimarrà solo un inutile asterisco e qualche nota legale scritta a caratteri microscopici.

Meglio essere chiari su questo punto. Abbiamo l'obbligo morale di ripristinare le vecchie foreste, e dobbiamo farlo per una serie di buone ragioni: sono luoghi magnifici, ci rendono felici e permettono ad altre piante e ad altri animali di vivere in pace e di prosperare – ah, dimenticavo... *assorbono anche l'anidride carbonica*. Allo stesso modo, dobbiamo essere ben consapevoli di quello che facciamo e di come lo facciamo, tenendo a mente che stiamo interagendo con altri esseri viventi che hanno i loro buoni motivi per esistere. Infatti, se piantiamo gli alberi alla bell'e meglio e in modo non pianificato le conseguenze possono essere serie. Solitamente, un luogo coperto da foreste riflette meno luce di un luogo che ha subìto un processo di deforestazione[42] e un numero maggiore di foreste nei luoghi sbagliati può addirittura rendere il pianeta più caldo. Una monocoltura di alberi[43] scelti esclusivamente per la loro abilità di intrappolare l'anidride carbonica non equivale al caos meraviglioso e alla diversità presente in una foresta cresciuta naturalmente. L'*afforestazione*, ossia la pratica per cui gli alberi vengono piantati in zone dove prima erano assenti, è una cosa ben diversa dalla *riforestazione*, o rimboschimento;[44] gli alberi non sono i soli alchimisti capaci di trasformare l'aria in vita, e se vengono trasferiti in zone dominate da ecosistemi diversi le conseguenze possono essere gravi. Infine c'è l'aspetto della competizione: gli alberi hanno bisogno di terra per crescere e questa necessità impellente li mette in diretta competizione con gli esseri umani. Per cercare di controbilanciare le emissioni prodotte nei soli Stati Uniti avremmo bisogno di piantare più di seicento alberi per ogni cittadino statunitense. Tradotto in termini più efficaci, ciò significherebbe creare una foresta grande come lo Stato del Nuovo Messico *ogni anno*.[45] Tra l'altro, si tratta ovviamente di terra adibita ad altri usi; allora, chi si farà carico di una tale decisione? Chi si assumerà la responsabilità di obbligare agricoltori, fattorie, periferie e intere città a fare fagotto e sloggiare? Nel caso in cui le persone si rifiutassero, chi avrà l'autorità per obbligarle?

In conclusione, non possiamo pensare di cavarcela piantando semplicemente un po' di alberi. Ci sono però altri modi per rimuovere l'anidride carbonica dall'atmosfera.

Gli esseri umani costruiscono cose fatte di legno da millenni; ora dobbiamo cominciare a pensare a creare alberi a partire dalla materia inorganica per dare vita a foreste artificiali capaci di estrarre l'anidride carbonica dall'ambiente.[46] Ovviamente non si tratterebbe di veri e propri «alberi» come li intendiamo: non offrirebbero né ombra sotto la quale ripararsi, né frutti, né tanto meno fiori in primavera. Tuttavia, sarebbero in grado di imitare la proprietà di assorbimento del carbonio tipica degli alberi fatti di legno e di foglie senza dover utilizzare tutta la terra di cui una foresta ha bisogno. In teoria non dovrebbe nemmeno essere qualcosa di complicato; da diverso tempo siamo infatti in grado di rimuovere efficacemente l'anidride carbonica dagli spazi chiusi.

L'esplosione di un serbatoio di ossigeno fece saltare il quadro elettrico e il sistema di supporto vitale della navicella dell'Apollo 13.

I tre astronauti che componevano l'equipaggio della missione spaziale cercarono di spostarsi dal modulo di comando al più piccolo modulo lunare, il quale però era stato progettato per ospitare solamente due persone durante la discesa sul suolo del nostro satellite. Alla fine i tre riuscirono nell'impresa e poterono tirare un sospiro di sollievo – una cosa da evitare come la peste in casi come questo. Ogni espirazione faceva infatti aumentare pericolosamente i livelli di anidride carbonica all'interno dell'angusto e affollatissimo modulo lunare. Ben presto la rimozione di tutta l'anidride carbonica accumulata divenne questione di vita o di morte. Gli astronauti avevano a disposizione una scorta di filtri realizzati a partire da un materiale simile alla spugna e capace di intrappolare in maniera mirata la CO_2 permettendo allo stesso tempo all'ossigeno di passare liberamente. Purtroppo, questi filtri avevano una forma quadrata mentre l'alloggiamento dell'impianto di filtraggio aveva un'apertura rotonda. Con un po' di ingegno, l'equipaggio riuscì a costruire un adattatore di fortuna facendo ricorso a calzini e nastro adesivo, lo attaccò al filtro e fece ritorno sano e salvo sul pianeta Terra. Quando c'è un'emergenza si fa di tutto per trovare una soluzione. A volte, con un po' di fortuna, la soluzione *è quella giusta*.

Le differenze tra l'abitacolo di una piccola navicella spaziale e un pianeta intero sono innegabili. Un conto è rimuovere la CO_2 accumulatasi a causa del respiro di tre persone, un altro è rimuovere millecinquecento miliardi di tonnellate di anidride carbonica[47] immessi nell'atmosfera a causa dei combustibili fossili (per rendere meglio l'idea, il peso complessivo è maggiore della somma di tutte le infrastrutture che siano mai state costruite dal genere umano).[48] L'atmosfera però è incredibilmente spaziosa e l'anidride carbonica è scarsamente concentrata. Questo è un problema perché la maggior parte dei sistemi di cattura diretta dell'anidride carbonica funziona forzando l'aria ad attraversare particolari sostanze capaci di intrappolare selettivamente la CO_2. Purtroppo, dato che oltre il 99,9% dell'atmosfera non è CO_2, è necessaria un'enorme quantità di energia per spostare abbastanza aria attraverso il materiale di rimozione e riuscire così a estrarre l'anidride carbonica presente. La rimozione di pochi milioni di tonnellate di CO_2 all'anno richiederebbe quasi mezzo punto percentuale dell'attuale fornitura di elettricità degli Stati Uniti.[49] E sebbene milioni di tonnellate rimosse possano sembrare una quantità impressionante, gli esseri umani impiegano appena tredici minuti per emetterne altrettante.[50]

La NASA ha un disturbo ossessivo-compulsivo nei confronti dell'organizzazione delle sue missioni: tutto viene panificato e testato con precisione certosina e ogni possibile imprevisto viene mappato e affrontato anzitempo. L'equipaggio dell'Apollo 13 poteva contare su una preparazione dettagliatissima e sulle lezioni apprese nel corso delle missioni precedenti. Purtroppo noi non ci troviamo nella stessa situazione. Non è mai capitato a nessuna civiltà di trovarsi a dover sistemare il cielo cercando di estrarre qualcosa da lassù. Qualsiasi intervento ambientale che abbia avuto successo in passato si è basato sullo stop all'inquinamento per permettere alla natura di guarire da sola.[51] Questa volta però la natura non può curarsi senza il nostro aiuto.

Si tratterebbe della più grande operazione di bonifica della storia. Restano però importanti questioni. Riusciremo a incrementare la capacità dei meccanismi di rimozione del carbonio? E se sì, chi pagherà il conto verosimilmente salato? E dove sistemeremo tutta quell'anidride carbonica? Gli alberi la usano per crescere, ma gli alberi finti non se ne fanno assolutamente nulla. Nessuno ha un bisogno urgente di CO_2, con la potenziale eccezione dell'industria petrolifera che la spara in profondità nei pozzi per spingere in superficie il greggio altrimenti di difficile estrazione.[52]

Per di più, il trasporto di CO_2 può rivelarsi un'operazione molto pericolosa.[53] Un incidente può rilasciare elevate concentrazioni di gas all'interno di aree circoscritte e, come sapeva bene l'equipaggio dell'Apollo 13, livelli elevati di CO_2 in uno spazio ristretto mettono a repentaglio la salute. Se guardiamo alla storia dell'estrazione dei combustibili fossili, non me la sento proprio di additare qualunque comunità che voglia opporsi all'installazione delle nuove tubature che si renderebbero indispensabili per il trasporto della CO_2 catturata. Per estrarre il carbonio direttamente dall'atmosfera è necessario poter disporre di un potere quasi illimitato; per rendere il processo efficace, sicuro e socialmente corretto bisognerà poter disporre di un potere molto diverso.[54]

Se soggiogare il cielo dovesse rivelarsi un'impresa troppo difficile, allora potremmo sempre ripiegare sulla conquista del mare, come fece l'imperatore folle Caligola. Perché non convincere l'oceano a estrarre la CO_2 dall'atmosfera? D'altra parte, gli oceani rimuovono già una piccola quantità dell'anidride carbonica emessa dalle attività umane.[55] Esattamente come fanno le piante sulla terraferma, il fitoplancton e le alghe presenti negli oceani si cibano grazie alla luce solare e all'anidride carbonica. Inoltre, una parte della CO_2 si dissolve nell'acqua di mare. Se potessimo accelerare questi processi, oppure renderli più efficienti, allora potremmo estrarre una quantità maggiore di anidride carbonica dal cielo.

Vari metodi sono stati proposti per forzare l'oceano ad accogliere una quantità maggiore di carbonio,[56] e alcuni di questi cercano contemporaneamente di risolvere un altro problema particolarmente spinoso. Gli oceani si stanno acidificando perché l'anidride carbonica reagisce a contatto con l'acqua di mare, diventando acido carbonico. L'acidità degli oceani aumenta di pari passo con l'aumento della quantità di anidride carbonica presente nell'atmosfera,[57] e questo processo rende gli oceani sempre meno ospitali per le creature marine che ci vivono dentro. Per controbilanciare questo processo si potrebbero gettare ingenti quantità di antiacidi negli oceani.[58] In linea teorica, ciò comporterebbe almeno due benefici: bloccherebbe il processo di acidificazione e trasformerebbe il pH degli oceani.[59] La conseguenza sarebbe che l'oceano dovrebbe incrementare l'assorbimento di anidride carbonica per ristabilire il suo equilibrio naturale. Questo progetto è noto come *potenziamento dell'alcalinità oceanica* e verrebbe sicuramente classificato come il più imponente trattamento gastroenterologico per curare l'acidità di stomaco mai prescritto nella storia della medicina.

Potremmo anche cercare di provocare letteralmente uno shock all'oceano in modo tale che la sua risposta giochi a nostro favore.[60] È difatti possibile utilizzare l'elettricità per innescare reazioni chimiche capaci di rimuovere l'anidride carbonica dall'acqua di mare, obbligandola così ad assorbirne di più dall'atmosfera. Un'altra opzione sarebbe quella di incoraggiare la crescita di un numero maggiore di animali marini, in particolare alghe e fitoplancton capaci di estrarre la CO_2 dall'atmosfera grazie alla fotosintesi. È possibile incrementare la concentrazione di fitoplancton tramite lo scarico di fertilizzanti in alto mare[61] o attraverso il prelievo di acque ricche di nutrienti dagli abissi marini.[62] Un'alternativa potrebbe essere coltivare piante marine come le alghe brune dette laminarie (anche note con il nome inglese di *kelp*) le quali, per poter crescere, fanno ricorso all'anidride carbonica atmosferica e quando muoiono sprofondano verso gli abissi, procrastinando così il rientro della CO_2 nell'atmosfera.[63]

Nessuna di queste proposte è stata testata su vasta scala. C'è il presentimento che tali tecniche, una volta utilizzate tutte insieme, possano rimuovere una quantità considerevole di anidride carbonica dall'atmosfera, ma nessuno sa quanto esattamente. Allo stesso modo non si conoscono tutti i vantaggi e tutti gli svantaggi dell'operazione. Non sappiamo neppure quali possano essere le conseguenze dello sversamento di una quantità industriale di antiacidi nel mare. Per modificare in modo deliberato la composizione chimica degli oceani è necessario aspirare ed estrarre enormi quantità di acqua per poterla trattare e rimpiazzare; non ci vuole molto per capire che questo trattamento ucciderebbe gli animali che vivono in quell'acqua; nel migliore dei casi creerebbe una perturbazione ecologica significativa. Senza contare che i metodi elettrochimici disponibili richiederebbero una quantità di elettricità enorme che potrebbe essere utilizzata per altri scopi: per rimuovere una gigatonnellata di CO_2 tramite shock elettrici avremmo bisogno all'incirca dell'8% di tutta l'elettricità disponibile sul pianeta.[64] Infine, se decidessimo di coltivare alghe o di fertilizzare il fitoplancton ai livelli necessari per raggiungere l'obiettivo desiderato, dovremmo spostare attività che si svolgono al largo, come la pesca in mare aperto, rotte commerciali e turbine eoliche *offshore*, senza contare l'impatto negativo sugli ecosistemi locali.

Se decidessimo di modificare gli oceani non potremmo in alcun modo eludere scelte molto difficili, negoziati tesissimi ed effetti al momento sconosciuti ma dal potenziale devastante. Pensare altrimenti è pura arroganza.

Rimuovere il carbonio su una scala tale da avere un benché minimo effetto sul disastro che abbiamo combinato significa avere la presunzione e la sfrontatezza di voler alterare in modo drammatico la terra, il cielo o il mare. Abbiamo però un'ultima alternativa: potremmo accelerare il tempo.

Gran parte del carbonio terrestre è conservato all'interno delle rocce. L'acido carbonico naturalmente presente in piccole quantità nell'acqua piovana erode queste rocce, che rilasciano una fine polvere di carbonato. Questa polvere finisce nei fiumi e da lì si riversa nei mari. Nell'arco di milioni di anni le rocce si dissolvono come una zolletta di zucchero in una tazza di caffè bollente. Questo lentissimo processo di disintegrazione si chiama *degradazione meteorica* (o meteorizzazione) ed è una parte fondamentale del ciclo geologico del carbonio. I coralli, le ostriche, le vongole e altri animali marini usano i minerali disciolti nell'acqua per costruirsi esoscheletri e conchiglie. Quando questi animali muoiono e si inabissano i loro resti diventano parte del fondale marino. Quest'ultimo, a sua volta, viene ripetutamente fatto a pezzi dal movimento delle placche oceaniche, e la lava che rilascia fa fuoriuscire carbonio – e il ciclo può così ricominciare.

Una volta che il lentissimo processo di degradazione meteorica ha rimosso il carbonio dall'atmosfera, questo rimane tranquillo e immobile per un centinaio di milioni di anni. La cosiddetta *degradazione forzata* (o meteorizzazione forzata) fornisce un metodo per accelerare i tempi attraverso la frantumazione delle rocce e delle pietre fino a ottenerne finissima polvere da spargere in giro, aumentando così la superficie esposta agli agenti atmosferici. La maggiore quantità di roccia esposta alla pioggia e all'acido carbonatico che essa contiene può così reagire e trasformare la CO_2 atmosferica in carbonato. Questo metodo ha dalla sua il vantaggio di essere elementare e molto efficace: potremmo rimuovere un miliardo di tonnellate di anidride carbonica dall'atmosfera ogni anno semplicemente spargendo polvere di roccia sui campi agricoli di tutto il mondo.[65] I vantaggi non finiscono qui: i terreni vulcanici sono ben noti per la loro fertilità e una parte delle terre adibite a uso agricolo potrebbe beneficiare di una spolverata della giusta polvere di roccia.[66] Ci vuole una forza impressionante per macinare la roccia, ma abbiamo già a disposizione una quantità enorme di roccia polverizzata gettata come scarto di lavorazione dall'industria mineraria e che potrebbe essere efficacemente riutilizzata per la rimozione del carbonio.[67] Purtroppo, anche in questo caso ci sono degli inconvenienti che non possono essere sottaciuti. Circa un quarto delle foreste pluviali mondiali si trova a pochi chilometri di distanza dai terreni agricoli,[68] e nessuno sa come potrebbero reagire questi habitat al cambiamento del suolo delle zone limitrofe. Inoltre, nessuno è in grado di sapere quali materiali tossici potrebbero percolare dalle rocce macinate nei terreni e negli oceani.

Come tutti i metodi che abbiamo passato in rassegna, anche la degradazione forzata delle rocce ha i suoi aspetti positivi, se impiegata correttamente, e i suoi lati negativi. Vale la pena ricordare che nessuno ha ancora dimostrato l'efficacia della cattura dell'anidride carbonica dall'aria, dagli oceani, dalle rocce o tramite qualsiasi altro metodo su larga e larghissima scala, e non sono pochi gli aspetti che potrebbero mandare a monte ogni sforzo in merito – tra questi giocherebbero un ruolo significativo considerazioni scientifiche, insormontabili difficoltà tecnologiche, opposizioni politiche e vincoli economici. La scienza resta comunque un mezzo estremamente creativo e potente e gli esseri umani hanno alle spalle una lunga tradizione di innovazioni nate nei momenti di crisi per risolvere emergenze e problemi urgenti. Di fronte a una crisi climatica che si fa ogni anno più grave, il numero di persone intelligenti e talentuose che si dedica al problema della cattura e del sequestro del carbonio aumenta. I miracoli esistono, ma è una pessima strategia scommettere sul futuro del pianeta basandosi su un miracolo che potrebbe non avvenire mai.

I vichinghi assunsero il controllo di gran parte dell'Inghilterra nell'XI secolo, un momento storico relativamente al sicuro da eruzioni vulcaniche e disastri climatici. Una particolare leggenda sorta intorno al loro re Canuto il Grande, che ricorda l'epica impresa di Caligola e che è stata tramandata fino ai giorni nostri, recita come segue: il re, abituatosi all'obbedienza assoluta dei suoi sudditi, si recò fino a una spiaggia per ordinare alla marea di fermarsi. La marea arrivò comunque, e così il nome del re divenne sinonimo dell'arroganza umana di fronte al potere immenso e incontrollabile della natura.

La storia originale però, scritta nel XII secolo, è molto diversa dal racconto popolare. In quella versione, Canuto è in viaggio verso la costa assieme a uno stuolo di cortigiani e sicofanti. A un certo punto, Canuto ordina loro di osservare con attenzione il modo in cui le acque *ignorano* il suo ordine perentorio. «Vedete», dice Canuto, «il mio regno finisce *qui*, e io non ho alcun potere sull'inesorabile marea che avanza». È l'esatto contrario del racconto morale divenuto proverbiale: la presunzione regale è qui sostituita da una buona dose di umiltà e dalla presa di coscienza dei propri limiti e del proprio ruolo nel mondo. La storia racconta una verità eterna: gli oceani e il cielo sono al di là del *controllo* umano. Purtroppo, però, non sono al di là della nostra *influenza*. Canuto e il suo popolo trasformarono le lande inglesi, disboscandole per ricavarne pascoli e campi da arare. In questo modo essi lasciarono un segno indelebile sul pianeta che perdura tuttora, nonostante siano morti da quasi un millennio. Lo stesso hanno fatto tutti i popoli che sono esistiti sulla Terra. Oggi l'impronta che stiamo lasciando sul pianeta è ancora più grande.

Stiamo per consegnare ai nostri discendenti un mondo che sta cambiando *troppo* rapidamente. Sembra che il piano B contempli solo due scelte per fermare il riscaldamento del pianeta: bloccare la luce solare o bonificare i cieli. La prima soluzione è estremamente pericolosa, la seconda è inadeguata, molto costosa e piena di incertezze. Non c'è accordo all'interno della comunità scientifica in merito ai vantaggi offerti dalle due procedure. Personalmente ritengo che la rimozione dell'anidride carbonica sia un progetto scientificamente interessante e necessario; al contrario, penso che la riduzione della radiazione solare sia un'utopia impraticabile in assenza di direttive vincolanti a livello mondiale che probabilmente non arriveranno mai. C'è chi considera essenziale investigare l'oscuramento del sole come strategia di emergenza nel caso la situazione peggiori (senza contare che alcuni vorranno comunque provarci ben prima che le cose si mettano male). E ci sono altri che temono che il semplice fatto di studiare la possibilità di modificare in modo intenzionale il clima del pianeta conceda un pericoloso lasciapassare agli irresponsabili che stanno distruggendo il pianeta. Ci troviamo di fronte a uno spinoso dilemma morale: se si riuscisse davvero ad abbassare le temperature, oppure se fossimo in grado di rimuovere efficacemente l'anidride carbonica, l'industria dei combustibili fossili si sentirebbe legittimata a emetterne di più? E se una tale soluzione fosse davvero alla nostra portata, dovremmo renderla pubblica oppure sarebbe preferibile adottare un codice di silenzio assoluto?

Riguardo alla seconda domanda, non penso che dovremmo stare zitti. Come il re vichingo, anche noi siamo privi del potere necessario a bloccare l'inesorabile marea delle informazioni. Esistono già aziende che vendono «crediti di raffreddamento» – in altre parole, sparano aerosol nella stratosfera per controbilanciare l'emissione di gas serra. Vari progetti relativi alla rimozione dell'anidride carbonica hanno ricevuto miliardi di dollari di finanziamento. L'unica cosa che noi climatologi possiamo fare è spiegare, con tutta la forza delle nostre voci, i punti sui quali tutti concordiamo. È sempre meglio evitare di dover bloccare il sole piuttosto che essere costretti a farlo; la rimozione dell'anidride carbonica non funzionerà mai se continuiamo a rimpiazzare i gas serra presenti nell'atmosfera con nuove emissioni. Alla fin fine, non esistono reali alternative al piano A: ridurre al massimo e nel modo più rapido possibile l'emissione dei gas serra.

È un obiettivo che richiede impegno ed *energia*. Il mondo avrà bisogno di investire sulla costruzione di un numero enorme di centrali elettriche che non emettono carbonio. Avremo bisogno di trasformatori e linee di trasmissione, di risorse energetiche distribuite e capillari per generare e immagazzinare l'energia e di collegare alla rete elettrica tutto ciò che è possibile elettrificare. Avremo quasi sicuramente bisogno di energia per alimentare la rimozione del carbonio, sia per compensare le poche emissioni che continueranno a essere prodotte da quei settori industriali maggiormente refrattari al cambiamento per motivi logistici, sia per rimuovere le emissioni pregresse e ancora presenti nell'atmosfera. Se le cose dovessero mettersi molto male potremmo avere bisogno di ricorrere alla riduzione della radiazione solare come ultimo disperato tentativo per evitare il collasso o l'estinzione. Ciascuna di queste decisioni avrà bisogno del supporto di un altro tipo di energia: volontà politica, formazione di vaste coalizioni, nuove leggi e nuove strutture sociali. Tutto ciò che la fisica non può fare.

Strano, però, perché a pensarci bene la definizione fisica di potenza (ossia «energia trasferita in un dato intervallo di tempo») descrive in modo straordinariamente efficace anche questo aspetto. Costruire potere richiede di cimentarsi a lungo in impegni energeticamente gravosi come l'individuazione di segmenti sociali e imprenditoriali ricettivi al cambiamento e l'acquisizione di conoscenze avanzate. Significa imparare a conoscere solventi e assorbenti chimici, la composizione chimica dell'acqua di mare e l'ingegneria dello stoccaggio sotterraneo. Significa anche prestare attenzione ai consigli comunali, ai consigli di istituto delle scuole locali, alle commissioni dei servizi pubblici e alle riunioni delle circoscrizioni cittadine. Il potere può essere esercitato attraverso le dichiarazioni dei redditi, durante le sessioni legislative e nei dettagli dei regolamenti e delle norme. È un lavoro noioso, frustrante e difficile, ma se la gente comune decidesse di non occuparsene altri reclameranno questo potere. Le multinazionali più grandi potrebbero puntare sulla remota possibilità della rimozione del carbonio allo scopo di evitare onerosi cambiamenti immediati. I miliardari del settore tecnologico preferirebbero dedicarsi a fanta-progetti avveniristici come la riduzione della radiazione solare. Se vogliamo un'alternativa che vada oltre l'arroganza delle aziende e l'eccesso di fiducia dei parvenu delle start-up allora ci conviene imparare la lezione di un temibile condottiero dell'XI secolo. Canuto aveva ragione: dovremmo trattare il mondo che ci circonda con tutta l'umiltà che merita.

Penso spesso ai tre astronauti chiusi nella loro piccola navicella spaziale a oltre trecentoventimila chilometri di distanza dalla Terra. Eppure, nonostante la distanza e l'isolamento, quei tre uomini a zonzo nel vuoto siderale non sono mai stati veramente soli. Un piccolo esercito di impiegati in maniche di camicia passò all'azione non appena ricevette conferma dell'incidente al serbatoio di ossigeno. Per tutta la notte migliaia di persone si misero di buona lena a fare calcoli e improvvisare soluzioni pratiche. I tre astronauti poterono fare ritorno sul pianeta grazie a un manipolo di impiegati statali che si occupavano di cose noiosissime come bulloni, ingranaggi e calzini; ciò che li fece tornare sani e salvi non fu un determinato attrezzo, bensì un modo di pensare, il risultato di una comunità composta da impiegati del servizio pubblico unita da un obiettivo comune.

Oggi le persone che si occupano di trovare un rimedio ai problemi del clima sono molte di più. Visto da fuori quello che fanno è noiosissimo, eppure dobbiamo ricordarci sempre che ogni elettricista che sistema e ammoderna l'impianto elettrico di un'abitazione, ogni ragioniere che aiuta a compilare le richieste per ottenere sgravi fiscali dopo aver investito nelle energie rinnovabili e ogni ingegnere che lavora sull'efficienza delle batterie o sull'ecocemento a basse emissioni di CO_2 fanno tutti parte dell'esercito che potrebbe salvare il mondo intero. Ci sono migliaia di persone che stanno affrontando il problema della rimozione del carbonio in modo creativo, con determinazione e umiltà. Queste persone sanno bene che le loro tecnologie potranno funzionare solamente se tutti noi glielo permetteremo. Allo stesso modo, ci sono persone che stanno lavorando sugli aspetti politici, pratici, logistici, edilizi e botanici; sono persone che fanno il loro lavoro con dedizione e competenza. Voglio molto bene a questo gruppo di professionisti invisibili e sottovalutati che stanno difendendo il pianeta. Saranno anche i supereroi più noiosi che si siano mai visti, ma sicuramente sono i più efficaci. Alcuni li conosco di persona, e la loro amicizia mi riempie di orgoglio.

Un altro mondo è possibile. Un mondo dove il potere di prendere decisioni sul clima è nelle mani delle persone e non delle multinazionali, delle aziende o dei miliardari. Un mondo in cui le emissioni calano drasticamente e un'alleanza tra vecchi alberi e nuove tecnologie rimuove l'anidride carbonica rimasta in circolo. Un mondo in cui gli scienziati più curiosi riducono l'energia del sole esclusivamente all'interno dei modelli climatici che girano sui loro computer, sapendo che non dovranno mai ricorrere a tali soluzioni estreme nel mondo reale. Un mondo in cui le emissioni residue che si sono accumulate nel corso del tempo vengono completamente rimosse e il clima viene finalmente restituito alla condizione che ha avuto per la maggior parte della storia umana.

Questa storia non è inevitabile; anzi, a essere sincera non è nemmeno così probabile. Eppure c'è un futuro potenziale dal quale possiamo guardare al passato non con arroganza o umiltà ma con l'orgoglio di chi sa di aver fatto un ottimo lavoro.

8.
Speranza

«Un altro mondo non solo è possibile, ma sta già arrivando.
Quando c'è silenzio riesco a sentirne il respiro».
Arundhati Roy, *Guida all'impero per la gente comune*[1]

Quand'era più piccolo, il maggiore dei miei figli si fidava ciecamente degli altri, e in passato ho approfittato della sua candida ingenuità per rifilargli una sfilza di bugie senza alcuna vergogna. Dai ponti dei traghetti di New York diretti lungo l'East River o verso la penisola di Rockaway indicavo creature marine immaginarie. Ogni spruzzo d'acqua era un calamaro gigante, le boe galleggianti diventavano squali martello e i rifiuti a mollo si trasformavano nelle sommità visibili di immense barriere coralline sottomarine. Un tempo vedevamo centinaia di balene: megattere, balenottere e balene franche affioravano davanti ai nostri occhi increduli come placide macchie incrostate d'azzurro prima di svanire nelle profondità dell'oceano. Poi arrivò la pandemia e per un po' di tempo non ci furono più né traghetti né avventure, solo continui richiami a stare fermi da parte della maestra dell'asilo rivolti a lui e ai suoi amici racchiusi in riquadri sfocati sullo schermo. Una volta cresciuto, mio figlio smise di credere a tutto quello che gli raccontavo; d'altra parte aveva validissimi motivi per farlo, visti i miei trascorsi di bugiarda incallita. Fu allora che decisi di comprare due biglietti e di imbarcarci per andare alla ricerca di quegli animali un tempo fantastici. Dopo un'ora di spruzzi, di boe e di spazzatura alla deriva vedemmo un portentoso soffio d'aria e una spruzzata di goccioline: era una balena in carne e ossa! Tutti i passeggeri si precipitarono da un lato, urlando per l'emozione, e la nave si inclinò leggermente. Mio figlio si unì al coro, e per la prima volta dopo un anno intero la sua voce risuonò vibrante di stupore, trionfo e speranza in mezzo a tutta quella gente.

Ma davvero abbiamo qualche speranza? Questa è la domanda che invariabilmente i giovani spaventati del futuro e gli anziani disperati mi pongono più di ogni altra. So benissimo perché: siamo circondati dal cumulo crescente delle rovine causate dal cambiamento climatico, nell'indifferenza totale dei nostri governi e persi tra politici ostili oppure incapaci. Non c'è più alcuna speranza di *prevenire* il cambiamento climatico: è già qui. Oggi la temperatura globale è 1,1 °C più calda di quanto non fosse prima della Rivoluzione industriale.[2] Non possiamo aspettarci né il lieto fine delle favole né una conclusione moderatamente felice. In queste circostanze è difficile aggrapparsi alla speranza, e tra il caos che vedo nei notiziari o che osservo fuori dalla mia finestra a volte la sento scivolare via.

Nessun problema. Lasciate pure ogni speranza, perché abbiamo dalla nostra qualcosa che è di gran lunga migliore della speranza: la *certezza*. Siamo più sicuri che i gas serra stiano riscaldando il pianeta di quanto non lo siamo riguardo al fatto che il fumo provoca il cancro. Non c'è alcun mistero in gioco, nessuna forza sovrannaturale, nessun asteroide che sta sfrecciando verso la Terra e che non possiamo fermare in alcun modo. Sappiamo che i gas serra causano il cambiamento climatico; per bloccare il riscaldamento del pianeta basta semplicemente smettere di emetterli.

La scienza non ha alcun dubbio riguardo a ciò che occorre fare. Investire sulle energie rinnovabili, costruire linee di trasmissione per trasportare l'energia dove c'è più bisogno e fabbricare batterie per immagazzinare questa energia sono tutte azioni che nel loro insieme limiterebbero il ricorso ai combustibili fossili. Ancora, smettiamo di riscaldarci e cucinare con carburanti inquinanti. Impariamo a produrre cemento, plastica e acciaio senza dover emettere anidride carbonica. Sostituiamo le automobili a benzina con veicoli elettrici, un trasporto pubblico migliore e città a misura di pedone. Prendiamoci cura della nostra terra e scegliamo di mangiare meno carne bovina. La lista di cose da fare è molto impegnativa: *costruiamo*, *smettiamo*, *impariamo*, *sostituiamo*, *prendiamoci cura* e *scegliamo*. «Speriamo» non è contemplato.

Un giorno i miei figli diventeranno abbastanza grandi da capire il motivo per cui il mondo sta cambiando. Il più grande mi sta già facendo domande in merito: perché la mia scuola si è allagata? Potrò mai vedere una barriera corallina? Com'è possibile che gli adulti abbiano permesso che tutto ciò accadesse? Sta cominciando a rendersi conto della gravità della situazione. Cerco di rassicurarlo per quel che posso. Gli parlo di chi sta facendo qualcosa di utile, gli dico che quando sarà grande anche lui dovrà dare il suo contributo e lo sostengo dicendogli che sono certa che sarà in grado di farlo in modo esemplare. Non gli dico quasi mai che spero che le cose si sistemeranno – gli dico solo che *possono* migliorare. Quando è ora di andare a letto leggiamo storie di eroi e di mostri, di avventure e di imprese impossibili che contro ogni previsione diventano possibili. Gli dico che per fermare il cambiamento climatico dovremo fare cose che nessun essere umano ha mai fatto prima. D'altra parte, non è questa l'essenza di qualunque avventura degna di essere raccontata?

C'era una volta una balena che dava energia al mondo intero. L'olio prodotto a partire dal grasso delle balene, meno denso e meno viscoso dell'olio di oliva, scorreva molto bene e bruciava in modo pulito. Nonostante emanasse un lezzo di pesce, per qualche tempo fu il combustibile migliore di sempre. Per venire incontro alla domanda crescente di questo bene prezioso le balene furono sterminate su scala industriale, e portate a un passo dall'estinzione. Il grasso per il quale venivano massacrate rendeva le loro morti lunghe e brutali. Per sfiancarle, i balenieri perforavano la loro pelle spessa con degli arpioni; una volta agganciati, i cetacei in preda al dolore trascinavano le lance in alto mare per ore, diventando sempre più deboli. La morte vera e propria arrivava a distanza ravvicinata tramite le fiocine lanciate ripetutamente dalle scialuppe, fino a quando una lama perforava i polmoni del leviatano ferito. Il sangue che sgorgava dallo sfiatatoio era il segnale che la battuta di caccia si era conclusa. Per smembrare la carcassa intervenivano altri attrezzi, tra i quali lunghi pelapatate per rimuovere la pelle e spatole speciali per estrarre il grasso. Al termine dell'operazione un essere vivente che era in grado di cantare, di nuotare e persino di amare in un modo che è di fatto inconcepibile diventava un cadavere pieno di grasso da macellare e da sciogliere.

Poi scoprimmo che l'olio poteva anche essere estratto dal *suolo*. Le lampade un tempo alimentate dal grasso fuso dei cetacei furono rapidamente sostituite da lampade che funzionavano a cherosene.[3] In seguito, il cherosene fu rimpiazzato dalle lampadine elettriche, e invece di bruciare combustibile in ogni singolo punto luce si cominciò a bruciarlo in centrali elettriche poste a chilometri di distanza – e questa è la situazione nella quale ci troviamo oggi.

Quando un combustibile fossile brucia rilascia energia, e questa energia porta l'acqua a ebollizione; il vapore così prodotto fa girare una turbina la quale, a sua volta, genera elettricità. Dire che si tratta di un processo inefficiente al limite del comico è un eufemismo. La quantità di materiale richiesta è enorme: più di otto miliardi di tonnellate di carbone e addirittura quattro milioni di miliardi di metri cubi di gas naturale ogni anno. Dal punto di vista chimico, è ovvio che bruciare tutto questo combustibile fossile produce un accumulo spaventoso di anidride carbonica nell'atmosfera. La cosa peggiore è che il gas naturale è costituito in gran parte da metano, un composto chimico che ha una vita più breve rispetto all'anidride carbonica ma che è ottanta volte più potente di quest'ultima. Circa un quarto delle emissioni annuali di gas serra proviene dai combustibili fossili usati per produrre elettricità.[4]

Per avere anche solo la benché minima speranza di limitare il riscaldamento globale questa situazione deve cambiare. Le centrali elettriche alimentate a carbone e a gas devono essere chiuse e sostituite da sistemi di produzione energetica a zero emissioni di carbonio.[5] In quanto alle alternative più sostenibili non abbiamo che l'imbarazzo della scelta. L'acqua si comporta allo stesso modo, indipendentemente dalla fonte di calore: bolle sempre e comunque. I reattori nucleari a fissione[6] (o magari prossimamente quelli a fusione, capace di riprodurre su scala minore i processi solari) possono portare l'acqua a ebollizione senza alcuna emissione di CO_2. Anche il calore proveniente dalle profondità della Terra è una fonte di calore praticamente inesauribile. I paesi più fortunati come l'Islanda oggi si affidano quasi interamente all'energia geotermica,[7] e nuove tecnologie potrebbero presto consentirci di sfruttare questa risorsa ovunque. Potremmo perfino saltare del tutto il passaggio dell'acqua bollente e arrivare direttamente agli elettroni. Le turbine eoliche trasformano l'energia cinetica del vento in energia meccanica grazie alla rotazione delle loro pale, che può essere poi convertita direttamente in elettricità. I pannelli fotovoltaici sono composti da materiali che rilasciano elettroni quando vengono colpiti dai fotoni della luce solare, e pertanto sono in grado di offrire la conversione più diretta possibile da energia a elettricità.

Anche con tutte queste opzioni a disposizione, la mole di cose da fare è semplicemente esorbitante: solo negli Stati Uniti sarebbe necessario installare fino a trenta volte la capacità attuale di impianti eolici e solari,[8] costruire fino a duecentocinquanta nuove grandi centrali nucleari e chiudere migliaia di centrali a carbone e gas. Sarebbe necessario poter disporre di sistemi di accumulo per immagazzinare l'energia in eccesso e di nuovi metodi per gestirne la distribuzione. Inoltre, produrre elettricità è più semplice che farla arrivare dove ce n'è più bisogno. Attualmente, negli Stati Uniti c'è più energia pulita in attesa di essere collegata alla rete elettrica di quanta non ce ne sia già disponibile, indipendentemente dalla fonte.[9]

La transizione all'energia pulita sarà difficile ma non impossibile. In parte il cambiamento sta già avendo luogo. Le tecnologie che si basano sull'energia rinnovabile sono diventate affidabili, di buona qualità e a buon mercato, tutte caratteristiche essenziali per potersi diffondere in modo capillare. Eolico e fotovoltaico, assieme alle batterie per compensare le discontinuità dell'approvvigionamento energetico, stanno diventando sempre meno cari. Nell'ultimo decennio il costo dell'eolico *offshore* è crollato del 70%, mentre l'energia solare ha visto un abbassamento dei costi di quasi il 90%.[10] L'adozione delle energie rinnovabili si sta diffondendo a un passo che nessun commentatore aveva potuto prevedere.[11] Se mi aveste detto cinque anni fa che la transizione energetica sarebbe stata così veloce non vi avrei mai creduto. Da questo punto di vista, la situazione è persino migliore di quanto potessi mai sperare. Finalmente qualcosa si muove, ma occorre essere più veloci. So che possiamo farcela: lo abbiamo già fatto.

Fino a oggi, il tempo trascorso tra l'invenzione del cherosene nel 1846 e la sua diffusione veniva considerato come espressione della transizione energetica più rapida mai avvenuta nella storia dell'umanità.[12] Dopo aver alimentato i primissimi stadi della Rivoluzione industriale, il grasso liquefatto dei cetacei fu rimpiazzato rapidamente da una fonte di energia più facile da produrre e meno cara. Non fu però il petrolio a salvare la pelle delle balene.[13] In assenza di una legislazione adeguata, l'industria basata sulla caccia ai giganti del mare continuò il massacro senza alcuna remora. L'olio prodotto dalle balene era ancora utile per svariati impieghi e le vite dei cetacei erano ritenute prive di alcun valore, se non quello meramente economico. Le balene morte venivano usate per ammorbidire il cuoio, per lubrificare i meccanismi di vari macchinari e per mitigare gli effetti della malattia nota come *piede da trincea* durante la Prima guerra mondiale. Quando pensiamo alla caccia alle balene ci viene in mente l'epoca vittoriana, ed è facile immaginarci questa industria come un relitto ottocentesco sparito da tempo assieme ai corsetti e alla categoria professionale dei lampionai. Eppure, all'inizio del XX secolo i balenieri uccidevano più di milleseicento cetacei ogni anno.[14] Nonostante il progresso tecnologico e l'adozione del cherosene a livello globale, non solo le stragi continuarono senza sosta ma addirittura aumentarono. Nel 1964, mentre i Beatles partivano per il loro tour mondiale e tre cosmonauti sovietici venivano lanciati nell'orbita terrestre, le balene uccise ammontarono a *ottantamila*. Ancora nel 1975 la General Motors accusava con malcelata stizza l'Endangered Species Act per i malfunzionamenti alle trasmissioni delle sue automobili.[15] Il lubrificante per il cambio automatico era infatti composto dallo spermaceti dei capodogli, e l'azienda non riusciva a trovare un'alternativa equivalente.[16]

I branchi di balene che oggi nuotano negli oceani non devono la loro esistenza ai progressi prodotti dal capitalismo e al libero mercato. La sopravvivenza delle balene è dipesa da molti fattori, ma uno dei motivi principali è che la gente ha scelto di smettere di cacciarle. La Commissione internazionale per la caccia alle balene fu istituita nel 1946 per regolamentare l'accesso alle popolazioni di cetacei e per «rendere possibile uno sviluppo controllato dell'industria baleniera».[17] Quest'organo disciplinare cercò di imporre delle quote e di indirizzare il settore verso una maggiore sostenibilità commerciale. Questi obiettivi si rivelarono di difficile raggiungimento e alla fine la Commissione si trovò costretta a emettere una moratoria sulla caccia ai cetacei. Alcuni paesi membri se ne andarono sbattendo la porta sdegnati, altri si erano persino rifiutati di prendere parte all'iniziativa. Tuttavia, dopo che la moratoria entrò in vigore nel 1982, la domanda di prodotti derivati dalle balene crollò in tutto il mondo. Oggi non conosco nessuno che mangi carne di balena; nessuna abitazione viene illuminata grazie al grasso liquefatto di balena e tutti i bambini sanno che le balene cantano, anche se le hanno sentite solo alla televisione. Nel 2018 la Commissione ha dichiarato che il suo obiettivo non era più la difesa dell'industria baleniera, ma la protezione delle balene stesse.[18] La transizione era completa.

Questa è una storia a lieto fine, o almeno una storia con un finale meno tragico di quanto ci si sarebbe potuti aspettare. È anche un racconto con una morale: dobbiamo fare in modo che le centrali elettriche alimentate a carbone e a gas facciano la stessa fine dell'olio di balena. Se volete davvero cambiare il mondo è utile avere a disposizione un'alternativa a portata di mano. Le persone hanno inventato le ferrovie per sostituire le carrozze trainate da cavalli, l'elettricità per rimpiazzare le macchine a vapore e il petrolio di origine minerale per soppiantare l'olio di balena, e il mercato – la grande mano invisibile teorizzata da Adam Smith – ha poi garantito che queste innovazioni prendessero piede. Adesso la mano invisibile ci offre eccellenti alternative ai combustibili fossili: eolico e fotovoltaico sono i mezzi più economici che siano mai esistiti per produrre elettricità. Queste tecnologie sono anche semplicemente migliori sotto molti aspetti. A differenza delle centrali che funzionano a carbone e a gas, non inquinano l'aria circostante e i loro combustibili sono naturalmente abbondanti e gratuiti.

Tuttavia, da questa storia possiamo trarre anche un'altra lezione: i mercati possono anche produrre incentivi molto potenti, ma da soli non sono sufficienti. I mercati hanno trovato nel cherosene e nel gas un'alternativa valida all'olio di balena, ma la caccia alle balene è aumentata comunque. Ci è voluto un divieto ufficiale per salvare le balene. Non basta avere una mano, che sia invisibile o meno. Dobbiamo decidere come usarla.

In un bel giorno di dicembre il cielo di Londra si tinse d'un arancione brillante. Di primo acchito nessuno ci fece caso più di tanto. Faceva freddo, è vero, ma freddo e nebbia sono la norma per l'Inghilterra. Inoltre, gli inglesi bruciano carbone per scaldarsi almeno dal Medioevo, e a partire dalla Rivoluzione industriale le fabbriche avevano cominciato a eruttare senza sosta fumi maleodoranti nell'aria. Quando una spessa foschia giallognola o verdognola scendeva sulla città i londinesi si limitavano a fare spallucce e a chiamare il nebbione di smog *pea-souper*, o «zuppa di piselli». Pertanto, quando il 5 dicembre 1952 il cielo si fece arancione ben pochi si allarmarono. La mattinata era trascorsa serena e soffiava una brezza leggera. L'autunno era stato molto freddo e le famiglie si stringevano attorno ai loro camini alimentati a carbone di pessima qualità. Un anticiclone proveniente da nord-ovest si stabilì sopra la città provocando un'inversione termica e intrappolando l'aria calda e meno densa al di sopra del suolo gelido. Il fumo derivante dal carbone usato per il riscaldamento si combinò con il vapore acqueo in condensazione e il risultato fu una nebbia velenosa. Il cosiddetto *Grande Smog* del 1952 fu un evento alquanto bizzarro, persino per gli standard della nebbia londinese.[19] Gli automobilisti non riuscivano a vedere la strada e le automobili avanzavano a passo di lumaca. Il bestiame presso il mercato di Smithfield moriva seduta stante dopo aver respirato l'aria fetida. Gli abitanti dell'Isle of Dogs, una penisola nell'East End londinese, non riuscivano nemmeno a vedersi la punta dei piedi. Gli ospedali cominciarono a riempirsi di gente boccheggiante e ansimante. Quando lo smog cominciò a ritirarsi quattro giorni più tardi i morti ammontarono a quattromila. Nei giorni successivi il numero aumentò a dismisura. Secondo le stime attuali le vittime furono più di dodicimila.

Oggi le reazioni immediate al Grande Smog ci suonano purtroppo familiari: negare i fatti, dilazionare gli interventi e offuscare le cause. Un'inchiesta tentò perfino di far ricadere la colpa delle morti in eccesso su un'inesistente epidemia di influenza.[20] L'indignazione popolare e i reportage giornalistici fecero breccia nel parlamento inglese e riuscirono a mettere in moto una riforma lenta ma inesorabile. Una commissione diretta da Sir Hugh Beaver fu incaricata di investigare l'origine del problema che affliggeva la capitale inglese. Il gruppo di lavoro identificò nel carbone il colpevole, e in particolare nella diffusa ed economica miscela di pezzi e polvere di carbone nota in inglese come *nutty slack*.[21] Il problema proveniva dalle abitazioni dei londinesi.

Molte cose da allora sono cambiate, e molte sono rimaste le stesse. L'inquinamento fuoriesce dagli edifici nei quali viviamo e lavoriamo. Al piano terra del condominio dove vivo c'è un boiler che brucia gas fossile «naturale» per riscaldare l'acqua. Ogni qual volta mi lavo la faccia o faccio la doccia l'edificio rilascia un po' di anidride carbonica nell'atmosfera, e il cambiamento climatico peggiora. Durante l'inverno il boiler pompa acqua calda fino ai termosifoni del mio alloggio. Il mio condominio è solamente uno tra milioni di strutture simili presenti nella città di New York, e la maggior parte di queste vengono riscaldate bruciando gas. Molti appartamenti usano il gas anche per cucinare, e così fanno i ristoranti e le case singole. New York non è l'unica città al mondo: quasi tutti viviamo all'interno di un qualche tipo di edificio e la maggior parte di questi edifici rilascia gas serra. Dove fa freddo, i gas serra vengono emessi da boiler alimentati a gas e da termosifoni simili a quelli presenti nel mio condominio. Dove invece fa caldo, i gas serra provengono solitamente dalla legna bruciata e dalla carbonella usata per le stufe da cucina. A livello globale, il 6% di tutte le emissioni ha origine all'interno delle abitazioni,[22] e questo senza nemmeno considerare l'elettricità utilizzata per illuminare o per raffreddare queste strutture, solitamente prodotta in centrali elettriche lontane dal luogo dove si abita.

Per ridurre le emissioni di questi edifici dobbiamo ridurre l'energia che viene consumata al loro interno e differenziarne la produzione. Per prima cosa, una buona coibentazione termica[23] unita a vetri e infissi a elevate prestazioni[24] può giocare un ruolo importante nella riduzione del calore necessario per riscaldare le abitazioni. Un terzo dell'umanità brucia legname, carbonella o gli scarti del raccolto per cuocere il cibo, emettendo fumo e fuliggine oltre all'anidride carbonica.[25] Sostituire questi metodi con sistemi più puliti e con fornelli da cucina più efficienti potrebbe ridurre le emissioni di gas serra e allo stesso tempo contribuire a salvare vite umane. Nei paesi dove il reddito pro capite è più alto la sostituzione dei fornelli a gas con piani di cottura elettrici o a induzione migliorerebbe anche la qualità dell'aria e azzererebbe le fughe di gas; ancora, pompe di calore di ultima generazione potrebbero rimpiazzare boiler e radiatori pericolosi, inaffidabili e costosi.[26] Nel mondo industrializzato ciò richiederebbe la sostituzione completa dei sistemi di controllo della temperatura attualmente esistenti all'interno degli edifici. Un'operazione scoraggiante, ma per fortuna c'è un precedente: una storia che ci mostra chiaramente che il mondo può davvero cambiare perché è già cambiato.

Passato il Grande Smog del 1952, i politici che facevano parte del governo conservatore inglese avevano cominciato a dare in escandescenze. Non tanto per il terribile evento in sé, quanto per il fatto che la commissione presieduta da Beaver aveva raccomandato lo stop all'uso del carbone di scarsa qualità e ricco di anidride solforosa. L'Inghilterra possedeva in abbondanza carbone di alta qualità capace di bruciare producendo molto meno fumo, ma si trattava di un prodotto destinato all'esportazione per pagare i debiti contratti durante la Seconda guerra mondiale. La nazione reduce dai bombardamenti tedeschi stava ancora faticando a riprendersi, e le raccomandazioni caldeggiate dalla commissione che prevedevano di destinare il carbone più pulito e di elevata qualità al mercato interno rischiavano seriamente di compromettere l'economia del paese. Peggio ancora, secondo alcuni rappresentanti del governo inglese queste raccomandazioni minavano alla base le libertà individuali per cui il paese aveva a lungo combattuto. Secondo costoro, dire alle famiglie cosa fare dentro le loro case rappresentava un abuso tirannico. Tutto lasciava intendere che il governo avrebbe ignorato le raccomandazioni proposte dalla commissione.

Tuttavia, il governo non aveva fatto i conti con Sir Gerald Nabarro, un parlamentare conservatore fatto e finito: magnifici baffoni a manubrio, ostentazione del miglior accento dell'alta società e motto personale in latino.[27] Per quanto possa sembrare incredibile, tutta questa affettazione non era nient'altro che una sceneggiata. In realtà, Nabarro era il figlio di un negoziante fallito che aveva lasciato la scuola a quindici anni per arruolarsi nella marina mercantile e che era diventato parlamentare dopo essere riuscito in qualche modo ad accumulare una considerevole fortuna. Nabarro, una persona ignorante, sputasentenze e bigotta, era una presenza fissa nelle riviste scandalistiche inglesi dell'epoca grazie all'entusiasmo che nutriva per la pena di morte e per la sua opposizione a sesso, droga e a tutta la modernità in generale. Quando Nabarro fu colto in flagranza di reato mentre guidava contromano la sua lussuosa automobile (con tanto di targa personalizzata «NAB 1»), perdipiù in una rotatoria e a velocità elevata, non esitò neppure un momento prima di incolpare la sua segretaria di guida spericolata (che era invece seduta terrorizzata al suo fianco).[28] Ovviamente nessuno gli credette, ma Nabarro riuscì a cavarsela finendo con l'essere assolto in appello.

In generale Sir Gerald sembra essere stato il prototipo dell'uomo ricco sfondato, falso, moralmente riprovevole e snob al quale non si applicano le leggi del volgo. Eppure la storia procede in modi misteriosi, e talvolta può persino capitare che pessimi soggetti diventino il mezzo attraverso il quale si compie il bene collettivo. Il momento fatidico ebbe luogo nel 1956, quando Sir Gerald si stufò dell'aria irrespirabile di Londra. Come fece notare egli stesso, l'inquinamento infastidiva i nobili da secoli. Nel 1257 un cronachista riportò che la regina Eleonora di Provenza dovette lasciare Nottingham «a causa dei fumi e della sgradevole atmosfera» dovuta al carbone usato come combustibile per il riscaldamento domestico. Era ora che il governo, con colpevole ritardo, facesse qualcosa. D'altra parte, notò Sir Gerald con malcelata ironia british, «gli studiosi che si occupano dei processi parlamentari noteranno senza dubbio che un intervallo di 698 anni non è altro che normalissimo progresso».[29] La storia stessa dimostrava che il cambiamento era a portata di mano. Nel 1306 un'ordinanza reale vietò la combustione del carbone di scarsa qualità nella città di Londra,[30] e le cronache registrarono la condanna a morte di almeno un trasgressore. Il disegno di legge proposto da Nabarro introduceva grosso modo gli stessi parametri a eccezione delle esecuzioni capitali dei bifolchi, con sommo dispiacere di Sir Gerald, e riuscì a trovare ampi consensi da parte di tutto lo spettro politico. Imbarazzato da questi sviluppi imprevisti, il governo cercò di correre ai ripari proponendo una sua legislazione ad hoc volta a rendere obbligatorio l'uso di combustibili non fumogeni per il riscaldamento domestico.[31] La legge fu approvata nel 1956.

Per quanto il Clean Air Act («Legge sull'aria pulita del Regno Unito») fosse chiaramente il risultato della pressione esercitata congiuntamente dalla commissione presieduta da Beaver, dall'eccentrico parlamentare conservatore Nabarro e dalla maggior parte dei medici inglesi, in realtà Londra fu salvata dai londinesi. La politica diede loro una mano, ma alla fine tutto ricadde sulle spalle dei singoli cittadini che scelsero di sostituire le loro caldaie e i loro boiler inquinanti. Nel decennio successivo all'approvazione della legge l'inquinamento diminuì drasticamente, e da allora ha continuato a calare per oltre sessant'anni.[32] Questo incredibile miglioramento è in parte il risultato dell'innovazione tecnologica che ha permesso la diffusione del riscaldamento centralizzato.[33] Tuttavia, il riconoscimento dell'importanza dell'aria pulita, l'azione decisiva del governo nell'imporre l'uso di combustibili non fumogeni, il crescente interesse scientifico per lo studio dell'inquinamento, la pressione costante dell'opinione pubblica e, soprattutto, il comportamento quotidiano dei londinesi determinarono un cambiamento che, sebbene non perfetto, fu comunque rivoluzionario. Può capitare che l'aria di Londra sia ancora grigia, torbida e persino sporca, ma quella fatale sfumatura di arancione dell'inverno del 1952 è per fortuna solo un brutto ricordo.

Quattro anni prima del Grande Smog di Londra un'altra inversione termica aveva colpito Donora, una cittadina statunitense di quattordicimila anime a meno di un'ora di macchina da Pittsburgh.[34] La maggior parte degli abitanti di Donora lavorava negli stabilimenti siderurgici e nelle fonderie di zinco sulla riva occidentale del fiume Monongahela. Le inversioni termiche non erano una novità, così come non lo erano gli episodi di smog, ma questa volta l'evento si prolungò per giorni interi.[35] L'aria intrappolata, densa e dall'odore rugginoso, era pregna di sostanze nocive provenienti dagli stabilimenti industriali. Non c'era alcuna via di fuga: chiunque si fosse avventurato per le strade avvolte in uno smog impenetrabile avrebbe cominciato a sentirsi soffocare e a vomitare. Seimila persone si ammalarono, seicento furono ricoverate e venti morirono.[36] Il bilancio delle vittime sarebbe stato di gran lunga peggiore se una tempesta non fosse fortunosamente intervenuta a dissipare la nebbia mefitica durante la notte di Halloween.

L'acciaieria di Donora rimase vittima di congiunture macroeconomiche negative e dovette chiudere i battenti negli anni sessanta del secolo scorso. La domanda mondiale di acciaio ha però continuato a salire, e oggi è ai massimi livelli mai registrati: nel 2020 sono stati utilizzati più di duecentoventicinque chilogrammi di acciaio per ogni persona sulla Terra.[37] La domanda di acciaio è destinata a salire man mano che la transizione energetica avanza: i piloni e le turbine di cui abbiamo bisogno saranno di acciaio, e così anche i tralicci, i veicoli elettrici, le rotaie e innumerevoli altri oggetti e prodotti. Sfortunatamente l'industria siderurgica è una fonte rilevante di emissioni di gas serra. Assieme agli altri metalli industriali l'acciaio è responsabile per più del 5% delle emissioni di gas serra a livello globale. Anche gli altri processi industriali contribuiscono al cambiamento climatico: la produzione di cemento è responsabile di più del 2,5% delle emissioni globali,[38] e la fabbricazione dei vari tipi di plastica concorre anch'essa alla produzione di gas serra. Queste lavorazioni industriali contribuiscono alla produzione di un quarto di tutte le emissioni globali e sono particolarmente difficili da decarbonizzare.[39] Qui non si tratta di cambiare le fonti di energia utilizzate nel processo di produzione: è il modo stesso in cui questi prodotti vengono realizzati a rilasciare gas serra anche quando non viene bruciato alcun combustibile. Il cemento rilascia anidride carbonica per sua stessa natura: la sua produzione prevede il riscaldamento di calcare macinato e argilla, un processo che converte il calcio carbonato presente nel calcare in calce e CO_2. Lo stesso avviene con l'acciaio, e per questo motivo l'industria siderurgica tradizionale non può essere decarbonizzata con il semplice passaggio a fonti energetiche rinnovabili. Anche se smettessimo di bruciare combustibili fossili domani stesso, questi processi industriali continuerebbero a costituire una fonte problematica di emissioni di gas serra.

Per rendere più pulito l'intero settore manifatturiero il mondo ha bisogno di inventare nuovi modi per creare oggetti senza emettere gas serra, trovare nuove alternative oppure, e questo è un punto fondamentale, ridurre la domanda. Plastica e imballaggi usa e getta sono ovviamente il punto di partenza: una parte rilevante della plastica prodotta oggi finisce nella spazzatura subito dopo l'uso.[40] Borse e bicchieri riutilizzabili non risolveranno il problema; è necessario piuttosto andare alla radice e trovare delle alternative. Dobbiamo incentivare il riciclo dell'acciaio oppure inventare un modo per produrlo tramite elettricità o idrogeno; dobbiamo essere in grado di catturare il carbonio emesso da quei processi industriali che nessuno sa come decarbonizzare e trovare poi il modo per smaltirlo efficacemente.

Di fronte a sfide di questa portata, appare evidente che decarbonizzare i settori dell'energia e dell'edilizia sia un compito relativamente più semplice. Dopo tutto, sappiamo già come costruire turbine eoliche e pannelli fotovoltaici; allo stesso modo, sappiamo bene come installare pompe di calore e piani di cottura a induzione. Quello che non sappiamo è come decarbonizzare gran parte dell'industria o, perlomeno, non sappiamo ancora come decarbonizzarla in modo economicamente conveniente. Trovare un modo per farlo in fretta deve diventare un obiettivo fondamentale.

Qualunque cosa decidiamo di fare dovrà dare vita a una nuova stagione di azione climatica verso la metà del XXI secolo: gli investimenti nella ricerca, il dispiegamento di strutture e personale e l'espansione e il potenziamento delle tecnologie esistenti rappresentano le prime increspature sulla superficie del sistema di produzione che dovranno crescere fino a trasformarsi in un'ondata di azioni concrete. Il progresso si giocherà strategicamente a lungo termine, in una catena di piccole ottimizzazioni capaci di condurre a innovazioni man mano più efficienti, fino a quando non avremo auspicabilmente a disposizione qualcosa di radicalmente differente e di migliore.

Per quanto possa essere lento, anche il progresso ha conosciuto i suoi momenti di accelerazione improvvisa. Negli anni cinquanta e sessanta del secolo scorso, l'accumulo di tanti piccoli passi spronò gradualmente gli Stati Uniti a correre verso un traguardo molto importante. Il disastro ambientale di Donora forzò la mano all'allora presidente Harry Truman, il quale decise di convocare la prima conferenza nazionale sull'inquinamento. Nel 1955 il Congresso degli Stati Uniti approvò una legge ancora rudimentale a tutela della qualità dell'aria; per quanto fosse inefficace, carente di fondi e priva di mezzi efficaci per rendere obbligatorie le disposizioni in materia, si trattò comunque di un passaggio rivoluzionario per l'epoca.[41] L'inquinamento, infatti, non era più considerato un problema isolato e limitato alle discussioni tra privati cittadini; al contrario, da quel momento in poi cominciò a essere trattato come una minaccia per l'economia e per la salute pubblica. Il Chirurgo generale degli Stati Uniti fu autorizzato a investigare le fonti di inquinamento atmosferico, e nel 1963 il governo autorizzò la ricerca di soluzioni al problema.[42] Questi progressi lenti ma costanti culminarono negli eventi legati all'*Earth Day* (la «Giornata della Terra») del 1970, quando milioni di cittadini statunitensi si riversarono per le strade allo scopo di reclamare a gran voce aria e acqua pulite.[43] Quando abbiamo ricordato il decisivo intervento di Sir Gerald Nabarro in merito al Grande Smog di Londra, abbiamo avuto la migliore dimostrazione del fatto che pessimi soggetti possono talvolta finire col combinare qualcosa di buono. Eppure, se paragonato a Richard Nixon, il politico statunitense che dovette capitolare di fronte alla pressione dei cittadini e finì per istituire l'Agenzia per la protezione dell'ambiente (Environmental Protection Agency, o EPA) e per approvare il Clean Air Act del 1970, Nabarro era praticamente un santo.

Oggi milioni di persone sono vive grazie a quella legge. L'inquinamento atmosferico uccide animali, piante, persone e interi ecosistemi. Vivere in un luogo inquinato è peggio che bere alcolici, avere rapporti sessuali non protetti e mangiare cibo ultraprocessato. Si stima che l'aria inquinata contribuisca a provocare l'11% dei morti a livello globale.[44] Le polveri sottili sono molto pericolose se le singole particelle che le compongono diventano abbastanza piccole da poter essere inalate durante la respirazione. Il particolato più grande si può accumulare nelle vie aeree superiori (parliamo in primo luogo di polvere, sabbia, fumo di incendi e polline); il particolato più fine finisce invece per depositarsi in profondità nei polmoni e tendenzialmente proviene dall'uso dei combustibili fossili. Quando viene bruciato, lo zolfo presente nel carbone e nel petrolio viene emesso come anidride solforosa (SO_2); da qui proviene l'odore acre di un fiammifero appena acceso. Le reazioni chimiche che hanno luogo nell'atmosfera convertono poi l'anidride solforosa in aerosol di solfato il quale, oltre a far parte delle polveri sottili, contribuisce anche alle piogge acide. La versione aggiornata dello statunitense Clean Air Act promulgata nel 1990 ordinò la riduzione significativa delle emissioni di anidride solforosa, e oggi i livelli di questo composto chimico negli Stati Uniti sono diminuiti di più del 90%, facendo così crollare anche la frequenza delle piogge acide.[45]

Il fatto che nel passato possiamo sempre trovare un certo numero di sviluppi positivi non significa che questi possano ripetersi anche in futuro; tuttavia, ritengo che celebrare le vittorie, anche quelle parziali, sia sempre cosa buona e giusta. Ricordo che da piccola ero terrorizzata al pensiero delle piogge acide, e mi chiedevo come fosse possibile che gli adulti stessero facendo così poco per trovare una soluzione. Ora mi rendo conto che gli adulti, in realtà, hanno fatto la loro parte e che c'era un piccolo esercito invisibile di scienziati, funzionari, consulenti legislativi, attivisti, avvocati e altri esperti impegnati a garantire il mio diritto alla salute. A mia volta sono diventata una di quegli adulti impegnati in sfide apparentemente impossibili e che lottano per rendere il pianeta un luogo migliore per le prossime generazioni – e per i miei bambini. Io non *spero* mai di vincere questa battaglia; io *so* che dobbiamo vincere.

Sulla cima di una collina in una tranquilla zona residenziale alla periferia di Columbus, in Ohio, sorgeva un tempo una dimora imponente.[46] I visitatori più fortunati venivano condotti attraverso gli eleganti corridoi in stile coloniale fino a raggiungere una spaziosa sala dedicata a svaghi e divertimenti vari. Il padrone di casa spalancava poi una porta pesante, rivelando così un angusto passaggio rivestito in pietra. Sulla parete era montato un teschio dal ghigno sinistro, e al di sopra del teschio brillava fioca la luce di una candela. Il passaggio portava dritto a un altro passaggio e a un altro ancora, in un dedalo sotterraneo scavato all'interno di un docile pendio poco distante dal fiume Olentangy. Il padrone di casa, l'uomo per cui furono costruiti quei cunicoli, era lo scienziato industriale Thomas Midgley Jr.

Da giovane Midgley amava le caverne e, quando fece ritorno in Ohio dopo una lunga e fortunata carriera, i suoi soldi e l'abbondanza di manodopera a buon mercato durante la Grande Depressione gli permisero di costruire qualcosa di assolutamente straordinario al di sotto della sua elegante residenza: una vera e propria catacomba, una cripta piena di scheletri finti ma costruita e pagata grazie alla morte di persone in carne e ossa.

Midgley aveva fatto fortuna nel settore automobilistico. All'inizio del Novecento guidare un'automobile era un'esperienza alquanto sgradevole: la combustione della benzina provocava degli scossoni così violenti al motore – il cosiddetto «battito in testa» – da far sobbalzare i passeggeri sui loro sedili.[47] Si trattava di un serio ostacolo alla diffusione di questo nuovo mezzo di trasporto: potendo scegliere, chiunque avrebbe preferito farsi sbalzare dal sedile in modo molto più economico e familiare viaggiando nelle tradizionali carrozze trainate da cavalli. Midgley, incaricato di trovare una soluzione a questo problema, scoprì che l'etanolo, una miscela di benzina e dello stesso alcool presente nel vino e nei liquori, poteva eliminare i violenti scossoni del motore a scoppio. Tuttavia l'etanolo non piaceva né alle case automobilistiche né alle compagnie petrolifere: non solo non era possibile brevettare l'alcool, ma la produzione domestica dell'etanolo era alla portata di tutti (e all'apice del Proibizionismo sembrò davvero che chiunque se lo potesse fare in casa). Pertanto Midgley si trovò a dove ricominciare la ricerca da capo. Alla fine riuscì a ideare un'alternativa di gran lunga migliore della precedente – «migliore» per l'industria, s'intende, perché per il resto del mondo fu un disastro senza precedenti. Oggi Thomas Midgley è infatti ricordato come l'uomo che aggiunse il piombo alla benzina.

Dopo aver scoperto un metodo altamente redditizio che potesse essere facilmente brevettato, Midgley assicurò al pubblico e alla comunità scientifica che solamente il piombo poteva prevenire i violenti scossoni causati dal motore delle automobili. Dichiarò inoltre che il piombo era assolutamente sicuro, nascondendo però il fatto che lui stesso aveva ricevuto cure per l'avvelenamento da piombo. La benzina contenente piombo fu commercializzata per la prima volta a Dayton, in Ohio, nel 1923.[48] Negli anni trenta quasi tutta la benzina disponibile negli Stati Uniti conteneva una piccola dose di veleno.

Una volta risolto il problema del «battito in testa» del motore a scoppio, le automobili soppiantarono i cavalli e i veicoli a motore conquistarono il mondo. Oggi quasi tutti i mezzi di trasporto funzionano grazie ai combustibili fossili, e ciò significa che ogni volta che ci spostiamo facciamo del male al nostro pianeta. A livello globale il 14% di tutte le emissioni dei gas serra proviene dal settore dei trasporti.[49] Negli Stati Uniti, dove l'automobile regna sovrana nella vita di tutti i giorni, i trasporti su gomma sono responsabili di quasi un terzo delle emissioni nazionali.[50] Automobili e aerei trangugiano enormi quantità di petrolio ed espellono anidride carbonica nell'atmosfera. Per soddisfare una domanda che sembra insaziabile abbiamo asfaltato aree verdi, trasformato parchi in parcheggi e reso l'economia mondiale dipendente da alcuni dei regimi più brutali della storia. Viene quasi nostalgia dei tempi in cui si viaggiava a cavallo.

Che cosa possiamo fare? I veicoli elettrici rappresentano la soluzione più ovvia: anche prendendo in considerazione la produzione industriale e l'estrazione mineraria del litio, le automobili alimentate a batteria emettono una quantità di gas serra di gran lunga minore rispetto ai loro equivalenti a combustione interna,[51] senza contare che sono anche più silenziose, più pulite in termini di impatto ambientale e, stando a quanto si dice, più divertenti da guidare. Tuttavia, non basta sostituire ogni singola automobile a benzina in giro per le strade con un equivalente elettrico. Dobbiamo anche reclamare una parte degli spazi pubblici che sono stati assegnati alle automobili. Un buon trasporto pubblico, città a misura di pedone e di bicicletta e abitazioni meno distanti tra loro e dai costi più contenuti sono anch'esse parte della soluzione. Ciò detto, ci sono circa 1,5 miliardi di automobili nel mondo, e la stragrande maggioranza è alimentata a benzina o a gasolio: va da sé che debbano essere sostituite con qualcosa di migliore. Un cambiamento di tale magnitudine può sembrare impossibile, eppure il combustibile che alimenta le automobili è già cambiato in passato; non esiste alcuna ragione per cui non possa cambiare di nuovo.

Midgley non era stata la prima persona al mondo a trovare un qualche utilizzo per il piombo; la storia della relazione tra questo metallo e l'umanità è infatti molto lunga. Gli antichi egizi usavano il piombo per smaltare il vasellame; i romani lo usavano per le stoviglie in peltro e per le condutture degli acquedotti. L'argento utilizzato da numerose civiltà per coniare le loro monete proveniva da miniere che contenevano anche piombo. Le bolle d'aria intrappolate nei ghiacci dell'Antartide e della Groenlandia registrano come le fluttuazioni di piombo abbiano seguito da vicino la storia dell'umanità.[52] I livelli più superficiali mostrano un picco di piombo atmosferico che è chiaramente associato alla Rivoluzione industriale. Gli strati sottostanti, invece, registrano le oscillazioni della prima età moderna e del periodo medievale: un calo rilevante coincide con la Guerra dei trent'anni, mentre un vero e proprio tracollo si ha in corrispondenza della peste nera. Il ghiaccio ancora più profondo conserva gli archivi di ottocentomila anni di storia. Strato dopo strato, si risale sempre più indietro nel tempo: ecco sfilare a ritroso epidemie, conflitti, l'ascesa e il declino dei grandi imperi del passato, e via ancora più indietro, fino a superare la peste di Giustiniano, la caduta di Roma, la costruzione di Cartagine e l'espansione dei fenici nel Mediterraneo. Da sempre scaviamo alla ricerca di minerali con i quali costruire infrastrutture, suppellettili e oggetti vari che poi inevitabilmente scordiamo, ma l'atmosfera tiene traccia di tutto e i ghiacci non dimenticano.

Il pianeta è molto più vecchio delle nostre civiltà e della nostra specie, ma anche la sua storia può essere ricostruita seguendo il piombo a ritroso. Prima degli anni cinquanta del secolo scorso il metodo standard per stabilire l'età delle cose era la datazione al radiocarbonio, ma si tratta di un metodo che non funziona con oggetti che sono *molto* vecchi. Dopo qualche decina di migliaia di anni, gli isotopi radioattivi del carbonio decadono completamente senza lasciare nulla da misurare. Per determinare l'età delle rocce antiche era necessario identificare un qualche elemento che avesse un tempo di dimezzamento più lungo. Dopo la Seconda guerra mondiale spettò a Clair Patterson, uno scienziato che aveva fatto parte del Progetto Manhattan, trovare una soluzione a questo problema.[53] Nel corso delle sue ricerche in tempo di guerra, Patterson aveva studiato molto bene un particolare elemento chimico chiamato uranio. L'isotopo radioattivo più comune dell'uranio ha un'emivita molto lunga ma ben delimitata cronologicamente: ogni cento milioni di anni all'incirca l'1,5% di uranio decade e diventa piombo. Patterson comprese che la quantità di piombo contenuta nelle rocce poteva essere sfruttata per stabilirne l'età. Dato che il pianeta deve essere per forza di cose tanto antico quanto le sue rocce più vecchie, questo metodo poteva quindi essere usato per stabilire l'età della Terra.

Patterson e il suo gruppo di ricerca rimasero sconvolti da ciò che si celava all'interno delle rocce. Le loro rilevazioni mostravano livelli impressionanti di contaminazione esterna proveniente dai livelli di fondo di piombo presente nell'atmosfera, tanto da rendere necessaria la costruzione di un laboratorio ermeticamente sigillato (la prima camera bianca, o laboratorio pulito, del mondo) per poter riuscire a datare le rocce in modo adeguato. Le conclusioni degli studiosi furono due: innanzitutto la Terra aveva poco più di 4,5 miliardi di età, all'incirca un miliardo di anni più vecchia di quanto chiunque avesse mai ipotizzato;[54] in secondo luogo, l'atmosfera era piena di piombo. Le ricerche degli anni seguenti mostrarono che il piombo era presente anche negli oceani, sulla cima delle montagne e nell'aria stagnante delle città inquinate. I livelli di piombo presenti nell'aria erano migliaia di volte più elevati di quanto non fossero mai stati durante l'intero corso della storia umana.[55] L'origine di tutto quel piombo era ovvia: le automobili e la loro benzina con piombo stavano modificando irreparabilmente l'atmosfera del pianeta.

Le conseguenze di quell'inquinamento cominciavano a essere sotto gli occhi di tutti. Entro i primi anni settanta la maggior parte dei bambini cresciuti negli Stati Uniti soffriva di intossicazione da piombo, detta anche saturnismo.[56] La concentrazione media di piombo nel sangue dei bambini sotto i cinque anni di età era quattro volte più alta del livello ritenuto sicuro. Il piombo provoca gravi danni nei corpi e nei cervelli umani durante le fasi cruciali della crescita e causa emicranie, iperattività e disturbi dello sviluppo. Anche se di minore entità, gli effetti del saturnismo sugli adulti sono comunque terribili, e vanno dalla perdita della memoria a un basso numero di spermatozoi. Tutti questi effetti sono noti da tempo: già gli ingegneri idraulici dell'antica Roma lamentavano gli effetti nefasti causati dall'acqua trasportata attraverso le condutture di piombo.

Quando Patterson espresse le sue preoccupazioni riguardo ai livelli di piombo presenti nell'atmosfera, gli esperti di tossicologia industriale furono assai lesti nell'etichettarlo come un fanatico e un sovversivo. Grazie a una quantità ingente di fondi aziendali, il tossicologo Robert Kehoe, che ricopriva la carica di consigliere medico principale della Ethyl Corporation, aveva trascorso la sua intera carriera a declamare l'assoluta sicurezza della benzina con piombo. Dopo le scoperte di Patterson e colleghi, Kehoe disse di non avere alcun pregiudizio riguardo all'eliminazione del piombo dalla benzina, ma aggiunse che una simile decisione – dall'impatto economico potenzialmente enorme – dovesse essere presa sulla base di prove schiaccianti e non di semplici opinioni.[57] Ovviamente, postillò Kehoe, l'onere della prova doveva essere soddisfatto all'interno di un laboratorio di tossicologia finanziato dalle industrie petrolifere, non certo attraverso le misurazioni di scienziati indipendenti come Clair Patterson.

Secondo Kehoe i livelli di piombo nel sangue, nell'acqua e nel suolo erano assolutamente normali. Patterson controargomentò che «normale» e «comune» non equivalgono a «naturale», «sicuro» o «giusto». L'uso della benzina al piombo aveva di fatto creato un nuovo standard di normalità e stava avvelenando *tutti* indistintamente. Kehoe seguì una linea di attacco che oggi ci suona purtroppo familiare, e affermò che i corpi umani possono adattarsi con facilità a livelli più elevati di piombo ambientale. Patterson replicò correttamente che l'evoluzione non funziona così.

Patterson continuò con ostinazione a denunciare il problema e scrisse sia al governatore della California sia al Congresso degli Stati Uniti. L'industria petrolchimica reagì con estrema durezza, riuscendo a escludere Patterson da un importante studio sul piombo effettuato dal National Research Council (lo statunitense Consiglio Nazionale delle Ricerche), sebbene lo scienziato fosse il massimo esperto mondiale sull'argomento.[58] Nonostante tutto, grazie alla sua incrollabile determinazione, Patterson cominciò a ottenere risultati significativi. Il Clean Air Act del 1970 impose all'EPA di fissare nuovi standard per la qualità dell'aria che limitassero la presenza di piombo.[59] Nel 1975 tutte le nuove automobili furono obbligate a utilizzare benzina senza piombo. Nel 1986 il Giappone divenne il primo paese a vietarne l'uso; negli Stati Uniti, dove le vendite erano già crollate, il divieto entrò in vigore nel 1996; nel 2021, l'Algeria è stato l'ultimo paese al mondo a mettere al bando la benzina con piombo.[60]

Negli anni successivi, l'avvelenamento da piombo diminuì drasticamente. I livelli medi di piombo nel sangue dei cittadini statunitensi sono calati del 95% rispetto ai valori registrati negli anni settanta.[61] Purtroppo la battaglia dell'umanità contro il piombo non è ancora finita. L'acqua potabile dell'intera cittadina di Flint nel Michigan, ad esempio, è stata contaminata da tubature in piombo e la popolazione locale ha subìto gli effetti devastanti del saturnismo. Inoltre, nei paesi a basso reddito, il problema persiste nelle vernici, nelle condutture e negli impianti idraulici. Nonostante ciò, il divieto della benzina al piombo ha avuto un impatto decisamente positivo: ogni anno vengono salvate più di un milione di vite, e milioni di bambini non sono più esposti a una sostanza neurotossica che ne comprometterebbe lo sviluppo.

Lassù, tra gli asteroidi della cosiddetta fascia principale, c'è un bolide siderale intitolato alla memoria di Clair Patterson che orbita attorno al sole.[62] Non è abbastanza grande da essere classificato come pianeta, ma non è nemmeno tanto piccolo da passare inosservato agli addetti ai lavori. Pur non essendo visibile a occhio nudo, è sempre lassù, trasfigurato in una fonte di ispirazione, un monito costante a non mollare mai e un invito alla speranza. Thomas Midgley invece, che con il senno di poi sembra davvero incarnare tutti gli aspetti più deleteri del XX secolo, si ammalò di poliomielite e morì strangolato da un meccanismo che aveva inventato per aiutarlo a superare i deficit motori causati dalla malattia che aveva contratto. La casa che aveva costruito accanto al fiume Olentangy, con tutti i suoi tunnel sotterranei, fu rasa al suolo dai bulldozer per fare posto alla tangenziale della città di Columbus. Ogni giorno migliaia di automobili sfrecciano sulle rovine del parco giochi che Midgley aveva voluto costruire per sé, e nei serbatoi di tutti questi veicoli non c'è nemmeno una goccia di benzina al piombo.

Quasi tutto ciò che facciamo lascia un'impronta sul mondo in cui viviamo: gli oggetti che fabbrichiamo, l'energia che usiamo per produrli, il modo in cui riscaldiamo le nostre abitazioni e il modo in cui ci spostiamo. Nessuna attività umana ha però contribuito a modificare il pianeta più di quanto non abbia fatto il modo in cui ci nutriamo. Quasi il 40% della terra libera dai ghiacci è adibita a uso agricolo;[63] si tratta di un'area equivalente all'estensione di entrambi i continenti dell'Africa e dell'America meridionale. Tre quarti di questi terreni agricoli sono riservati alla produzione di cibo per il bestiame, in parte sotto forma di pascoli e in parte come coltivazioni destinate a diventare mangime.[64] L'impatto di queste coltivazioni sulla fauna, sull'acqua e sul suolo del pianeta è stato immenso. Come se ciò non bastasse, l'agricoltura ha anche modificato l'atmosfera. Quasi un quarto delle attuali emissioni di gas serra proviene da agricoltura e allevamento. L'agricoltura è responsabile dell'emissione di due potenti gas serra: il metano, che deriva dalle eruttazioni degli animali al pascolo,[65] e l'ossido di diazoto, che è il risultato dell'uso su vasta scala dei fertilizzanti.[66] Entrambe le fonti sono però eclissate dalle emissioni che derivano dalla deforestazione: la distruzione delle foreste per fare spazio a pascoli e terreni agricoli produce più gas serra dell'elettricità consumata da ogni singolo edificio presente sulla Terra, in pratica più di quanto non facciano *tutte* le automobili in circolazione su *tutte* le strade del mondo. Al momento la deforestazione è concentrata nelle regioni tropicali.[67] Ogni minuto che passa perdiamo una superficie di foresta pluviale pari a undici campi da calcio.[68] Questo non succede perché i paesi tropicali siano più incompetenti o meno attenti all'ambiente rispetto alle altre nazioni, ma perché il sistema alimentare globale è assai complesso e interconnesso (ad esempio, la carne bovina brasiliana viene esportata in Cina, in Europa e negli Stati Uniti) e le foreste, nonostante tutte le loro incredibili qualità, rendono economicamente molto meno dei pascoli o dei terreni agricoli.

Per tagliare queste emissioni le diete e le pratiche agricole devono cambiare. Si possono innanzitutto ridurre le emissioni modificando le pratiche di irrigazione e di concimazione, e l'implementazione di tecniche migliori sarebbe già un primo passo nella direzione giusta. Se vogliamo però avere un qualche impatto significativo, l'obiettivo primario resta un cambiamento della domanda. L'appetito insaziabile del mondo nei confronti della carne, e in particolare di quella bovina, sta alimentando la distruzione pressoché totale delle foreste e delle praterie; l'adozione di diete in gran parte vegetariane aiuterebbe a rallentare o addirittura a risanare i danni compiuti finora. Persino la semplice scelta di mangiare quantità minori di carne e di latticini – nessuno sta parlando di eliminare completamente questi cibi dalla vostra dieta – può fare moltissimo per ridurre le emissioni provenienti dall'uso dei terreni agricoli, così come può aiutare anche fare attenzione a non sprecare il cibo, specialmente se consideriamo che addirittura un terzo del cibo prodotto globalmente non viene mai nemmeno consumato.

A ogni modo, questi pur apprezzabilissimi cambiamenti della dieta non possono in alcun modo opporsi allo sfruttamento indiscriminato di foreste, praterie e altri ecosistemi se questi non vengono prima tutelati a livello istituzionale. Ridurre le emissioni provenienti dall'uso del suolo agricolo richiederà di implementare cooperazione e attività legislative a livello internazionale. La domanda dei paesi più ricchi conduce alla degradazione ambientale in quelli poveri, e quando un albero viene abbattuto in Brasile o in Nigeria le conseguenze sono globali. Dobbiamo imparare a gestire la terra che condividiamo e dobbiamo farlo tutti insieme. Sembra davvero un obiettivo irrealistico: quando mai le nazioni della Terra hanno lavorato in armonia per il bene dell'umanità? Quando mai gli interessi nazionali o industriali sono stati subordinati a obiettivi più elevati? La Lega delle Nazioni ha fallito clamorosamente quando si è trattato di prevenire una seconda guerra mondiale, e non sono pochi coloro che dubitano attualmente dell'efficacia delle Nazioni Unite. Eppure la cooperazione mondiale di fronte a catastrofi incombenti ha una lunga storia che ci fornisce una ragione, per quanto remota, di continuare a sperare.

Sulle nostre teste c'è un sottilissimo strato composto da una sostanza meravigliosa. Quando si trova nella bassa atmosfera l'ozono è un gas fortemente inquinante ma, una volta in alto, lassù nella stratosfera, rivela proprietà a dir poco miracolose. Le molecole di ozono assorbono una parte di raggi ultravioletti e pertanto agiscono come uno strato di crema solare che protegge la pelle del pianeta sottostante e tutti i suoi abitanti.

I livelli di ozono variano naturalmente in risposta alle eruzioni vulcaniche, alle condizioni meteorologiche e ai cambiamenti che coinvolgono la produzione di energia del sole.[69] Questi cambiamenti sono comunque assai contenuti e solitamente non rappresentano nulla di cui preoccuparsi seriamente. Tuttavia, negli anni settanta del secolo scorso gli scienziati scoprirono qualcosa di sinceramente allarmante: l'ozono presente nella stratosfera stava sparendo.[70] Il pianeta stava perdendo la sua crema solare e questa privazione ci stava esponendo ai cancerogeni raggi ultravioletti. L'esistenza stessa degli esseri umani era gravemente minacciata.

Ciò che stava accadendo nella stratosfera era la diretta conseguenza di un vero e proprio miracolo tecnologico. Tra la fine del XIX secolo e l'inizio del XX secolo, le ghiacciaie utilizzate per tenere al fresco gli alimenti erano state rimpiazzate dai nuovissimi frigoriferi elettrici. Questi apparecchi funzionano grazie al passaggio di stato di una sostanza chiamata «refrigerante», che da liquida si trasforma in gas seguendo lo stesso principio che permette al sudore di rinfrescare il corpo o al pianeta di disperdere energia attraverso l'evaporazione. I primi refrigeranti erano altamente tossici e i frigoriferi erano soggetti a perdite pericolose. Occorreva trovare una soluzione al più presto, e chi meglio di Thomas Midgley, il re indiscusso delle idee peggiori del XX secolo, poteva trovarne una?

Dopo aver inventato la benzina con piombo, Midgley ideò anche i clorofluorocarburi, o CFC, per sostituire i composti chimici più tossici presenti nei primissimi frigoriferi.[71] Questi nuovi composti, stabili e non tossici, furono inizialmente commercializzati con l'avveniristico nome di «freon». Il freon non inquinava l'atmosfera, era ignifugo e fu alla base dell'enorme successo commerciale dei sistemi di condizionamento per le abitazioni e le automobili. Il freon divenne addirittura indispensabile perché fu l'unico refrigerante a essere permesso da numerose normative sanitarie. I CFC si rivelarono anche particolarmente utili per climatizzatori,[72] estintori, bombolette spray e materiali come il polistirolo. La produzione di CFC raggiunse ben presto i milioni di tonnellate, e l'incessante turbinio dell'atmosfera cominciò a mescolare senza sosta questi composti chimici come se fossero zucchero in un impasto per dolci. Quando l'aria calda saliva, i CFC presenti venivano trasportati verso l'alto; quando i CFC raggiunsero la stratosfera il danno ormai era fatto.

Nel 1974 i chimici Frank Sherwood Rowland e Mario Molina dimostrarono che quando i CFC venivano esposti al bombardamento continuo di luce ultravioletta nella stratosfera, questi si disintegravano in atomi di cloro.[73] Gli effetti del cloro sullo strato di ozono sono devastanti: un singolo atomo può distruggere più di centomila molecole di ozono. In quello stesso anno il meteorologo Paul Crutzen dimostrò che le condizioni meteorologiche tipiche dei luoghi più freddi del pianeta potevano aggravare un problema già pressante.[74] Nel 1985 le rilevazioni effettuate nelle terre antartiche indicavano uno spaventoso declino di ozono.[75] Era come se si fosse aperta una ferita nell'alta atmosfera: lo strato di ozono si era squarciato per rivelare un buco che non smetteva più di crescere.

Grazie alla loro scoperta, Crutzen, Rowland e Molina vinsero il premio Nobel per la Chimica nel 1995;[76] forse avrebbe dovuto vincerlo anche Susan Solomon, la chimica dell'atmosfera che diede un contributo fondamentale alla spiegazione del buco nell'ozono. Era ormai evidente che i CFC rappresentassero un pericolo; purtroppo erano anche molto utili. L'industria chimica obiettò a gran voce che l'eliminazione graduale di queste sostanze dal ciclo di produzione avrebbe distrutto l'economia. I lobbisti al libro paga delle multinazionali dichiararono che più di centotrentacinque miliardi di dollari di capitale dipendevano dall'uso di questi composti chimici che si stavano mangiando l'ozono.[77] I dirigenti aziendali sottolinearono l'impossibilità di trovare delle alternative, aggiungendo che se fossero state emanate delle leggi a riguardo l'impatto sull'inflazione e sui mercati sarebbe stato semplicemente catastrofico. Sentendosi minacciate, le aziende chimiche produttrici si unirono per fondare l'Alliance for Responsible CFC Policy («Alleanza per una linea di condotta responsabile riguardo all'uso dei CFC») al semplice scopo di promuovere un uso *irresponsabile* dei CFC.[78]

Questa lobby industriale poteva contare su alcuni alleati di fiducia molto importanti dentro le stanze del potere. Il segretario degli Interni[79] suggerì che i cittadini statunitensi potevano semplicemente comprarsi un po' di crema solare e mettersi dei cappelli in testa per proteggersi dalle radiazioni ultraviolette.[80] Nel 1995 un parlamentare repubblicano di nome John Doolittle argomentò che c'era ancora troppa incertezza attorno al ruolo dei CFC nella riduzione dello strato di ozono e che pertanto non bisognava correre a legiferare provvedimenti sconsiderati.[81] Un collega affermò che era «più interessato a scoprire quale delle due fazioni avesse ragione», dichiarandosi indifferente rispetto a quale potesse «contare su un numero maggiore di sostenitori». Un altro parlamentare aggiunse quanto segue: «sono propenso a credere che non stiamo riconoscendo in modo adeguato la capacità di Madre Natura di ripristinare lo strato di ozono».

Riletti oggi, questi appelli contro la messa al bando dei CFC suonano alquanto tiepidi e svogliati. L'industria e i suoi lacchè si batterono per il mantenimento dei clorofluorocarburi, certo, ma non organizzarono una resistenza disperata. Le alternative c'erano già e la loro implementazione, pur causando un certo disagio, non poneva chiaramente una minaccia all'esistenza del settore. Nonostante i mugugni dei conservatori in merito all'impatto potenziale sull'economia e sui posti di lavoro, la classe politica nel suo complesso prese la questione a cuore. Avranno anche avuto una miriade di difetti in quanto leader politici, ma Margaret Thatcher aveva studiato Chimica all'università e Ronald Reagan aveva sofferto di un cancro alla pelle.

Ovviamente, l'eliminazione graduale di un componente industriale utile ma sostituibile non equivale in alcun modo alla ristrutturazione dell'intera economia globale. Sarebbe davvero ingenuo tracciare un parallelo tra la crisi del buco nell'ozono e la crisi climatica globale che stiamo affrontando oggi. Le metafore non sono mai esatte. Eppure, dato che quella crisi l'abbiamo risolta, può essere comunque utile riassumere com'è andata a finire. Il Protocollo di Montreal, volto a regolamentare la produzione e l'uso dei composti chimici che intaccavano lo strato di ozono, fu ratificato nel 1987 da ogni singola nazione esistente sulla faccia del pianeta.[82] Oggi il buco nell'ozono ha iniziato a ridursi.[83] Per quanto questa riduzione non sia né uniforme né veloce, la tendenza è chiara: le cose stanno migliorando e le previsioni apocalittiche riguardo a un tracollo completo dell'economia che avrebbe portato irrimediabilmente a una nuova Grande Depressione non si sono mai realizzate.

Solo ora, guardando indietro dalla prospettiva privilegiata che ci fornisce il progresso scientifico, sappiamo che siamo andati molto vicini a provocare un altro cataclisma ambientale. All'apice del panico giustificato nei confronti dei CFC e del buco nell'ozono ci eravamo scordati di un'altra delle proprietà chiave di questi composti:

i CFC sono gas serra. Attraverso la riduzione delle concentrazioni di CFC presenti nell'atmosfera il Protocollo di Montreal ha anche salvato il pianeta da un ulteriore riscaldamento globale di circa 1 °C.[84] Ancora, in assenza di qualunque controllo sulla produzione e sull'uso dei CFC il buco nell'ozono avrebbe continuato a espandersi e il bombardamento di radiazioni ultraviolette avrebbe compromesso la fotosintesi e provocato la morte di una quantità inimmaginabile di piante.[85] Le foreste si sarebbero rinsecchite, i raccolti sarebbero crollati e i livelli atmosferici di CO_2 sarebbero schizzati fuori controllo. Il sole avrebbe inondato con i suoi raggi cancerogeni un pianeta allo stremo a causa di incendi e carestie.

Tutto ciò non è capitato. Con un colpo di scena, il pianeta ha deviato strada all'ultimo momento, evitando uno scenario apocalittico e imboccando quella strana storia che noi stessi stiamo scrivendo oggi. Questa volta sappiamo che il pianeta può essere salvato da orrori indicibili: lo abbiamo già fatto in passato.

Il cosiddetto «viaggio dell'eroe», noto anche come monomito, conta diciassette tappe - anche se alcuni autori ne riconoscono dodici mentre altri ne hanno individuate appena tre. Quale che sia il numero delle tappe, il viaggio inizia sempre con la chiamata all'avventura che sconvolge la quotidianità del protagonista, dopodiché una serie di eventi mette alla prova la determinazione dell'eroe, conducendolo verso il trionfo e la ricompensa finali. Dopo aver compiuto l'impresa e aver fatto ritorno al mondo, l'eroe è in buona sostanza una persona nuova, profondamente cambiata grazie all'avventura e alle lezioni che ha imparato. A volte ad assisterlo c'è un aiutante sovrannaturale, altre volte troviamo una spalla comica, ma tutti i viaggi dell'eroe sono caratterizzati da un singolo evento chiave: *l'eroe decide che è il momento di partire.*

Quale sarà la vostra decisione? Cosa farete? La posta in gioco è alta, il percorso è accidentato e la speranza di ottenere una qualche ricompensa è solo un miraggio. Anche se dovessimo riuscire a fare tutto in modo corretto, realizzando l'obiettivo del taglio di metà delle emissioni globali nel giro di un decennio e raggiungendo il livello zero di emissioni verso la metà del secolo, nel migliore dei casi dobbiamo comunque aspettarci un riscaldamento di poco superiore a 1,5 °C. Il quadro resta alquanto fosco, tanto da assomigliare di più a una tragedia inevitabile che a una gloriosa avventura epica. Eppure il viaggio in sé è già fonte di speranza, che deriva dalla *certezza* che gli sviluppi non potranno che essere positivi. L'eliminazione delle centrali elettriche a carbone contribuirà significativamente a ridurre le emissioni dei gas serra, e ciò avrà ricadute positive sulle nostre vite come, ad esempio, il miglioramento radicale della qualità dell'aria (un beneficio che diventerà ovvio nel momento stesso in cui gli stabilimenti verranno chiusi). Anche la messa al bando dei motori a combustione interna renderà l'aria più pulita, e i benefici per la salute derivanti da tale cambiamento epocale si paleseranno molto prima di qualunque effetto sul clima. Il miglioramento della rete dei trasporti pubblici e progettazioni architettoniche e infrastrutturali mirate volte a rendere le città a misura di pedone daranno a molta gente la possibilità di vivere in prospere società urbane, se dovessero mai decidere di andare a vivere in quei luoghi. La protezione delle foreste proteggerà i magnifici e delicati ecosistemi del pianeta e tutte le creature che vivono in quei biomi. Impareremo cose nuove e straordinarie grazie alla ricerca scientifica sulla decarbonizzazione dell'industria siderurgica e sulla produzione della plastica e del cemento, e queste informazioni ci saranno utili per risolvere altri problemi urgenti. Non sarà facile, e non abbiamo la certezza di un lieto fine, ma almeno potremo scrivere un finale migliore di quello che altrimenti ci attende.

Si sente spesso dire che non dobbiamo aspettarci l'aiuto di nessuno. Chi ci salverà saremo solo noi stessi attraverso uno sforzo collettivo, lavorando tutti insieme, con tutti i nostri limiti e i nostri problemi, ma cercando di superarli assieme facendo del nostro meglio. Nessuna delle storie che ci raccontano i successi ambientali del passato più o meno recente corrisponde in modo preciso al mondo in cui abitiamo oggi, ma quelle vicende non smettono di infonderci speranza. Grazie a quelle storie ci rendiamo conto che per creare il mondo in cui vogliamo vivere dobbiamo metterci al lavoro. La scienza stabilisce i limiti, ma siamo noi a scrivere la storia. E se ci impegniamo potrebbe anche essere una bella storia carica di speranza.

In una limpida giornata estiva del 2023, dopo che il vento aveva finalmente dissipato il fumo degli incendi canadesi dal cielo sopra New York, portai la mia famiglia al mare. Il più grande dei miei figli, che all'epoca aveva sette anni, costruiva castelli di sabbia completamente immerso in un indecifrabile progetto architettonico assieme a un altro bambino. Mentre dirigeva con estrema serietà lo scavo di buche e di tunnel non mancava di redarguire suo fratello (che aveva due anni), intimandogli invano di non saltarci sopra.

Guardai l'orizzonte e ripensai ai giorni in cui riuscivo ancora a convincerlo che le increspature sulle onde erano creature marine o vulcani sottomarini. Fui presa allora da un momento di leggera, ma confortevole, malinconia. Per un attimo, intorpidita dal calore estivo, mi parve persino di scorgere una pinna tra i guizzi scintillanti non lontano dalla riva. Poi ne vidi un'altra, e un'altra ancora. Era un branco di cinque o sei delfini – cetacei *veri*, reali, in carne e ossa. Gridai di gioia attirando l'attenzione della famiglia accanto a noi. Sollevai allora mio figlio più piccolo in braccio e me lo caricai sulle spalle. Sentivo le sue gambette rotonde che si agitavano nell'aria dall'eccitazione e che facevano volare la sabbia tutt'intorno. «Quei delfini», gli dissi, «sono venuti a farci visita!», e continuai: «quando avevo la tua età questi incontri erano impensabili. Ora sono diventati normali. Nel porto di New York ci sono le balene; nel fiume Bronx nuotano i delfini; le ostriche sono tornate nel fiume Hudson. Nelle acque al largo di Long Island possiamo trovare gli squali, attirati dall'abbondanza locale di foche, di pesci e di una fauna marina che finalmente gode di buona salute». Il piccolo soppesò per un momento tutte queste informazioni. Poi lanciò un grido di gioia e agitò nell'aria le sue braccia paffute. Suo fratello maggiore continuava imperterrito a scavare nella sabbia fingendo di essere indifferente, come se fosse diventato ormai troppo grande per lasciarsi andare a sceneggiate emotive come la nostra. Alla fine, però, cedette e si alzò di scatto per unirsi a noi due. Per un momento restammo tutti e tre lì, a bocca aperta, nell'aria pulita e in piedi su una spiaggia dorata a osservare i delfini che giocavano nelle acque cristalline al largo del Queens.

9.
Amore

«Per creature piccole come noi, l'immensità è
tollerabile solamente grazie all'amore».
Carl Sagan, *Contact*[1]

Mio marito è cresciuto in Inghilterra facendosi largo tra la pioggia e il fango; non stupisce, quindi, che si sia abituato a rincasare fradicio da scuola e a inzupparsi nella melma sui campi da gioco. Quando vivevamo in California non è mai riuscito a scrollarsi di dosso il sospetto che quel posto covasse qualcosa di totalmente innaturale: diffidava del clima, del cibo e della gente che sorrideva costantemente. Quando tutti lo salutavano con un radioso «buona giornata!», protestava indignato dichiarando che si trattava di una farsa bella e buona dato che, secondo lui, non potevano essere veramente sinceri. Io gli spiegavo che quelle persone non stavano promettendogli personalmente di passare una bella giornata, ma esprimevano piuttosto la fiducia nel fatto che sarà *davvero* una gran bella giornata californiana. D'altra parte si tratta di un'ipotesi più che ragionevole: la California è un posto dove le belle giornate non mancano mai.

Ho amato profondamente la California, così come ho amato tutta la regione occidentale degli Stati Uniti, perché mi faceva sentire tutt'una con la Natura – quella con la N maiuscola. Ho trascorso gran parte dei miei fine settimana a fare escursioni nella Sierra Nevada, una catena montuosa che fa parte della grande Cordigliera Americana, la colonna vertebrale del continente che parte dall'Alaska, passa per le Montagne Rocciose e arriva alle estremità meridionali delle Ande. Tra le montagne, da sola nella Natura incontaminata, mi sono sempre sentita come a casa mia: i luoghi sono selvaggi, aspri e vitali come bambini indomiti che non sono ancora stati imbrigliati dalle costrizioni sociali degli esseri umani adulti. Il panorama ti martella senza sosta con una bellezza travolgente che richiede un'attenzione religiosa, e ti offre in cambio una solitudine che è ricolma di ciò che ti sta intorno: tra le montagne non puoi pensare a nient'altro che al paesaggio che ti circonda.

A un certo punto, però, mi stançai di vivere quei panorami da sola; desideravo avere accanto qualcuno con cui poterli condividere. Non c'era niente che volessi di più al mondo che vedere mio marito innamorarsi di quei luoghi come era capitato anche a me. Lo portai giù lungo la costa fino alla baia di Monterey e su a nord fino a Mendocino. Abbiamo guidato fino a raggiungere il Colorado, l'Arizona e l'Oregon. Nel Parco nazionale di Yosemite mi lanciai in esuberanti voli pindarici sulla maestosità della natura e sulla connessione spirituale che sentivo con quei luoghi. «Eh sì, sono proprio delle belle rocce», rispose lui in modo educato. Mi seguì nel corso di lunghe arrampicate e sopportò le mie impreviste deviazioni. Non ho alcun senso dell'orientamento e ho la tendenza a osservare le carte geografiche come si guardano le mappe riprodotte nelle prime pagine dei libri fantasy: una piacevole curiosità, ma completamente irrilevante per il mio apprezzamento dell'opera nel suo insieme. Ho imparato a sentirmi felice quando mi perdevo. Mio marito pianifica tutto con cura ed è abituato a orientarsi senza problemi all'interno di un ambiente urbano. Il pensiero di andarsene a fare un giro tra i monti non gli era mai nemmeno passato per l'anticamera del cervello; d'altra parte, non aveva mai nemmeno dormito in una tenda.

Eppure, incredibilmente, ha deciso comunque di sposarmi. Come mete potenziali per la nostra luna di miele propose una spiaggia o magari una qualche città, tra musei, ristoranti e acqua corrente. «Nemmeno per sogno», gli risposi! Prima del matrimonio fantasticavo immaginandoci pronunciare il fatidico «sì, lo voglio!» nel Parco nazionale di Yosemite, quando la luce soffusa del tramonto rende l'atmosfera magica; invece finimmo per firmare i documenti all'anagrafe di Londra per poi chiudere in bellezza con una sortita al pub. Avevo appena accettato di trasferirmi a New York ed ero inondata da un profondo senso di malinconia e di autocommiserazione. Prima del mio esilio forzato in quella città lontana desideravo dire addio alla Natura – quella con la N maiuscola. «Ce ne andiamo in campeggio in Alaska», gli dissi, non senza un pizzico di rivalsa. «Ce la farai, vedrai».

Non ero mai stata in Alaska prima di allora, ma quando gli mostrai il luogo sembrava che lo conoscessi come le mie tasche. Bevemmo acqua di ghiacciaio (dopo averla fatta bollire, ovviamente) e mangiammo spaghetti cotti in un'acqua torbida che sapeva di calcare. Vedemmo i caribù, le marmotte dell'Alaska e un orso grizzly che ci caricò per pochi ma interminabili secondi, facendoci gelare il sangue prima che se ne andasse dopo aver evidentemente perso interesse in due esseri umani terrorizzati. Nonostante la paura, ero incredibilmente felice di trovarmi là, a guardare dall'alto gli alberi che si inerpicavano lungo i pendii scoscesi scaldati dal sole e i ghiacciai che sgocciolavano dalle cime dei monti a causa del caldo insolito. A livello razionale sapevo bene che tutto quello che vedevo era fragile e vulnerabile. Avevo visto le proiezioni dei modelli climatici, ma queste mi apparivano lontanissime e finte, nient'altro che una serie di 0 e di 1 racchiusi dentro il disco rigido di un computer.[2] Il panorama montuoso che si stagliava di fronte ai miei occhi mi sembrava invece una fortezza inespugnabile protetta dalla sua stessa immensità. Era praticamente inconcepibile che questo luogo, così grande rispetto a noi piccoli esseri umani, potesse essere davvero in pericolo.

Nel corso di quella settimana le condizioni meteorologiche si fecero più fresche e nebbiose. Cominciai a soffrire di capogiri e ad avere una tosse che non finiva più. Pensai fosse colpa del clima. Guardavo la mia bussola e non riuscivo a capire dove andare. Vedevo cose che non c'erano. Mi misi in marcia in preda alla confusione e camminammo per due ore nella direzione sbagliata, allontanandoci sempre di più dall'unica strada che ci poteva riportare alla civiltà.

Fu il ronzio delle pale di un ventilatore a svegliarmi. Mio marito sedeva a fianco del mio letto con un'espressione sul volto che tradiva un misto di preoccupazione, irritazione e comprensione. Mi disse che ero stata molto male; dopo essere riuscito in qualche modo a ritrovare la strada, aveva fermato un bus e mi aveva trascinato in un motel dozzinale presso la città più vicina, dove dormii per più di ventiquattr'ore di fila. Mi sentivo debole e intontita e avevo un accumulo di liquido nei polmoni. Ero anche piuttosto risentita – non sono mai stata così male in vita mia. Per fortuna dovetti tenere il broncio solamente per un paio di giorni al massimo. All'epoca ero il ritratto della salute: la mia soglia del dolore era spaventosamente alta e avevo una capacità incredibile di riprendermi dopo un infortunio. Erano tutte qualità che davo per scontate come parte integrante dell'ordine naturale delle cose. Mentre stavo male mi cruciavo per i problemi logistici e temevo che non avremmo più fatto ritorno alla Natura. «Non ti preoccupare», mi disse mio marito, «mi sono occupato di tutto». A volte non è male avere accanto qualcuno con un incrollabile spirito da organizzatore.

Qualche giorno più tardi io e mio marito ci trovammo da soli su una spiaggia di pietre circondata da verdi pendii scoscesi. Eravamo abbastanza a nord da poter godere di luce piena anche a giornata inoltrata e tutto ciò che potevamo vedere intorno a noi era illuminato da una pallida luce dorata. Ci sedemmo su un masso dalla superficie piatta e da lì lanciavamo sassolini nell'acqua facendoli rimbalzare a filo dell'acqua cristallina. Mi sentivo di nuovo sana ed ero felice di essere viva – felice di essere lì con mio marito. «Ti amo», gli dissi. «Anch'io ti amo», mi rispose, e aggiunse: «ma se vengo massacrato da un grizzly stavolta *ti ammazzo*!».

Il momento magico del tramonto si prolungò per ore e la luce del nord si fece soffusa e persistente come la luce artificiale sul set di un film. Sulla spiaggia c'era un piccolo iceberg, portato a riva da chissà dove, che aveva un foro perfettamente circolare nel mezzo. Ecco galleggiare sull'acqua altri pezzi di ghiaccio, alcuni di un bianco sporco, altri di un blu cristallino. Mio marito assistette alla scena con un principio di schivo stupore, quasi come se l'emozione stesse remando contro la sua stessa volontà. Ero cosciente del fatto che quei momenti si stavano trasformando in momenti preziosi che avremmo tirato fuori dall'album dei ricordi per ammirarli di nuovo una volta diventati vecchi e malati. Era però difficile scrollarsi di dosso l'idea che fossimo degli intrusi in quell'immensità, presi com'eravamo a vivere la storia più bella delle nostre giovani vite in un vuoto indifferente. Facevamo parte della Natura o no? Non lo sapevo. Era una situazione surreale, come quando ci si sveglia da un sogno a occhi aperti che però si scopre essere reale, come se una parte del mondo si stesse dischiudendo di fronte a due paia di occhi increduli in tutta la sua ricchezza. Il mattino seguente levammo le tende e ce ne andammo senza lasciare alcuna traccia del nostro passaggio (come dovrebbe fare ogni ospite della natura che si rispetti).

Quando studiavo Fisica ero sbalordita dalla vastità dell'universo. I numeri sono semplicemente assurdi: un quadrilione di stelle[3] e circa quaranta miliardi di anni luce di universo in ogni direzione possibile.[4] Anche se sono cifre tutto sommato facili da scrivere e da inserire in equazioni per costringerle a obbedire alle nostre operazioni, i risultati restano logicamente incomprensibili. Persino nelle nostre vite quotidiane e all'interno dei nostri stessi corpi i numeri ci opprimono con la loro magnitudine: nel corpo umano ci sono *un miliardo di miliardi di miliardi* di atomi,[5] gli oceani sono composti da *un triliardo* di litri d'acqua[6] e nell'atmosfera galleggiano *bilioni* di tonnellate di anidride carbonica.[7] A volte, quando mi trovavo immersa nella natura selvaggia, ho avvertito distintamente tutta l'indifferenza e l'irrilevanza dietro a questo vuoto. I numeri troppo grandi offrono il fianco al nichilismo: occupano così tanto spazio da non lasciare neanche un cantuccio per un qualsiasi eventuale significato. Ti fanno pensare che nulla abbia davvero importanza. E invece le cose che contano ci sono, eccome.

Come diceva Carl Sagan, la vastità è sopportabile solo grazie all'amore. Me ne resi finalmente conto tra le montagne dell'Alaska, immersa nell'incantata e rossastra enrosadira di un crepuscolo eterno. Ciò che contava davvero eravamo *noi*. Ciò che contava veramente erano i nostri ricordi, le nostre storie, i fili invisibili che ci legano al mondo che ci circonda. Saremmo anche stati egoisti e arroganti a pensarla così, ma d'altra parte qualunque altro essere vivente in questo mondo vasto e indifferente si comporta allo stesso modo. Ero al settimo cielo dalla felicità e poi sono stata malissimo. Mio marito era a disagio e impaurito, ma si dimostrò anche coraggioso e in gamba. Stavamo cercando di venire a patti col mondo per trovare il nostro posto, negoziando allo stesso tempo i termini impliciti della nostra relazione e le scelte che avremmo fatto per il resto delle nostre vite. Stavamo imparando come si ama e cosa si deve amare. Mi ci è voluto un bel po' di tempo per capire cosa significasse veramente tutto ciò.

Ho rinunciato ai luoghi selvaggi che adoravo perché avevo trovato qualcuno che amavo ancora di più. Mio marito voleva stare più vicino a Londra mentre io sognavo le montagne, e così trovammo un compromesso accettabile in una città a metà strada da entrambe. «Ci torneremo», mi promise. Poi, però, sono arrivati i figli, e i soldi e il tempo libero non erano mai sufficienti; fu così che finivamo per andare sempre e solo in Inghilterra.

Nulla dell'Inghilterra mi sembrava davvero far parte della Natura con la N maiuscola. Tra le dolci onde delle sue morbide colline verdi non risuona altro rumore che quello prodotto dal tuo stesso rimuginare. La Gran Bretagna è un'isola di campi curati e di siepi potate e ben ordinate da migliaia di anni, un luogo che viene autocelebrato nell'inno nazionale non ufficiale del paese come «piacevole».[8] La modernità e la sua inesauribile domanda di legname, combustibili e vite umane hanno sicuramente spogliato e deturpato il paesaggio britannico, ma gli isolani lo avevano già alterato rendendolo irriconoscibile ben prima che James Watt avesse inventato la sua macchina a vapore. Con ogni probabilità, metà degli alberi inglesi erano già stati abbattuti prima dell'arrivo dei romani.[9] Nel mondo esistono ancora angoli autentici di natura quasi incontaminata, ma molti altri luoghi vengono definiti tali solamente per rimuovere ogni traccia dei popoli autoctoni che li abitavano. La Gran Bretagna, o almeno gran parte delle sue regioni meridionali, non ha mai nemmeno preteso di essere stata selvaggia o incontaminata.

Per molto tempo mi sono sentita alla deriva e piena di risentimento, intrappolata tra colate di cemento sporco e obbligata quasi ogni estate a sedermi in un aereo affollato pieno di bambini irrequieti e di virus che circolavano liberamente nell'aria riciclata delle cabine pressurizzate. Rimbalzavamo da un lato all'altro dell'oceano, da New York a Londra, dalla giungla di asfalto al mattone a vista, cercando di non pensare ai soldi spesi in biglietti che non avremmo potuto permetterci o all'anidride carbonica che ci lasciavamo dietro nel cielo sopra l'Atlantico.

L'estate che precedette lo scoppio della pandemia di Covid-19 decisi che ne avevo abbastanza di asfalto, cemento e di tutta quella calca di sconosciuti che affolla New York. Nostro figlio aveva tre anni e amava la città, la gente e la metropolitana in un modo che trovavo tenero ma incomprensibile. Avevo sempre nutrito sentimenti contrastanti sulla maternità, ma quando diedi alla luce mio figlio lo amai in un modo sconosciuto e vertiginoso che mi travolse come un senso di nausea incontrollabile. Volevo che questa mia strana, meravigliosa creatura si immergesse nella Natura (quella con la N maiuscola), che crescendo imparasse ad amare le stesse sensazioni, avventure e paesaggi che avevo amato io. Quindi, che lo volesse o meno, la mia famiglia sarebbe tornata in montagna.

Le montagne erano meravigliose esattamente come me le ricordavo. All'aperto si può fare tutto il rumore che si vuole. Si può restare svegli fino a notte inoltrata per ammirare tutte le stelle che la città cela dietro la sua luce abbacinante. Ci sono geyser, pozze multicolori ed enormi calderoni di fango che ribollono senza sosta. Ci sono anche molti modi per farsi male. E poi c'è la fauna selvatica, familiare e bizzarra al tempo stesso. «Topo!», disse mio figlio, indicando un cane della prateria. Vedemmo un alce: «topo!». Un orso, intravisto da lontano, al sicuro sul ciglio della strada, rese più incerta la potenziale identificazione: «topo?». Mio figlio corse intorno al nostro accampamento ululando come un lupo. Guardammo il sole tramontare e la Via Lattea macchiare il cielo scuro. In quell'immensità ci sentimmo liberi e selvaggi insieme.

Fu una bella estate, e per un attimo mi sembrò che l'equilibrio si fosse ristabilito. Le montagne ci stavano ricordando cosa si prova a essere vivi, quel tipo di posto capace di rinvigorirti, di farti sentire giovane e in salute e che sembra prometterti che sarai sempre così. Una volta lontani dalle grandi arterie di circolazione, le Montagne Rocciose sono pressoché totalmente disabitate, un luogo dove solo le troupe televisive osano avventurarsi per filmare i bisonti che nuotano o un branco di lupi a caccia, e dove ti sembra quasi di poter sentire il rassicurante accento inglese di David Attenborough pronto a commentare dal vivo ciò a cui stai assistendo. Non potendo fare affidamento sull'influenza mitigatrice dell'oceano profondo con i suoi cambiamenti molto lenti, il clima qui è rigido e continentale. In pratica è l'esatto opposto dell'umida e piccola Inghilterra, tanto diversa dal punto di vista climatico che sembra davvero occupare un altro universo. Eppure, l'Inghilterra non potrebbe essere ciò che è oggi senza le Montagne Rocciose.

I bambini britannici imparano a scuola che il loro clima, importato dal mare, viene direttamente consegnato sulle coste inglesi dalla calda Corrente del Golfo. Può darsi che questo modo di pensare sia di conforto a una potenza navale in declino: c'è ancora qualcosa che, bene o male, continua ad arrivare da lontane e più calde terre straniere su questi aspri litorali di sassi e di rocce. È vero che la Corrente del Golfo scorre in direzione nord-est, e che porta acque calde alle soglie del continente europeo mitigandone il clima; eppure, anche gli inverni di Seattle e Vancouver, sulla costa pacifica del continente nordamericano, sono umidi e miti, e là non c'è alcuna corrente oceanica che trasporti le acque tropicali fino alle loro coste (da quelle parti, le acque superficiali scorrono direttamente dal Giappone verso est). È la semplice presenza dell'oceano a spiegare in parte il clima temperato della Gran Bretagna e quello del Pacifico nord-occidentale. L'acqua infatti si oppone ai cambiamenti: la sua capacità termica elevata la rende più difficile da riscaldare e da raffreddare rispetto alla terraferma. Pertanto, l'aria sopra l'oceano è al riparo da sbalzi estremi di temperatura e i climi costieri sui quali soffia tendono a essere miti. Seattle, sulla costa occidentale degli Stati Uniti, ha un clima marittimo perché i venti dominanti soffiano dall'oceano; al contrario, la costa orientale del continente nordamericano è più fredda e ha un clima continentale perché i venti soffiano dalla terraferma verso l'Oceano Atlantico. Questo è uno dei motivi per cui gli inverni di Londra sono molto più caldi di quelli di New York nonostante la posizione più settentrionale della Gran Bretagna. C'è tuttavia un altro fattore da considerare, un elemento che contribuisce a mantenere i prati inglesi umidi e verdi. Questo elemento sono le lontane montagne dell'Ovest americano.

Queste montagne riscaldano la Gran Bretagna grazie al semplice fatto di trovarsi proprio lì.[10] L'aria che arriva da ovest va a sbattere contro questi muri di roccia e viene obbligata a salire, finendo con il ritrovarsi molto in alto nel cielo, al confine tra la stratosfera e la troposfera. Nel corso della discesa di quest'aria dal lato delle montagne americane che si trova sottovento, la Terra ruota. Questo movimento costringe il flusso d'aria a dirigersi verso sud, dove assorbe calore prima di ripiegare nuovamente verso est. In pratica, le montagne americane contribuiscono a incanalare aria calda verso l'Europa semplicemente perché esistono su un pianeta in costante rotazione. L'aria della Gran Bretagna viene quindi riscaldata dal calore proveniente da terre lontane. Senza l'aiuto delle montagne e dell'oceano, l'isola sarebbe fredda come la Siberia o la Baia di Hudson. Con il loro aiuto, invece, è mite. Si direbbe perfino piacevole.

Questi risultati possono essere verificati all'interno di un modello climatico tramite la rimozione delle montagne. Una volta eliminati questi ostacoli, basta osservare come cambia il clima europeo. I nostri mondi digitali sono molto utili quando si tratta di scoprire queste connessioni. La Terra contiene moltitudini:[11] rocce, aria, ghiaccio, acqua, sale, esseri viventi. Tutte queste cose esistono nel mondo fisico e si possono descrivere tramite equazioni, e tutte queste equazioni interagiscono le une con le altre. Se ne isoliamo una questa darà risposte elementari, ma se la liberiamo e la lasciamo andare perché vada a unirsi al gruppo che si era lasciata alle spalle allora questa comincerà a muoversi in risposta a segnali impercettibili. Un modello climatico sta alla fisica come uno stormo di storni in volo, con le sue coreografie esuberanti, sta a un uccello solo e in disparte. Tutto è connesso da una trama irregolare di operazioni matematiche, fili isolati di verità sparpagliate che vengono intrecciati fino a formare robusti nodi di complessità.

Se non ci fossero queste montagne, se queste montagne non corressero in direzione nord-sud, se la Terra ruotasse in direzione opposta, se l'Artide fosse più caldo, se la gravità fosse più forte oppure più debole, se l'atmosfera non fosse pregna di vapore acqueo – se anche solo una di queste condizioni fosse soddisfatta, allora nulla di tutto ciò che influisce sul clima della Gran Bretagna potrebbe aver luogo. *Tutto è connesso*: si tratta di un mantra ripetuto all'infinito e che ha purtroppo perso la sua forza, tramutandosi in una visione banale e alquanto pigra del mondo. Eppure, per quanto abusata, questa espressione sottolinea qualcosa di profondamente *vero*. Una catena montuosa nelle regioni occidentali dell'America settentrionale rende il clima europeo mite. Quando si forma un evento El Niño nel Pacifico tropicale, il clima cambia a distanza di migliaia di chilometri. A New York respiro l'ossigeno espirato tempo fa da una foresta tropicale. Tutto ciò che sappiamo sul mondo ci mette in guardia da ogni maldestro tentativo di isolare i singoli componenti dal loro insieme.

Questo vale ancora di più in un mondo che cambia. I gas serra rendono tutto il pianeta più caldo indipendentemente da dove sono stati emessi; il ghiaccio artico sparisce, la corrente a getto vacilla e si piega e il clima cambia in luoghi lontanissimi; gli incendi divampano nel Canada orientale e la città di New York viene invasa da fumi velenosi. Non si può comprendere un unico luogo se lo estrapoliamo dal resto del mondo che lo contiene. Nessun posto è isolato e nessuna località è al sicuro: *tutto è connesso*. Fino a quando talvolta non lo è più.

A Brooklyn abitavamo accanto a una casa di riposo e durante i primi mesi della pandemia c'era quasi sempre un'ambulanza parcheggiata fuori. La notte sentivamo le sirene che accompagnavano i residenti negli ospedali al collasso, dove i medici avvolti nelle tute di plastica non potevano fare altro che osservarli mentre morivano. Dormire era quasi impossibile. Non sapevamo nulla del virus allora. Quelle rare volte in cui uscivo di casa attraversavo la strada per evitare la gente sul marciapiede, limitandomi a osservare con sospetto vicini, bambini e cani, tutti potenziali portatori del morbo. Nessuno osava avventurarsi fuori di casa a meno che non ne avesse una necessità impellente per lavoro, per comprare del cibo o perché altrimenti avrebbe massacrato qualche sciagurato coinquilino se fosse stato costretto a passarci ancora un altro minuto assieme. Noi non ci siamo ammazzati l'un l'altra, ma spesso sentivo mio marito nell'altra stanza che rimproverava con un funereo accento londinese il nostro cane intento ad abbaiare: «ecco, bravo. Sarai contento ora che hai rovinato l'ora delle favole!». Nostro figlio di quattro anni, il cui momento delle favole era stato interrotto, metteva in pausa il video via Zoom della scuola materna e andava a sbocconcellare qualche croccantino destinato al cane direttamente dalla sua ciotola. Il cane lo raggiungeva per guardare assieme la strada vuota dalla finestra di un appartamento al seminterrato, ed entrambi abbaiavano ogni tanto contro quella desolazione.

Fu la Natura a salvarci da quei primi mesi di isolamento forzato. Bastava semplicemente accendere lo schermo del televisore e David Attenborough, che il cielo lo benedica, era sempre pronto a mostrarci qualcosa di talmente bello da mozzare il fiato. Eccoci nuotare in mezzo a branchi di pesci argentati o salire dall'umido sottobosco della giungla tropicale fino alle chiome lussureggianti di alberi carichi di frutti maturi e di scimmie. Attenborough passava al rallentatore gli squali che balzavano fuori dal pelo dell'acqua per mostrarci ogni loro muscolo teso e scintillante, e accelerava la crescita dei fiori, con i petali che esplodevano letteralmente dai boccioli rigonfi come pus spremuto da un brufolo. Ogni episodio era accompagnato da un breve documentario che illuminava i retroscena della realizzazione pratica di quelle meraviglie. Il mondo di Attenborough pullulava di operatori e cameraman che venivano spediti in missione presso minuscoli capanni camuffati tra i boschi o sulle montagne, dove rimanevano finché non riuscivano a riprendere qualche rarissimo coleottero o un uccello danzante. Prima della pandemia, avevamo visto un poveretto abbandonato per anni in una landa innevata al confine con l'Afghanistan e rimasto in costante allerta fino a quando non è riuscito a riprendere per un attimo fugace un leopardo delle nevi. Non potevamo non compatirlo ma, benché la situazione fosse tragica, si trattava pur sempre di un sacrificio necessario presso l'altare di David Attenborough. Ora non potevamo non invidiarlo: anche noi eravamo isolati, ma a Brooklyn non c'era alcun leopardo delle nevi in vista.

Ogni sera guardavamo il mondo della natura sfilare sullo schermo e ogni mattina facevo la stessa identica cosa. Vedevo le regioni occidentali dell'America settentrionale seccarsi, avvizzirsi e bruciare; vedevo piogge torrenziali cadere sugli anemici manti nevosi della cima delle montagne; vedevo la primavera giungere sempre con un po' più di anticipo e il suolo passare da bianco a marrone e verde in un'esplosione di fioriture che assorbiva quel poco di umidità rimasta nel suolo e che trasformava l'estate in una terra beige e screpolata. Era il posto che amavo di più al mondo e lo stavo vedendo morire. Ho persino provato a prendere in mano la situazione. Sapevo che i modelli climatici sui quali lavoravo mi stavano mostrando il futuro ma, isolata all'interno del mio appartamento, vedevo i risultati come nient'altro che bit e pixel insignificanti e sterili. Grazie a internet riuscii a raccontare ciò che stavo facendo e a discutere degli scenari elaborati dai miei modelli con persone e colleghi lontani. Mi sentivo però come la presentatrice di un documentario grossolano, una specie di David Attenborough a basso costo intento a narrare vicende di serie B relative a una copia digitale del nostro pianeta. Al contrario, il tablet di mio figlio era vivo e vitale, con la carne e il sangue che macchiavano la savana e gli uccelli marini che affollavano i dirupi a picco sul mare. La mia Terra digitale, già morta in partenza, non faceva altro che morire una seconda volta al termine della simulazione cento anni più tardi. Nessuno ne avrebbe sentito la mancanza una volta andata via per sempre.

Un giorno lasciai il mio computer e andai a sedermi sulla poltrona per leggere un libro. Non ricordo più quale fosse – forse qualcosa di John Muir, oppure *Walden* o magari una raccolta di poeti romantici. Era qualcosa con cui riempire il vuoto insignificante che albergava nella mia testa e popolare i mondi desolati, sia quelli digitali che quello reale, grazie alla travolgente ricchezza della Natura con la N maiuscola. Eppure ora avevo come l'impressione che tutte queste opere sulla Natura, inclusi i libri che avevo sempre amato, mi stessero dicendo che il vero problema era la gente. Questi libri mi raccontavano che il pregio più grande del mondo era la sua immensità, e che l'aspetto migliore di quell'immensità era l'assenza quasi totale di persone. Chiusa in casa e isolata com'ero, non riuscivo a non trovare quest'idea arrogante e misantropica. Compresi d'un tratto che molti di questi autori avrebbero adorato la pandemia. Magari qualcuno avrebbe persino potuto twittare cose del tipo: «la natura si sta riprendendo! Sta guarendo!», oppure «gli esseri umani sono il vero virus!». Avrebbero postato immagini pixellate e probabilmente alterate con Photoshop della natura che tornava a impossessarsi di ciò che le era stato sottratto dagli esseri umani: capre delle nevi a passeggio nelle strade, delfini che nuotano nella Senna e l'asfalto delle strade spaccato dalla forza travolgente delle radici di una vita verde che rinasce.

Ho sempre creduto che la Natura rappresentasse una fuga dall'umanità. Ora però non volevo più fuggire *dall'umanità*; volevo invece correre *verso l'umanità* il più velocemente possibile per poter abbracciare la gente, stringere mani e cantare di nuovo a squarciagola canzoni al karaoke in qualche seminterrato mal ventilato. Amavo ancora i luoghi incontaminati; amavo David Attenborough e tutte le meraviglie che ci mostrava: foreste tropicali che espirano nuvole, carnose stelle marine aggrappate alle fredde pozze lasciate dalla marea e famiglie di lontre marine avvolte nelle alghe umide. Però mi resi conto che quello che amavo di più erano le persone, e non appena gli spazi all'aperto iniziarono a riempirsi nuovamente di bambini felici e genitori sollevati, cominciai ad amare anche la città.

L'inverno seguente fu terribile, come sapevamo che sarebbe stato, ma ad aprile sbocciarono i tulipani e fu una vera e propria esplosione di colori. Avevo dimenticato che potessero esserci così tanti fiori. Forse la Natura si era davvero ripresa. Forse erano state le persone isolate a piantarli durante il lungo inverno della pandemia. O forse prima della pandemia il pensiero di fermarmi a guardarli non mi era mai passato per la testa.

Dopo che la fase più acuta della pandemia fu passata, tornammo in Inghilterra. Io e mio marito prendemmo i nostri bambini, che nel frattempo erano diventati due, e andammo a fare una passeggiata in città. Attraversammo un ponte sul Tamigi e rimanemmo a osservare l'acqua marrone ricca di argilla scorrere sotto di noi mentre si ritirava svelando le sponde fangose del fiume. Mio figlio, quello più grande, chiese di raccontargli la storia dei prigionieri rinchiusi nella Torre di Londra. Il più piccolo era invece rapito da un venditore di castagne sull'altro lato del fiume. Mio marito ci precedeva nella camminata, indifferente a tutto quel cemento e perfettamente a suo agio nel trambusto della città; pensai a quanto dovesse amare quel posto. Poi, a un tratto, mi resi conto che lo amavo anch'io. Adoro l'intensità di questo paesaggio urbano plasmato dagli esseri umani tanto quanto la selvaggia solitudine delle montagne. È come se il suolo sul quale camminiamo fosse stato preparato appositamente per noi, come se innumerevoli passi lungo percorsi battuti da migliaia di anni ce lo avessero reso intimamente familiare. Le rocce ci raccontano la storia profonda del pianeta, mondi passati stratificati uno sopra l'altro in cima a luoghi ancora più antichi e ricoperti a loro volta dall'asfalto della modernità. Il viavai che anima la città di Londra ha luogo al di sopra dei resti di altre città – mura romane, pietre antiche e strati di cenere, incendi e ossa. Sulle rive del Tamigi i cacciatori di tesori passano al setaccio il limo fluviale alla ricerca di punte di freccia e spade le cui lame sono state consumate da un lungo riposo nell'umidità del fango freddo. Ci sono fantasmi perduti nella foschia, streghe nella brughiera e regni di fate nelle foreste. L'aria soffia da luoghi più caldi e arriva qui, l'oceano smorza i cambiamenti stagionali più forti e la gente racconta le sue storie e imbastisce le sue leggende. *Tutto è connesso*.

I mondi computerizzati sui quali lavoro sono incredibilmente utili, ma rappresentano un fallimento su tutti i fronti quando si tratta di catturare queste connessioni umane. I modelli climatici possono solo vedere il peggio di noi. Su quei pianeti digitali gli esseri umani riescono a far sentire la propria presenza solamente attraverso la distruzione su larga scala: se abbattiamo ampie distese di foresta o immettiamo gas serra nell'atmosfera, il modello digitale del pianeta reagisce di conseguenza. Possiamo modificare qualche linea di codice per incrementare l'anidride carbonica presente nell'atmosfera, ed eccola balzare di colpo dall'era preindustriale fino a oggi. Quasi duecento anni di storia vengono compressi e ridotti alla composizione chimica del cielo. Nei modelli climatici però non compare alcuna forma d'arte, non risuona alcuna musica, non ci sono parole e men che meno possiamo reperire un singolo atto di gentilezza quotidiana. In pratica, non c'è amore. Un modello climatico è fatto solo di fisica e codici digitali ed è cieco di fronte alle cose meravigliose che ci rendono umani.

I modelli climatici proiettano nel domani scenari futuri perché non possono fare altrimenti. Non hanno altra scelta: se si immettono più gas serra nell'atmosfera, il mondo si scalda. In questo senso le leggi della fisica sono spietate. E così i mondi futuri appaiono cupi e desolati. Stando allo scenario peggiore, gli oceani inghiottono ogni città costiera, le foreste bruciano e muoiono, le correnti oceaniche subiscono mutamenti catastrofici e i ghiacciai dell'Alaska scivolano nel mare per sgretolarsi tra i flutti. Nei loro documentari, i David Attenborough del futuro saranno in grado di mostrarci solo le forme di vita più resistenti, come i ratti e i piccioni capaci di prosperare tra i rifiuti e la spazzatura che ci lasceremo dietro. Anche nel migliore dei mondi possibili schizziamo oltre i limiti delle temperature che ci siamo autoimposti e cerchiamo disperatamente di porre rimedio imparando in qualche modo a estrarre l'anidride carbonica dall'atmosfera, pentendoci nel frattempo per tutto il male che abbiamo fatto a un pianeta ora tarato su un nuovo e spaventoso standard climatico. Eppure nessun modello, per quanto possa essere utile, può dirci come riusciremo a vivere in quel mondo futuro fatto a pezzi; allo stesso modo, non esiste alcun modello in grado di insegnarci a voler bene a un pianeta devastato senza smettere di ripararlo, per quel poco che saremo in grado di fare.

Le simulazioni ci mostrano come l'Inghilterra verrà investita dal cambiamento climatico. Le regioni a vocazione vinicola si spostano a nord, lasciandosi alle spalle Francia e Italia per giungere ai terroir più ospitali del Kent e dell'Essex.[12] Fa un caldo inimmaginabile d'estate, più di quanto mai registrato prima, e negli anni più aridi la Terra digitale si secca e si spacca.[13] Nel mondo reale le cose stanno andando persino peggio di così. Durante l'estate del 2022 Londra ha superato i 40°C, toccando temperature superiori a quelle registrate nel Sahara e nella Valle della Morte tra California e Nevada.[14] La Gran Bretagna è stata colpita da siccità e incendi; il suo paesaggio non era più un idillio di piacevoli pascoli verdi, ma quello di una piccola isola accaldata e sfinita sull'orlo del collasso. Era il futuro che le simulazioni climatiche avevano previsto, ed era persino peggiore di quanto avessimo temuto. È sempre così quando lo vivi direttamente sulla tua pelle.

Il giorno della Festa della Mamma sono andata a letto con una febbre a 40°C e tremori violentissimi. Dopo aver sfebbrato cominciai a soffrire di vertigini e confusione, e poi fui investita da un mal di testa così forte che mi parve di essere stata colpita dritta in testa con un martello. La prima visita al pronto soccorso andò più o meno come me l'aspettavo: mi mandarono a casa dopo avermi suggerito di assumere un po' di vitamina C, di riposare e di bere più liquidi. La seconda visita durò di più, complice un valore inconsueto rilevato a seguito di nuovi esami del sangue, ma il risultato fu lo stesso. Mi fecero una TAC ai polmoni, scoprirono un nodulo quasi sicuramente benigno su uno di essi, dovetti sorbirmi una ramanzina inutile sui danni del fumo (io *non* fumo) e mi consigliarono ancora una volta di riposare e di idratarmi fino a quando il mio disturbo immaginario fosse passato. Il giorno seguente ero sdraiata sul lettino della risonanza magnetica e sentivo il liquido di contrasto diffondersi in calde pozze immaginarie sul petto e tra le gambe. Cercai di non farmi prendere dal panico e di non gridare; se avessi urlato forse avrebbero potuto darmi qualcosa per calmarmi. O forse no, e avrei solamente prolungato il tempo trascorso dentro quel macchinario. Mi trattenni e alla fine mi tirarono fuori; ero felice e orgogliosa di avercela fatta. «Tutto bene?», mi chiese il tecnico subito prima di spedirmi di nuovo dentro al tubo senza nemmeno aspettare la mia risposta. Il macchinario ronzava e sferragliava mentre convertiva i protoni del campo magnetico in un'immagine sfocata del mio cervello. Quell'immagine mostrava qualcosa di strano sul lato sinistro dell'encefalo, ma a dir la verità non me la sono mai sentita di guardarla dopo l'esame.

Quando mi dissero che c'era un trombo nel mio cervello provai solo irritazione. «Ecco, benissimo», pensai, «un altro problema e altre cose da fare», e intanto già mi immaginavo una trafila interminabile di appuntamenti, visite di controllo, spese, anticoagulanti da prendere e telefonate con l'assicurazione. Mandai un messaggio ad alcuni amici dicendo che adesso potevo addossare la colpa di tutti i difetti del mio carattere al mio trombo, per l'occasione ribattezzato col nome di Mitch. Purtroppo i miei amici non ci trovarono nulla da ridere. I miei genitori si fiondarono in città; mio marito era al mio fianco in ospedale e si arrabbiava con tutti quelli che mi giravano intorno. Non mi passò mai per la testa che potevo lasciarci le penne; a tutti gli altri sì. Durante una visita di controllo un'infermiera mi disse che di solito queste cose si scoprivano solo nel corso di un'autopsia. Stai bene e poi, all'improvviso, te ne sei andato.

Non vi sto raccontando questa storia perché penso che celi un'arguta metafora per il cambiamento climatico. Conosciamo benissimo le cause dietro al cambiamento del clima; in questo caso, invece, nessuno sapeva cosa avesse causato il coagulo nel mio cervello. Suppongo che potrei trasformare questa storia in una qualche allegoria sui problemi pressanti che vengono ignorati troppo a lungo, o magari in un'ode alle miracolose soluzioni tecnologiche che abbiamo inventato. Invece no, non ve la sto raccontando per nessuno di questi motivi. Vi sto raccontando questa storia per spiegarvi qualcosa in più su di me e su come mi sento oggi: mi trovo a vivere in questo mondo con addosso una travolgente sensazione di grazia ricevuta che non merito. Vivo quasi come una fedele evangelica spiritualmente rinata, una convertita sincera ma ostinata che suona al vostro campanello e che muore dalla voglia di farvi provare le emozioni che ha provato sulla sua stessa pelle. Quello che sto cercando di mettere per iscritto in questo momento è che ho sviluppato un rapporto strano con questo posto: mi sento infinitamente ottimista e riconosco di essere anche un po' molesta e fastidiosa. Non è colpa mia; la colpa è di Mitch.

L'estate dopo aver conosciuto Mitch tornammo di nuovo in Inghilterra. Affidai i bambini a mia suocera e presi un treno per la campagna. M'incamminai lungo il fiume Stour, oltrepassando le paludi dove l'acqua dolce del fiume si mescola con l'acqua salata dell'oceano. Il sentiero, quasi impercettibile, attraversava campi fangosi pieni di mucche placide e di erba soffice e umida che in prossimità delle rive del fiume lasciava il passo ad alti fusti di giunchi. L'aria profumava di fresco, di umido e di salsedine, un misto di odore di campagna e di vento proveniente da un braccio di mare che era finito per incagliarsi chissà come da queste parti. Il terreno cedeva mollemente a ogni mio passo, per poi riprendere la sua forma originaria. C'erano impronte di altri stivali che andavano a formare una linea ordinata di orme che intersecava quella piacevole campagna. Provai a immaginarmi le creature che vivevano lì: arvicole, talpe, tassi e lontre. Me li figurai vestiti di tutto punto, mossi da emozioni simili alle nostre e intenti a parlare tra loro, come accadeva nelle fiabe che leggevo ai miei figli. La debole luce del nord filtrava pigra tra le nuvole e la mia mente corse verso altre storie, altri tempi, altra gente che deve aver percorso quegli stessi passi. Provai un senso di vertigine e di profonda connessione di fronte alla vastità del mondo e alla sua complessità e temetti per un attimo di sprofondarvi dentro. E poi, pensando ai miei figli, ai miei genitori, a mio marito e ai miei amici, provai un turbinio di dolore, paura, rabbia, speranza e tristezza, tutte insieme contemporaneamente. Quanto volevo loro bene, quanto bene volevo al mondo e quanto mi piaceva essere viva!

Ogni anno, quando cambia la temperatura e quando la marea è favorevole, i salmoni fanno ritorno in Alaska per morire. Ogni singolo pesce ritrova la strada che conduce al fiume dov'è nato e inizia a nuotare controcorrente, contorcendosi sinuosamente come un serpente mentre cerca di risalire indomito le cascate. Ad attendere le legioni di salmoni migranti in cima alle cascate ci sono però gli orsi che non vedono l'ora di godersi senza alcuno sforzo l'invito all'ingrasso: presi dallo sforzo della migrazione, i pesci incuranti si fiondano dritti tra le loro fauci spalancate. Nel corso di questo massacro, i salmoni finiscono velocemente smembrati in un fiotto di sangue cremisi e le femmine vengono scosse in modo talmente brutale da provocare l'espulsione delle loro uova in collane di lucide perle di corallo. Centinaia di chilometri a monte i pesci che sopravvivono subiscono una spaventosa trasformazione in aggressivi mostri color rosa shocking, pronti a riprodursi. Dopo una breve parentesi di agitazione frenetica, le uova vengono deposte e fertilizzate, dopodiché ai salmoni esausti non resta che aspettare di morire per inedia. La loro disperata migrazione collettiva ha un obiettivo ben preciso che non contempla la continua partecipazione dei genitori: il lungo viaggio verso le zone di riproduzione termina con la deposizione delle agognate uova oppure, nei casi più sfortunati, nelle pance piene dei predatori.

Grazie alle conoscenze che ho accumulato nel corso della mia carriera professionale riesco a intravedere alcune delle forze invisibili che dirigono questo spettacolo. Capisco la matematica che descrive le stagioni, le maree, il riscaldamento dell'oceano e lo scioglimento dei ghiacciai che riversa la neve sciolta nei fiumi in anticipo sui consueti tempi primaverili. I pesci, gli animali e le persone che dipendono da entrambi sono legati a doppio filo da qualcosa di profondo e universale: che ci piaccia o meno, tutti obbediamo alle stesse identiche leggi, e tutti siamo rinchiusi in una magnifica prigione creata dalle leggi della fisica. Quando il sole risplende abbiamo caldo; quando la forza di gravità si fa sentire non abbiamo altra scelta che quella di cadere. L'unico modo in cui possiamo resistere è quello di fare appello alla fisica, cercando di reindirizzare forza ed energia verso altri fini dopo averle prese in prestito per un momento dal resto dell'universo.

Io e mio marito non abbiamo mai visto una migrazione di salmoni in Alaska, ma io e mio figlio ne abbiamo viste a volontà in televisione durante i primi duri mesi di isolamento forzato. Poter godere di tutta quella natura selvaggia in mezzo al grigio orrore urbano della pandemia era come un balsamo per l'anima, benché fruito indirettamente tramite delle cineprese. Per quanto non durasse ogni volta che pochi minuti, lo spettacolo di quelle acque così vive, magnifiche e al tempo stesso brutali lasciava senza fiato. Mi godevo il documentario assieme a mio figlio e mi sentivo felice di esistere su un pianeta così bello, miracoloso e pieno di vita. A un tratto, mentre fuori si sentivano le sirene delle ambulanze, mi colpì l'idea che potrei non avere più l'occasione di vedere tutti quei salmoni dal vivo nel tempo che mi resta sulla Terra. Non potrò certo vivere per sempre; ecco un'altra cosa di cui ero razionalmente al corrente, ma che prima di allora non avevo mai davvero realizzato né sentito come vera.

Lo scorso settembre sono andata a fare una risonanza magnetica di controllo al cervello, convinta di trovare Mitch morto e sepolto. Avevo già in programma di festeggiare una sorta di commiato per il mio compagno di viaggio al quale, a dir la verità, non avevo mai davvero voluto bene, ma che mi aveva pur sempre accompagnato per un po' di mesi. I risultati però non furono quelli che mi aspettavo. C'era ancora qualcosa sul lato sinistro del mio cervello. Mitch era ancora con noi. O forse no? Forse Mitch non era mai esistito, come mi aveva detto il medico. Oppure c'era in ballo qualcosa di più inquietante. «Sono cose che, purtroppo, possono capitare», continuò il medico, iniziando a spiegarmi gli effetti della pressione esercitata da un tumore cerebrale sul flusso sanguigno. «Capisco», gli ho risposto. La dinamica dei fluidi la conosco bene.

Nessuno sa davvero *cosa* ci sia esattamente che non va; sanno solo che c'è *qualcosa* che non va. Mi è capitato di perdere completamente la sensibilità da un lato del corpo, e mi è sembrato che la mia guancia si stesse sciogliendo per colare lungo il viso come cera al sole. Una volta mi sono ritrovata accasciata in fondo a una rampa di scale, con una brutta distorsione alla caviglia e senza ricordarmi nulla di ciò che era successo prima di cadere. Dimentico le cose più spesso di prima e, a volte, quando Mitch o qualche suo parente si fanno particolarmente pugnaci, rimango a fissare il vuoto per alcuni lunghi e francamente imbarazzanti minuti. Questa situazione urta mio marito, che ha un'indole da risolutore e mi sprona a venire a capo del problema per risolverlo una volta per tutte. Da parte mia, non faccio che presentarmi diligentemente ai vari appuntamenti con i medici. Ognuno di loro mi dà una diagnosi diversa e terribile. Alla fine scelgo un neurologo, non tanto perché mi ispiri particolarmente fiducia o perché creda davvero che abbia ragione, ma perché la sua diagnosi è la meno grave e la più gestibile tra tutte quelle proposte. Passo più tempo di quanto vorrei dentro macchinari costosissimi. Aspetto il lieto fine. E poi, quando mi accorgo che il lieto fine non arriva, cerco di prepararmi a quello più triste. Mi immagino mentre perdo un pezzetto di me ogni giorno, e vedo svanire prima le parole, poi la padronanza del linguaggio, fino a quando l'oblio non avvolge anche i volti e le persone. A volte penso che forse il prossimo coagulo sarà quello fatale che verrà scoperto nel corso dell'esame autoptico. Magari la fine arriverà all'improvviso. Ma la fine non arriva mai; sono ancora qui, e molto semplicemente continuo a esserci. E sto cercando di capire come ciò sia possibile.

Cercare di capire se sono parte o meno della Natura non è più una domanda alla quale do particolare importanza. È ovvio che tutti dipendiamo dallo stesso pianeta, così come dipendono da esso tutti gli altri esseri viventi che ci circondano. È anche dolorosamente ovvio che non c'è alcuna via di fuga. Se gli esseri umani dovessero riuscire a liberarsi dai vincoli terrestri e trasferirsi su un qualche altro pianeta, le leggi della fisica li seguiranno per avvilupparli al destino di quella nuova, e probabilmente squallida, casa. A ogni modo, qualunque cosa esista su quel pianeta formerà un ecosistema efficiente: ogni cosa occuperà il suo ruolo preciso e nulla andrà sprecato. Non può essere altrimenti: se i salmoni non risalissero la corrente dei fiumi, i loro predatori morirebbero di fame; se gli orsi smettessero di mangiarli, i pesci si moltiplicherebbero, consumerebbero tutto il cibo a disposizione e morirebbero. La natura non spreca nulla; la natura trova un equilibrio. Ma non è un equilibrio misericordioso.

Io questo equilibrio l'ho spezzato, e ora mi trovo quasi completamente al di fuori dei limiti imposti dalla natura. Come molte cose create dall'uomo, sto dimostrando di essere sorprendentemente difficile da eliminare. Senza una buona dose di fortuna e senza la medicina moderna la mia storia sarebbe già finita. Se il fato volesse diversamente, avrei perfino una diagnosi chiara e una cura a portata di mano. Invece, per ora sopravvivo in una specie di limbo, senza mai sapere con certezza se mi devo aspettare una catastrofe improvvisa oppure se devo invece attendere il lento e inevitabile declino verso qualcosa di peggiore. La mia carriera professionale in ambito scientifico mi ha preparata ad affrontare queste eventualità.

Ma proverò anche altre sensazioni. Domani mi sveglierò con la truffaldina consapevolezza di essere riuscita a farla franca ancora una volta. Proverò la gioia furbesca di chi è riuscito a beffare un destino che lo voleva fuori dai giochi. Proverò un profondo dispiacere per me stessa, molto più di quanto non debba. Penserò alle montagne americane e alle dolci colline inglesi. Guarderò il mondo sullo schermo del televisore e del mio computer in tutta la sua bellezza e in tutto il suo orrore. Farò del mio meglio per rendere il pianeta un posto migliore, più giusto e più gentile per i miei figli. Li porterò in montagna e passeggeremo per le strade della città. Parleremo del nostro posto nel mondo, delle leggi della fisica che ci legano a doppio filo gli uni agli altri, e tutti quanti alla Natura nel suo insieme. Dirò loro che noi esseri umani dobbiamo prenderci cura di questi legami, cambiando e adattandoci di conseguenza – proprio come avviene in qualsiasi relazione che voglia durare nel tempo. Dirò loro che se ami qualcosa devi permetterti in primo luogo di provare *davvero* quell'emozione. Io ora lo faccio, e continuerò a farlo anche domani.

Nonostante il fatto che io abbia studiato per anni il cambiamento climatico, e che si tratti in pratica dell'argomento che conosco meglio di qualunque altro, scrivere questo libro è stato difficile. Il problema fondamentale è il tono: a volte ero giustamente molto arrabbiata, ma altre volte i temi che dovevo mettere per iscritto mi terrorizzavano talmente tanto che non riuscivo a chiudere occhio la notte. Eppure, talvolta ho persino provato gioia, e poi mi sono sentita in colpa per aver creduto di poter essere felice anche solo per un attimo. Spero che esistano parole in altre lingue con le quali poter descrivere in modo più sintetico ed efficace le sensazioni e i sentimenti che provo: la combinazione di eccitazione e orrore che soggiace alle scoperte scientifiche che hanno per oggetto di indagine il pianeta che cambia, l'esasperante stillicidio di una speranza ormai agli sgoccioli che si diluisce in una disperazione con la quale ho già fatto i conti, la vergognosa felicità che si prova quando si sente o si legge di una parziale vittoria e, soprattutto, l'assurda tristezza che si prova quando si perde qualcosa di naturale – una barriera corallina o la migrazione dei salmoni – che non ho mai avuto modo di vedere dal vivo e che senza l'intervento di David Attenborough non avrei mai nemmeno saputo che esistesse.

Mi mancano le parole adatte per descrivere anche altre emozioni. Guardavo mio figlio che dormiva sereno nella sua culla, e qualche anno più tardi osservavo allo stesso modo suo fratello più piccolo e non trovavo che piccole parole inadeguate per descrivere come mi facevano sentire: qualcosa di maestoso e travolgente, ma nel contempo anche di fastidioso, sfiancante, buffo e appagante. Qual era il mio obiettivo quando mi sono prefissata di scrivere questo libro? Volevo forse scrivere una bellissima e commovente elegia per il mondo che i miei figli stavano perdendo? Oppure un'accorata difesa di quanto ancora resiste? Molti potrebbero accusarmi di essere una cattiva persona per aver voluto mettere al mondo dei bambini in un pianeta destinato al tracollo, e per continuare a sperare disperatamente che possano contribuire a cambiarlo. Non posso che provare pietà per quelle persone che vorrebbero che i miei figli non fossero mai esistiti, ma non riesco a credere che il pianeta sarebbe un posto migliore senza il dono più grande che il mondo mi abbia mai fatto. Avere figli è come giurare fedeltà al futuro, l'espressione di una speranza irrazionale nella bontà della gente – o, perlomeno, di una fede inossidabile nel fatto che le persone possano redimersi quel tanto che basta da capire e giustificare la scelta di mettere al mondo dei bambini.

Io credo che possiamo essere buoni se decidiamo di esserlo. Non esiste una qualsivoglia «natura umana»; chiunque affermi il contrario dimostra solamente di sapere ben poco sugli esseri umani e di non conoscere proprio nulla sulla natura. Tutti conteniamo moltitudini e almeno un paio di litigiose contraddizioni.[15] Siamo avidi e pieni di odio, generosi e affettuosi, infinitamente stupidi e di colpo geniali. Nessuno di noi trova posto in una singola equazione e nessuno dei nostri futuri possibili è già scritto – né nelle stelle, né sulle palme delle nostre mani né tantomeno nel linguaggio inevitabile della matematica. E anche se davvero marciassimo all'unisono al ritmo della fisica, anche se il filo dei nostri destini fosse veramente intrecciato da tre sorelle in un pozzo sotterraneo,[16] le nostre interazioni modificherebbero l'ineluttabilità di quelle traiettorie: persino i fili più strettamente intrecciati possono essere combinati in tessuti differenti.

Mio figlio più piccolo non ha mai visto le montagne dal vivo; un giorno, se la mia fortuna innaturale dovesse continuare a reggere, ce lo porterò. Lasceremo la città di New York e attraverseremo in automobile le dolci colline della Pennsylvania, ci dirigeremo a sud dei Grandi Laghi e poi oltre le immense pianure nel cuore del paese. Raggiunto il Nebraska vedremo un nuvolone che promette tempesta sorvolare torvo la prateria, piatto come un'incudine e con tutta la sua carica di elettricità trattenuta a stento. Oltrepasseremo poi le Montagne Rocciose, e dirò loro che il vento che scuote la nostra piccola auto è in viaggio per consegnare il meteo sull'uscio di casa della nostra famiglia in Inghilterra. Rammenterò a mio figlio maggiore che aveva già visto queste montagne e gli chiederò se si ricorda di quando aveva tre anni. So bene che non sarà mai più un bambino, e la consapevolezza della terribile ineluttabilità della sua crescita mi stringe il cuore in gola. Il tempo è agli sgoccioli; gli anni della loro infanzia che sembravano infiniti, e che invece sono stati anche troppo brevi, stanno volgendo al termine.

Il tempo sta per scadere anche per molte altre cose. L'estate in montagna si è fatta rovente, aspra e pericolosa. Ci saranno anni in cui il salutare fragore delle cascate sarà il risultato dell'abbondante neve scioltasi dopo un inverno piovoso, e anni in cui le rapide non saranno che un rigagnolo – e probabilmente anche anni in cui non ci sarà alcuna neve invernale. Credo che alla fine saremo in grado di evitare lo scenario peggiore al termine di un difficoltoso sforzo corale, anche se temo che questo ottimismo delirante non sia altro che un effetto collaterale prodotto dalla presenza di Mitch. Nemmeno nei miei sogni più rosei posso comunque negare l'evidenza dei terribili eventi che ci attendono; tuttavia, le montagne saranno ancora lì e un giorno ci ritroveremo assieme sotto un dirupo di granito scintillante nel Parco dello Yosemite. Le manine dei miei figli si poseranno sulle crepe che costellano la superficie liscia della roccia e si aggrapperanno a una piccola sporgenza. Scaleremo la roccia e giungeremo sulla sua cima, dove ci riposeremo all'ombra striminzita di un albero di manzanita inondati dalla foschia delle goccioline prodotte da una cascata nascosta alla vista. Il cielo sarà offuscato dalla caligine di incendi lontani, e al sole di mezzogiorno il granito rovente ci brucerà le mani. Scenderemo nella vallata e ci uniremo alla folla di scalatori stanchi e ai bus pieni di bambini e di famiglie giunte fin qui da Modesto o da Fresno per un giorno di ferie. Per un momento tornerò a desiderare fortemente quiete e solitudine, ma alla fine mi lascerò vincere dalle risate e dai sospiri di meraviglia di quell'allegra comitiva di turisti felici. Sarà ovviamente diverso da come me lo ricordavo, e i miei figli esploreranno un luogo differente, un paesaggio cambiato, deteriorato e malridotto. Credo sinceramente che non potranno non innamorarsene e per me, in quel preciso momento, nient'altro al mondo avrà la stessa importanza.

Se questo fosse un documentario narrato da David Attenborough adesso sarebbe il momento in cui la camera inizia ad allargare la visuale sulle emozionanti note di un crescendo orchestrale. Ma un modello climatico non può godere di alcun accompagnamento musicale. Gli mancano i dolci suoni della natura, i richiami degli uccelli, i canti delle balene e il piacevole rumore di sottofondo della pioggia che cade sui prati erbosi. Non conosce la cacofonia che noi esseri umani aggiungiamo: i martelli pneumatici e i clacson delle automobili, le grida e le esplosioni. Non c'è nemmeno la musica, e non ci sono le cose gentili che ci diciamo sottovoce e le storie che raccontiamo. Tutto ciò che è *umano* non è contemplato: la nostra saggezza e la nostra stupidità, le nostre scelte e i nostri errori, il modo in cui viviamo insieme, le emozioni che proviamo e le espressioni del nostro amore. Il pianeta digitale sul quale lavoro mi mostra incubi e sogni, futuri roventi e terribili e scenari più miti all'interno dei quali potrei un giorno vivere per davvero. Trascorrere del tempo avendo a che fare con questi modelli è utile per imparare molte cose, ma non è che un mero simulacro, un'imitazione dozzinale del pianeta reale priva di tutto ciò che amiamo nella realtà.

Non c'è vita su quel pianeta digitale freddo e silenzioso. L'unico posto dove possiamo vivere tutti assieme è questo mondo reale che abbiamo modificato in modo radicale. Un mondo che non è altro che una piccola roccia sporca che orbita attorno a una stella tiepida per gli standard del cosmo. Un mondo che brilla nel gelo dello spazio siderale dove non esiste oscurità ma solo luce che non riusciamo a vedere.

Ringraziamenti

Prima di tutto, sempre e comunque: grazie di cuore a Mark. Qualcuno vada indietro nel tempo e dica all'adolescente che ero che alla fine avrebbe sposato un bell'inglese intelligente che è bravissimo sia con i bambini che con i cani: quell'adolescente uscirebbe letteralmente di testa! Ti amo, Mark.

Grazie a Rachel Vogel, la mia straordinaria agente, e ai miei editor, i geniali Sarah Murphy e Will Boggess, i quali mi hanno aiutato a trasformare un gran bel pasticcio in un libro compiuto. Grazie anche al team Ecco: Cordelia Calvert, Meghan Deans, Miriam Parker, Helen Atsma, Rachel Sargent e Alison Bloomer. Grazie a Frieda Duggan per la sua meticolosa correzione delle bozze e ad Allison Saltzman per aver lavorato alla copertina dell'edizione statunitense (sulla quale campeggia una bellissima illustrazione di Jill Pelto).

Ho la fortuna di poter lavorare assieme a scienziati brillanti, divertenti e dediti al loro lavoro con tutta la passione che merita. Un enorme ringraziamento va quindi a tutti coloro che hanno preso la discutibile decisione di assumermi: Ken Caldeira, Karl Taylor e in particolare Gavin Schmidt, che ha creduto in me quando a nessun altro sembrava importare di questa scienziata. I miei colleghi presso il PCMDI (il Program for Climate Model Diagnosis and Intercomparison presso il Lawrence Livermore National Laboratory a Livermore, in California) – ossia, Peter Caldwell, Paul Durack, Ben Santer, Mark Zelinka e la meravigliosa Céline Bonfils – mi hanno insegnato a essere una vera climatologa. Ho avuto la possibilità di imparare da maestri straordinari, inclusi Michela Biasutti, Ben Cook, Phil Duffy, Ed Hawkins, Katharine Hayhoe, Gabi Hegerl, Deanna Hence, David Ho, Sonali McDermid, Angie Pendergrass, Robert Pincus, Deepti Singh, Mingfang Ting, Mark Webb, Laura Wilcox e Park Williams. I miei colleghi presso Project Drawdown mi hanno ispirata ogni giorno con il loro talento e la loro gentilezza. Non posso esimermi dal ringraziare Jon Foley, Elizabeth Bagley e Jamie Gerber, che hanno letto le prime bozze di questo libro.

Parlando di bozze, devo esprimere la mia riconoscenza nei confronti del mio gruppo di scrittura per i loro suggerimenti, i consigli e per il sostegno. Senza Brea Tremblay, Raquel D'Apice, Liz DeGregorio, Vidya Misra, Kem Ukwu e Darin Patterson questo libro sarebbe stato di gran lunga peggiore. Quando si scrivono libri incentrati sulle emozioni è comodo avere amici che sono anche psicologi famosi, quindi un enorme grazie va a Guy Winch.

Non avrei mai potuto farcela senza la mia comunità di Brooklyn, in particolare Jake Slutsky, Chi Shen, Alex Rivers, Semra Ercin, Keith Gessen, Emily Gould, Valentina Canavesio, Omar Mullick, Matt Yamasaki, Sarah Sachs, Adriana Daroqui, Mauro Restuccia, Stephanie Rabins, Michael Haggerty, Sasha Heroy e Bob Herzog. Sono immensamente grata a tutti i maestri dei miei figli e agli insegnanti che si sono occupati delle attività del doposcuola, i quali in un mondo giusto e corretto dovrebbero guadagnare un miliardo di dollari al giorno. E grazie anche a Mattie Townson, che ha fatto da babysitter ai miei bambini selvaggi e mi ha fatto il favore di leggere qualche capitolo.

Ho trovato ispirazione leggendo i lavori sul clima di Leah Stokes, Ayana Elizabeth Johnson, Katharine Wilkinson, Sarah Kapnick, Jane Zelikova, Anna Jane Joyner e Bina Venkataraman. Grazie a Mary Annaise Heglar, che scrive in modo meraviglioso, e a Cynthia Thomson, che si merita davvero la luna e di più.

Un grazie di cuore agli amici lontani che mi mancano: Jana Grcevich, Maryam Zaringhalam, Brenda Tuohy, Adrienne Lee, Claude Warnick, Chris Taylor, Katie Birley, Maxine von Eye e Jack Nissan. E soprattutto grazie a mia sorella Libby, che vorrei fosse un po' più vicina di un volo di sedici ore.

Grazie a Ellen Solomon e a Sammi Marwan e Kate Rosin, che hanno dato ai miei figli i migliori cugini al mondo con cui giocare.

Molte persone dicono di avere i migliori genitori del mondo, ma i miei sono *davvero* i migliori genitori del mondo. Mamma e papà mi hanno cresciuta per essere forte e intelligente, hanno sopportato alcune fasi adolescenziali decisamente turbolente e sono sempre stati una fonte costante di amore e supporto. *Grazie, grazie, grazie.*

E infine, grazie a EB e Shrimp [«Gamberetto», *N.d.T.*], i migliori bambini dell'intero universo. Amo leggervi storie, vivere avventure con voi, ballare, giocare e guardarvi crescere. Che vita meravigliosa che ho avuto.

Note

Eccetto ove indicato altrimenti, i collegamenti ipertestuali riportati nelle note si intendono attivi e aggiornati alla data di pubblicazione dell'edizione originale del presente volume [*N.d.T.*].

Introduzione

1. Cit. adattata da W. Whitman, *Foglie d'erba. La prima edizione del 1855*, trad. it. di A. Ceni, Feltrinelli, Milano 2015, ed. digitale [*N.d.T.*].

1. *Meraviglia*

Per scrivere questo capitolo ho consultato i miei vecchi libri di testo. Quasi ogni manuale introduttivo spiega agli studenti come calcolare la temperatura della Terra in assenza di un'atmosfera (la temperatura del «corpo nero») e con un'atmosfera semplice (la temperatura del «corpo grigio»). Si veda per esempio L.R. Kump, J.F. Kasting e R.G. Crane, *The Earth System*, 3ª edizione, Prentice Hall, San Francisco-Monaco di Baviera 2010.
Per quanto riguarda le spiegazioni relative a termodinamica, umidità e struttura verticale dell'atmosfera si rimanda a E.A. Mathez e J.E. Smerdon, *Climate Change: The Science of Global Warming and Our Energy Future. Second Edition*, Columbia University Press, New York 2018.
Una spiegazione decente, benché altamente specialistica, della forza di Coriolis, della forza di gradiente e del vento è disponibile in W.M. Washington e C.L. Parkinson, *An Introduction to Three-Dimensional Climate Modeling. Second Edition*, University Science Books, Sausalito (Cal.) 2005.
Una efficace dimostrazione della forza di Coriolis è reperibile presso il seguente link: MIT OpenCourseWare, *Experiment V: Visualizing the Coriolis Force*, dal corso di Raffaele Ferrari, *Atmosphere, Ocean and Climate Dynamics*, autunno 2008: www.youtube.com/watch?v=RrWKSOvqV-o.

Il processo di salita e discesa delle masse d'aria si chiama «cella di Hadley» e si può vedere in azione qui: MIT OpenCourseWare, *Experiment VIII: Hadley Circulation*, dal corso di Raffaele Ferrari, *Atmosphere, Ocean and Climate Dynamics*, autunno 2008: youtube.com/watch?v=7BcDOuJRUoo.
Il Servizio Meteorologico nazionale del Regno Unito (UK *Met Office*) propone una dimostrazione online della circolazione atmosferica globale che trovo molto utile: www.metoffice.gov.uk/weather/learn-about/weather/atmosphere/global-circulation-patterns.
Per un panorama chiaro ed efficace relativo allo studio dei processi fisici che interessano gli oceani, e per saperne di più sulla disciplina nota come Oceanografia fisica, si rimanda a H. Czerski, *The Blue Machine: How the Ocean Works*, W.W. Norton & Co., New York 2023 [ed. it. *La macchina blu. Come gli oceani danno forma al nostro mondo*, trad. di A. Agliotti, Bollati Boringhieri, Torino 2024].

1. W. Wordsworth e S.T. Coleridge, *Ballate liriche*, trad. it. di F. Marucci, introd. e note di A. Brilli, Mondadori, Milano 1979, p. 11.
2. S.n., *Star Basics*, NASA: science.nasa.gov/universe/stars.
3. R. Mitalas e K.R. Sills, *On the Photon Diffusion Time Scale for the Sun*, «Astrophysical Journal», 401, 2, 1992, pp. 759-60: doi.org/10.1086/172103.
4. S.n., *Goldilocks Zone*, NASA: science.nasa.gov/resource/goldilocks-zone.
5. S. Manabe e R.T. Wetherald, *Thermal Equilibrium of the Atmosphere with a Given Distribution of Relative Humidity*, «Journal of the Atmospheric Sciences», 24, 3, 1967, pp. 241-59: doi.org/10.1175/1520-0469(1967)024<0241:TEOTAW>2.0.CO;2.
6. S.n., *The Nobel Prize in Physics 2021*, NobelPrize.org: www.nobelprize.org/prizes/physics/2021/manabe/facts.
7. K. Marvel, B. Kravitz e K. Caldeira, *Geophysical Limits to Global Wind Power*, «Nature Climate Change», 3, 2, 2013, pp. 118-21: doi.org/10.1038/nclimate1683.
8. A. Morbidelli *et al.*, *Source Regions and Timescales for the Delivery of Water to the Earth*, «Meteoritics & Planetary Science», 35, 6, 2000, pp. 1309-20: doi.org/10.1111/j.1945-5100.2000.tb01518.x.
9. L'autrice fa riferimento al declassamento di Plutone a pianeta nano da parte dell'Unione Astronomica Internazionale nel 2006, dopo la scoperta del più piccolo ma più massiccio pianeta nano Eris avvenuta l'anno prima. In precedenza, Plutone era ritenuto un pianeta a tutti gli effetti, benché fosse il più piccolo dell'intero sistema solare [*N.d.T.*].
10. Nell'edizione originale l'autrice definisce la Terra come «il pianeta che prende il nome dallo sporco». Il riferimento implicito, ripetuto anche nell'ultimo capitolo, è all'etimologia di *Earth* («Terra») dall'anglosassone *eorðe*, ossia, secondo l'*Oxford English Dictionary. Second Edition* (Vol. V:

dvanda-follis, a cura di J. A Simpson e E.S.C. Weiner, Clarendon Press/ Oxford University Press, Oxford 1989, pp. 27-28), «il materiale di cui è composta la superficie del suolo» come «muffa, polvere, argilla» e quindi, per traslato, «sporco», ma anche «la presente dimora degli esseri umani, spesso contrapposta a inferno o paradiso». Dato che altre accezioni del medesimo termine sono «suolo», «terreno» o «terraferma in opposizione al mare», è parso naturale optare per l'etimologia latina di Terra da un antico **ters-a*, come «secca» in opposizione alla nozione di «acqua» (da G. Devoto, *Dizionario etimologico. Avviamento alla etimologia italiana*, seconda edizione, Le Monnier, Firenze 1968, p. 428) [*N.d.T.*].

2. *Rabbia*

La mia testimonianza presso il Congresso degli Stati Uniti è reperibile al link seguente: *The Economic and Health Consequences of Climate Change*, «Ways and Means Committee», Governo degli Stati Uniti, 8 maggio 2019: democrats-waysandmeans.house.gov/legislation/hearings/economic-and-health-consequences-climate-change-0.

Per maggiori informazioni su Eunice Foote si rimanda alle seguenti fonti: R.P. Sorenson, *Eunice Foote's Pioneering Research on CO_2 and Climate Warming*, «Search and Discovery», 70092, 2011, www.searchanddiscovery.com/pdfz/documents/2011/70092sorenson/ndx_sorenson.pdf.html; M. Shapiro, *Eunice Newton Foote's Nearly Forgotten Discovery*, «Physics Today», 23 agosto 2021: doi.org/10.1063/PT.6.4.20210823a; s.n., *Scientific Ladies: Experiments with Condensed Gases*, «Scientific American», 12, 1, 1856, p. 5.

Per il contesto storico di questo capitolo mi sono basata su due fonti in particolare, entrambe molto ben scritte: S.R. Weart, *The Discovery of Global Warming. Revised and Expanded Edition*, Harvard University Press, Cambridge (Mass.) 2008 [ed. it. *Febbre planetaria. Come si è giunti a scoprire il surriscaldamento dell'atmosfera e a prevedere i suoi effetti sul futuro della Terra*, introd. di M. Tozzi, trad. di F.B. Ardizzoia, Orme, Milano 2005]; e D. Archer e R. Pierrehumbert, *The Warming Papers: The Scientific Foundation for the Climate Change Forecast*, John Wiley & Sons, Chichester (UK) 2011.

Louisa Tyndall non era né un'assassina né tantomeno una pluriomicida. Quello me lo sono inventato io di sana pianta.

1. Cit. adattata da M. L'Engle, *Nelle pieghe del tempo*, trad. it. di S. Reggiani, Giunti, Firenze-Milano 2018 [*N.d.T.*].

2. S.n., *A Primer on Global Warming: Dispelling CO_2 Myths*, Heartland Institute, 1° luglio 2009: heartland.org/opinion/a-primer-on-global-warming-dispelling-co2-myths.

3. J. Tyndall, XXVII. *On Radiation through the Earth's Atmosphere*, «The London, Edinburgh, and Dublin Philosophical Magazine and Journal of Science», 25, 167, 1863, pp. 200-06: doi.org/10.1080/14786446308643443.

4. R. Jackson, *The Ascent of John Tyndall. Victorian Scientist, Mountaineer, and Public Intellectual*, Oxford University Press, New York 2018, p. 349.
5. *Ibid.*, p. 452.
6. S. Weart in collaborazione con R.T. Pierrehumbert, *A Saturated Gassy Argument*, «Real Climate», 26 giugno 2007: www.realclimate.org/index.php/archives/2007/06/a-saturated-gassy-argument.
7. B.D. Santer *et al.*, *Contributions of Anthropogenic and Natural Forcing to Recent Tropopause Height Changes*, «Science», 301, 5632, 2003, pp. 479-83: doi.org/10.1126/science.1084123.
8. L. Meng *et al.*, *Continuous Rise of the Tropopause in the Northern Hemisphere over 1980-2020*, «Science Advances», 7, 45, 2021, eabi8065: doi.org/10.1126/sciadv.abi8065.
9. S. Mirsky, *Climate Skeptic Senator Burned after Snowball Stunt*, «Scientific American», 2 marzo 2015: www.scientificamerican.com/podcast/episode/climate-skeptic-senator-burned-after-snowball-stunt.
10. E. Hawkins e P.D. Jones, *On Increasing Global Temperatures: 75 Years after Callendar*, «Quarterly Journal of the Royal Meteorological Society», 139, 677, 2013, pp 1961-63: doi.org/10.1002/qj.2178.
11. Per le raccolte di dati GISTEMP, HadCRUT5, Berkeley Earth e NOAA MLOST si rimanda rispettivamente a: N.J.L. Lenssen *et al.*, *Improvements in the GISTEMP Uncertainty Model*, «Journal of Geophysical Research: Atmospheres», 124, 12, 2019, pp. 6307-26: doi.org/10.1029/2018JD029522; C.P. Morice *et al.*, *An Updated Assessment of Near-surface Temperature Change from 1850: The HadCRUT5 Data Set*, «Journal of Geophysical Research: Atmospheres», 126, 2021, e2019JD032361: doi.org/10.1029/2019JD032361; R.A. Rohde e Z. Hausfather, *The Berkeley Earth Land/Ocean Temperature Record*, «Earth System Science Data», 12, 2020, pp. 3469-79: doi.org/10.5194/essd-12-3469-2020; H.-M. Zhang *et al.*, *NOAA Global Surface Temperature Dataset (NOAAGlobalTemp), Version 4.0*, NOAA National Centers for Environmental Information, 2019: doi.org/10.7289/V5FN144H.
12. D.P. Schneider *et al.*, *Climate Data Guide Spurs Discovery and Understanding*, «Eos: Transactions American Geophysical Union», 94, 13, 2013, pp. 121-22: doi.org/10.1002/2013EO130001.
13. S.n., *Fact Sheet: Operation Wigwam*, Defense Threat Reduction Agency, s.l., s.d.: www.dtra.mil/Portals/125/Documents/NTPR/newDocs/11-WIGWAM%20-%202021.pdf.
14. S. Weart e The American Institute of Physics, *Roger Revelle's Discovery*, «The Discovery of Global Warming», s.d.: history.aip.org/climate/Revelle.htm.

15. R. Revelle e H.E. Suess, *Carbon Dioxide Exchange Between Atmosphere and Ocean and the Question of an Increase of Atmospheric CO_2 during the Past Decades*, «Tellus», 9, 1, 1957, pp. 18-27: doi.org/10.3402/tellusa.v9i1.9075.

16. R. Monroe, *The Keeling Curve*, Scripps Institution of Oceanography, UC San Diego, 2024: keelingcurve.ucsd.edu.

17. S.n., *Exxon Sowed Doubt About Climate Science for Decades by Stressing Uncertainty*, «Inside Climate News», 22 ottobre 2015: insideclimatenews.org/news/22102015/exxon-sowed-doubt-about-climate-science-for-decades-by-stressing-uncertainty.

18. N. Banerjee, L. Song e D. Hasemyer, *Exxon Believed Deep Dive Into Climate Research Would Protect Its Business*, «Inside Climate News», 17 settembre 2015: insideclimatenews.org/news/17092015/exxon-believed-deep-dive-into-climate-research-would-protect-its-business.

19. G. Supran e N. Oreskes, *Assessing ExxonMobil's Climate Change Communications (1977-2014)*, «Environmental Research Letters», 12, 8, 2017, 084019: doi.org/10.1088/1748-9326/aa815f.

20. Union of Concerned Scientists, *ExxonMobil's Disinformation Campaign*, in Id., *Smoke, Mirrors & Hot Air: How ExxonMobil Uses Big Tobacco's Tactics to Manufacture Uncertainty on Climate Science*, Union of Concerned Scientists, Cambridge (Mass.) 2007, pp. 9-34: www.jstor.org/stable/resrep00046.7.

21. R. Adams-Heard e A. Rathi, *Rex Tillerson Questions Human Role in Halting Climate Change*, «Bloomberg.com», 4 febbraio 2020: www.bloomberg.com/news/articles/2020-02-04/rex-tillerson-questions-human-role-in-battling-climate-change.

22. J. Samenow, *Trump Thinks Weather and Climate Are Unpredictable. He's Wrong and Overdue for a Briefing*, «The Washington Post», 5 giugno 2017: www.washingtonpost.com/news/capital-weather-gang/wp/2017/06/05/trump-thinks-weather-and-climate-are-unpredictable-hes-wrong-and-overdue-for-a-briefing.

23. P. Shabecoff, *Global Warming Has Begun, Expert Tells Senate*, «The New York Times», 24 giugno 1988: www.nytimes.com/1988/06/24/us/global-warming-has-begun-expert-tells-senate.html.

24. Z. Hausfather *et al.*, *Evaluating the Performance of Past Climate Model Projections*, «Geophysical Research Letters», 47, 2020, e2019GL085378: doi.org/10.1029/2019GL085378.

25. G. Supran, S. Rahmstorf e N. Oreskes, *Assessing ExxonMobil's Global Warming Projections*, «Science», 379, 6628, 2023, eabk0063: doi.org/10.1126/science.abk0063.

3. *Colpa*

Un numero consistente di ricerche ha escluso la variabilità interna come potenziale causa del surriscaldamento globale. Klaus Hasselmann, uno dei pionieri in questo campo, ha ricevuto il premio Nobel per la Fisica nel 2021 assieme a Suki Manabe. Per approfondire si rimanda ai seguenti studi: G.C. Hegerl *et al.*, *Multi-Fingerprint Detection and Attribution Analysis of Greenhouse Gas, Greenhouse Gas-plus-Aerosol and Solar Forced Climate Change*, «Climate Dynamics», 13, 9, 1997, pp. 613-34: doi.org/10.1007/s003820050186; G.C. Hegerl *et al.*, *Detecting Greenhouse-Gas-Induced Climate Change with an Optimal Fingerprint Method*, «Journal of Climate», 9, 10, 1996, pp. 2281-306: doi.org/10.1175/1520-0442(1996)009<2281:DGGICC>2.0.CO;2; B.D. Santer *et al.*, *A Search for Human Influences on the Thermal Structure of the Atmosphere*, «Nature», 382, 6586, 1996, pp. 39-46: doi.org/10.1038/382039a0; K. Hasselmann, *Optimal Fingerprints for the Detection of Time-Dependent Climate Change*, «Journal of Climate», 6, 10, 1993, pp. 1957-71: doi.org/10.1175/1520-0442(1993)006<1957:OFFTDO>2.0.CO;2.

Per quanto riguarda la modellizzazione dell'impatto dei cambiamenti climatici si veda R.L. Miller *et al.*, *CMIP6 Historical Simulations (1850-2014) With GISS-E2.1*, «Journal of Advances in Modeling Earth Systems», 13, 1, 2021, e2019MS002634: doi.org/10.1029/2019MS002034.

Sulla stregoneria in Scozia e nel New England si possono leggere, rispettivamente, L. Henderson, *Witchcraft and Folk Belief in the Age of Enlightenment. Scotland, 1670-1740*, Palgrave Macmillan, Basingstoke 2016; e S. Schiff, *The Witches. Suspicion, Betrayal, and Hysteria in 1692 Salem*, Back Bay Books, New York 2016.

Un'ottima spiegazione di El Niño e delle sue teleconnessioni atmosferiche, ossia dei suoi effetti atmosferici a lunga distanza, è disponibile online presso la pagina *El Niño & La Niña (El Niño-Southern Oscillation)* su Climate.gov, s.d.: www.climate.gov/enso.

Frankenstein di Mary Shelly non ha certo bisogno di presentazioni; se non l'avete ancora letto recuperatelo: M. Shelley, *Frankenstein ovvero il moderno Prometeo*, trad. it. di L. Lamberti, introd. a cura di N. Fusini, Einaudi, Torino 2016. Per chi volesse rileggerlo nel testo originale del 1818 il riferimento è M. Shelley, *Frankenstein: The 1818 Text*, a cura di C. Gordon e C.E. Robinson, Penguin Books, New York 2018.

1. F.M. Dostoevskij, *Delitto e castigo. Romanzo in sei parti e un epilogo*, prefazione di N. Ginzburg, trad. it. di E. Guercetti, Einaudi, Torino 2013-14, ed. digitale.

2. J. Lanchester, *How the Little Ice Age Changed History*, «The New Yorker», 25 marzo 2019: www.newyorker.com/magazine/2019/04/01/how-the-little-ice-age-changed-history.

3. W. Behringer, *Climatic Change and Witch-Hunting: The Impact of the Little Ice Age on Mentalities*, «Climatic Change», 43, 1, 1999, pp. 335-51: doi.org/10.1023/A:1005554519604.
4. M.E. Snodgrass, *Witch Trials: A Worldwide Chronology*, McFarland & Co., Jefferson (New York) 2024.
5. E. Oster, *Witchcraft, Weather and Economic Growth in Renaissance Europe*, «Journal of Economic Perspectives», 18, 1, 2004, pp. 215-28: doi.org/10.1257/089533004773563502.
6. L. Henderson, *Witchcraft and Folk Belief in the Age of Enlightenment: Scotland, 1670-1740*, Palgrave Macmillan, Basingstoke (UK) 2016.
7. M.E. Mann, *Little Ice Age*, in *Encyclopedia of Global Environmental Change. Vol. 1: The Earth System: Physical and Chemical Dimensions of Global Environmental Change*, a cura di M.C. MacCracken e J.S. Perry, Wiley, Chichester 2002, pp. 504-09.
8. M.E. Mann *et al.*, *Global Signatures and Dynamical Origins of the Little Ice Age and Medieval Climate Anomaly*, «Science», 326, 5957, 2009, pp. 1256-60: doi.org/10.1126/science.1177303.
9. C. Waelbroeck *et al.*, *Constraints on the Magnitude and Patterns of Ocean Cooling at the Last Glacial Maximum*, «Nature Geoscience», 2, 2, 2009, pp. 127-32: doi.org/10.1038/ngeo411.
10. S.n., *Global Temperature*, NASA, s.d.: climate.nasa.gov/vital-signs/global-temperature?intent=121.
11. S.n., *El Niño: Pacific Wind and Current Changes Bring Warm, Wild Weather*, NASA, pubblicato originariamente il 14 febbraio 2017, aggiornato il 2 ottobre 2024: science.nasa.gov/earth/explore/el-nino.
12. D. Singh *et al.*, *Climate and the Global Famine of 1876-78*, «Journal of Climate», 31, 23, 2018, pp. 9445-67: doi.org/10.1175/JCLI-D-18-0159.1.
13. M. Davis, *Late Victorian Holocausts: El Niño Famines and the Making of the Third World*, Verso, London 2007 [ed. it. *Olocausti tardovittoriani. El Niño, le carestie e la nascita del Terzo Mondo*, trad. di G. Carlotti, Feltrinelli, Milano 2018].
14. I.G. Usoskin *et al.*, *The Maunder Minimum (1645-1715) Was Indeed a Grand Minimum: A Reassessment of Multiple Datasets*, «Astronomy & Astrophysics», 581, 2015, A95: doi.org/10.1051/0004-6361/201526652.
15. A.P. Schurer *et al.*, *Small Influence of Solar Variability on Climate over the Past Millennium*, «Nature Geoscience», 7, 2, 2014, pp. 104-08: doi.org/10.1038/ngeo2040.
16. M.W. Miles, C.S. Andresen e C.V. Dylmer, *Evidence for Extreme Export of Arctic Sea Ice Leading the Abrupt Onset of the Little Ice Age*, «Science Advances», 6, 38, 2020, eaba4320: doi.org/10.1126/sciadv.aba4320.

17. K. Matthes *et al.*, *input4MIPs.SOLARIS-HEPPA.Solar.CMIP.SOLARIS-HEPPA-3-2*, «Earth System Grid Federation», 2017: doi.org/10.22033/ESGF/input4MIPs.1122.

18. S.n., *Milankovitch (Orbital) Cycles and Their Role in Earth's Climate*, NASA, ultimo aggiornamento 22 ottobre 2024: science.nasa.gov/science-research/earth-science/milankovitch-orbital-cycles-and-their-role-in-earths-climate.

19. S.n., *Cave of Swimmers*, British Museum: africanrockart.britishmuseum.org/country/egypt/cave-of-swimmers.

20. J.E. Kutzbach e B.L. Otto-Bliesner, *The Sensitivity of the African-Asian Monsoonal Climate to Orbital Parameter Changes for 9000 Years B.P. in a Low-Resolution General Circulation Model*, «Journal of the Atmospheric Sciences», 39, 6, 1982, pp. 1177-88: doi.org/10.1175/1520-0469(1982)039<1177:TSOTAA>2.0.CO;2.

21. J.E. Tierney e P.B. de Menocal, *Abrupt Shifts in Horn of Africa Hydroclimate Since the Last Glacial Maximum*, «Science», 342, 6160, 2013, pp. 843-46: doi.org/10.1126/science.1240411.

22. N. Brooks *et al.*, *The Climate-Environment-Society Nexus in the Sahara from Prehistoric Times to the Present Day*, «The Journal of North African Studies», 10, 3-4, 2005, pp. 1-40: doi.org/10.1080/13629380500336680.

23. A.L. Berger, *Long-Term Variations of Daily Insolation and Quaternary Climatic Changes*, «Journal of the Atmospheric Sciences», 35, 12, 1978, pp. 2362-67: doi.org/10.1175/1520-0469(1978)035<2362:LTVODI>2.0.CO;2.

24. R.B. Stothers, *The Great Tambora Eruption in 1815 and Its Aftermath*, «Science», 224, 4654, 1984, pp. 1191-98: doi.org/10.1126/science.224.4654.1191.

25. J. Lepore, *The Strange and Twisted Life of «Frankenstein»*, «The New Yorker», 5 febbraio 2018: www.newyorker.com/magazine/2018/02/12/the-strange-and-twisted-life-of-frankenstein.

26. M.R. Schoeberl *et al.*, *The Estimated Climate Impact of the Hunga Tonga-Hunga Ha'apai Eruption Plume*, «Geophysical Research Letters», 50, 18, 2023, e2023GL104634: doi.org/10.1029/2023GL104634.

27. M.G. Flanner *et al.*, *Aerosol Radiative Forcing from the 2010 Eyjafjallajökull Volcanic Eruptions*, «Journal of Geophysical Research: Atmospheres», 119, 15, 2014, pp. 9481-91: doi.org/10.1002/2014JD021977.

28. M. Sigl *et al.*, *Timing and Climate Forcing of Volcanic Eruptions for the Past 2,500 Years*, «Nature», 523, 7562, 2015, pp. 543-49: doi.org/10.1038/nature14565.

29. G.H. Miller *et al.*, *Abrupt Onset of the Little Ice Age Triggered by Volcanism and Sustained by Sea-ice/Ocean Feedbacks*, «Geophysical Research Letters», 39, 2,

2012, 2011GL050168: doi.org/10.1029/2011GL050168; S. Brönnimann *et al.*, *Last Phase of the Little Ice Age Forced by Volcanic Eruptions*, «Nature Geoscience», 12, 8, 2019, pp. 650-56: doi.org/10.1038/s41561-019-0402-y.

30. Sull'attività solare si veda M.W. Miles, C.S. Andresen e C.V. Dylmer, *Evidence for Extreme Export of Arctic Sea Ice Leading the Abrupt Onset of the Little Ice Age*, «Science Advances», 6, 38, 2020, eaba4320: doi.org/10.1126/sciadv.aba4320; per quanto riguarda la peste nera rimando a W.F. Ruddiman, *The Anthropogenic Greenhouse Era Began Thousands of Years Ago*, «Climatic Change», 61, 3, 2003, pp. 261-93: doi.org/10.1023/B:CLIM.0000004577.17928.fa; sugli effetti della colonizzazione si può leggere R.A. Dull *et al.*, *The Columbian Encounter and the Little Ice Age: Abrupt Land Use Change, Fire, and Greenhouse Forcing*, «Annals of the Association of American Geographers», 100, 4, 2010, pp. 755-71: doi.org/10.1080/00045608.2010.502432.

31. J. Hansen *et al.*, *Potential Climate Impact of Mount Pinatubo Eruption*, «Geophysical Research Letters», 19, 2, 1992, pp. 215-18: doi.org/10.1029/91GL02788.

32. La citazione fa parte di un verso contenuto nella prefazione al poema epico *Milton: A Poem in Two Books*, composta da Blake nel 1804 e resa poi celebre nella versione reintitolata *Jerusalem* («Gerusalemme») e musicata da Hubert Parry nel 1906 [*N.d.T.*].

33. M. Wild, *Global Dimming and Brightening: A Review*, «Journal of Geophysical Research: Atmospheres», 114, D10, 2009, 2008JD011470: doi.org/10.1029/2008JD011470.

34. S. Szopa *et al.*, *Short-Lived Climate Forcers*, in *Climate Change 2021: The Physical Science Basis. Contribution of Working Group I to the Sixth Assessment Report of the Intergovernmental Panel on Climate Change*, a cura di V.P. Masson-Delmotte *et al.*, Cambridge University Press, Cambridge-New York 2021, pp. 817-922: doi.org/10.1017/9781009157896.008.

35. E. Susanne *et al.*, *The Turning Point of the Aerosol Era*, «Journal of Advances in Modeling Earth Systems», 14, 12, 2022, e2022MS003070: doi.org/10.1029/2022MS003070.

36. P.M. Forster *et al.*, *Current and Future Global Climate Impacts Resulting from COVID-19*, «Nature Climate Change», 10, 10, 2020, pp. 913-19: doi.org/10.1038/s41558-020-0883-0.

37. J.G. Charney, *Dynamics of Deserts and Drought in the Sahel*, «Quarterly Journal of the Royal Meteorological Society», 101, 428, 1975, pp. 193-202: doi.org/10.1002/qj.49710142802.

38. A. Giannini, R. Saravanan e P. Chang, *Oceanic Forcing of Sahel Rainfall on Interannual to Interdecadal Time Scales*, «Science», 302, 5647, 2003, pp. 1027-30: doi.org/10.1126/science.1089357.

39. M. Biasutti, *Rainfall Trends in the African Sahel: Characteristics, Processes, and Causes*, «WIREs Climate Change», 10, 4, 2019, e591: doi.org/10.1002/wcc.591.

40. B. Freese, *Coal. A Human History. Revised and Updated Edition*, Basic Books, New York 2016.

41. K. Marvel *et al.*, *Climate Trends*, in *Fifth National Climate Assessment*, a cura di A.R. Crimmins *et al.*, Washington D.C., U.S. Global Change Research Program 2023: doi.org/10.7930/NCA5.2023.CH2.

42. P. Friedlingstein *et al.*, *Global Carbon Budget 2023*, «Earth System Science Data», 15, 12, 2023, pp. 5301-69: doi.org/10.5194/essd-15-5301-2023.

43. Marvel *et al.*, *Climate Trends* cit.

44. S.n., *Global Monitoring Laboratory – Carbon Cycle Greenhouse Gases*, National Oceanic and Atmospheric Administration: gml.noaa.gov/ccgg/trends_n2o.

45. M.W. Jones *et al.*, *National Contributions to Climate Change Due to Historical Emissions of Carbon Dioxide, Methane, and Nitrous Oxide since 1850*, «Scientific Data», 10, 1, 2023, 155: doi.org/10.1038/s41597-023-02041-1.

46. Marvel *et al.*, *Climate Trends* cit.

47. Jones *et al.*, *National Contributions to Climate Change…* cit.

48. M. Rantanen *et al.*, *The Arctic Has Warmed Nearly Four Times Faster than the Globe since 1979*, «Communications Earth & Environment», 3, 1, 2022, pp. 1-10: doi.org/10.1038/s43247-022-00498-3.

49. K.E. McNamara e G. Jackson, *Loss and Damage: A Review of the Literature and Directions for Future Research*, «WIREs Climate Change», 10, 2, 2019, e564: doi.org/10.1002/wcc.564.

4. *Paura*

Per una discussione generale in merito agli eventi climatici estremi si rimanda all'undicesimo capitolo dell'ultimo rapporto di valutazione pubblicato dal Gruppo intergovernativo sul cambiamento climatico (Intergovernmental Panel on Climate Change, o IPCC): S.I. Seneviratne *et al.*, *Weather and Climate Extreme Events in a Changing Climate*, in *Climate Change 2021: The Physical Science Basis. Contribution of Working Group I to the Sixth Assessment Report of the Intergovernmental Panel on Climate Change*, a cura di V.P. Masson-Delmotte *et al.*, Cambridge University Press, Cambridge-New York 2021, pp. 1513-766: www.ipcc.ch/report/ar6/wg1/chapter/chapter-11. Per maggiori informazioni sul clima nell'antica Roma si vedano: K.A.F. Zonneveld *et al.*, *Climate Change, Society, and Pandemic Disease in Roman Italy between 200 BCE and 600 CE*, «Science Advances», 10, 4, 2024, eadk1033: doi.org/10.1126/sciadv.adk1033; e l'eccellente (e scorrevolissimo) K. Harper, *The Fate of Rome: Climate, Disease, and the End of an Empire*, Princeton University Press, Princeton-Oxford 2017 [ed. it. *Il destino di Roma. Clima, epidemie e la fine di un impero*, trad. di L. Giacone, Einaudi, Torino 2019].

1. W. Shakespeare, *Macbeth*, trad. it. di P. Bertinetti, Einaudi, Torino 2016, ed. digitale.
2. R.H. White *et al.*, *The Unprecedented Pacific Northwest Heatwave of June 2021*, «Nature Communications», 14, 1, 2023, p. 727: doi.org/10.1038/s41467-023-36289-3.
3. D. Faranda *et al.*, *A Climate-Change Attribution Retrospective of Some Impactful Weather Extremes of 2021*, «Weather and Climate Dynamics», 3, 4, 2022, pp. 1311-40: doi.org/10.5194/wcd-3-1311-2022.
4. A.P. Williams *et al.*, *Large Contribution from Anthropogenic Warming to an Emerging North American Megadrought*, «Science», 368, 6488, 2020, pp. 314-18: doi.org/10.1126/science.aaz9600.
5. K. Marvel *et al.*, *Climate Trends*, in *Fifth National Climate Assessment*, a cura di A.R. Crimmins *et al.*, Washington D.C., U.S. Global Change Research Program 2023: doi.org/10.7930/NCA5.2023.CH2.
6. P. Pirard *et al.*, *Summary of the Mortality Impact Assessment of the 2003 Heat Wave in France*, «Eurosurveillance», 10, 7, 2005, pp. 7-8: doi.org/10.2807/esm.10.07.00554-en.
7. Centre for Research on the Epidemiology of Disasters (CRED) e United Nations Office for Disaster Risk Reduction (UNDRR), *The Human Cost of Disasters: An Overview of the Last 20 Years (2000-2019)*, 12 ottobre 2020: www.undrr.org/publication/human-cost-disasters-overview-last-20-years-2000-2019.
8. P.A. Stott, D.A. Stone e M.R. Allen, *Human Contribution to the European Heatwave of 2003*, «Nature», 432, 7017, 2004, pp. 610-14: doi.org/10.1038/nature03089.
9. M. Rantanen *et al.*, *The Arctic Has Warmed Nearly Four Times Faster than the Globe since 1979*, «Communications Earth & Environment», 3, 1, 2022, pp. 1-10: doi.org/10.1038/s43247-022-00498-3.
10. M. Previdi, K.L. Smith e L.M. Polvani, *Arctic Amplification of Climate Change: A Review of Underlying Mechanisms*, «Environmental Research Letters», 16, 9, 2021, 093003: doi.org/10.1088/1748-9326/ac1c29.
11. D. Coumou *et al.*, *The Influence of Arctic Amplification on Mid-Latitude Summer Circulation*, «Nature Communications», 9, 1, 2018, p. 2959: doi.org/10.1038/s41467-018-05256-8.
12. J.S. Hoffman, V. Shandas e N. Pendleton, *The Effects of Historical Housing Policies on Resident Exposure to Intra-Urban Heat: A Study of 108 US Urban Areas*, «Climate», 8, 1, 2020, p. 12: doi.org/10.3390/cli8010012.

13. M.G. Donat *et al.*, *Extraordinary Heat during the 1930s US Dust Bowl and Associated Large-Scale Conditions*, «Climate Dynamics», 46, 1, 2016, pp. 413-26: doi.org/10.1007/s00382-015-2590-5.

14. D.G. Miralles *et al.*, *Land-Atmospheric Feedbacks during Droughts and Heatwaves: State of the Science and Current Challenges*, «Annals of the New York Academy of Sciences», 1436, 1, 2019, pp. 19-35: doi.org/10.1111/nyas.13912.

15. S.n., *DC Invaded by a Dust Storm from Midwest*, «Washington Post», 22 marzo 1935, archiviato e disponibile online: mallhistory.org/items/show/274.

16. J. Loh, *Okies – They Sank Roots and Changed the Heart of California: History: Unwanted and Shunned, the 1930s Refugees from the Dust Bowl Endured, Spawning New Generations. Their Legacy Can Be Found in Towns Scattered throughout the San Joaquin Valley*, «Los Angeles Times», 18 ottobre 1992: www.latimes.com/archives/la-xpm-1992-10-18-me-622-story.html.

17. B.I. Cook, R.L. Miller e R. Seager, *Amplification of the North American «Dust Bowl» Drought through Human-Induced Land Degradation*, «Proceedings of the National Academy of Sciences», 106, 13, 2009, pp. 4997-5001: doi.org/10.1073/pnas.0810200106.

18. D.A. Wilhite e M.H. Glantz, *Understanding: The Drought Phenomenon: The Role of Definitions*, «Water International», 10, 3, 1985, pp. 111-20: doi.org/10.1080/02508068508686328.

19. B.I. Cook *et al.*, *Megadroughts in the Common Era and the Anthropocene*, «Nature Reviews Earth & Environment», 3, 11, 2022, pp. 741-57: doi.org/10.1038/s43017-022-00329-1.

20. B.I. Cook, *Drought. An Interdisciplinary Perspective*, Columbia University Press, New York 2019.

21. A.L. Swann *et al.*, *Plant Responses to Increasing CO_2 Reduce Estimates of Climate Impacts on Drought Severity*, «Proceedings of the National Academy of Sciences», 113, 36, 2016, pp. 10019-24: doi.org/10.1073/pnas.1604581113.

22. A.G. Pendergrass *et al.*, *Flash Droughts Present a New Challenge for Subseasonal-to-Seasonal Prediction*, «Nature Climate Change», 10, 3, 2020, pp. 191-99: doi.org/10.1038/s41558-020-0709-0.

23. S. Undorf *et al.*, *The Influence of Greenhouse Gases on the 1930s Dust Bowl Heat Waves across Central United States*, disponibile online presso il «Copernicus Meeting» della European Geosciences Union General Assembly, EGU2020-6177, 9 marzo 2020: doi.org/10.5194/egusphere-egu2020-6177.

24. T. Cowan *et al.*, *Present-Day Greenhouse Gases Could Cause More Frequent and Longer Dust Bowl Heatwaves*, «Nature Climate Change», 10, 6, 2020, pp. 505-10: doi.org/10.1038/s41558-020-0771-7.

25. M. Scott, revisione di P. Gowda, *National Climate Assessment: Great Plains Ogallala Aquifer Drying Out*, Climate.gov, 19 febbraio 2019: www.climate.

gov/news-features/featured-images/national-climate-assessment-great-plains%E2%80%99-ogallala-aquifer-drying-out.

26. J. Jiménez e M. Levenson, *Ida's Wind-Driven Remnants Pummel the New York City Region*, «The New York Times», 1° settembre 2021: www.nytimes.com/2021/09/01/us/northeast-rain-ida-new-york.html.

27. J. Yeung, *Ten Countries and Territories Saw Severe Flooding in Just 12 Days. Is This the Future of Climate Change?*, CNN, 17 settembre 2023: www.cnn.com/2023/09/16/world/global-rain-flooding-climate-crisis-intl-hnk/index.html.

28. M. Winsor *et al.*, *Libya Flooding Deaths Top 11,000 as Thousands Reported Missing*, ABC News, 16 settembre 2023: abcnews.go.com/International/libya-flooding-death-toll-storm-daniel/story?id=103214362.

29. K.T. Smiley *et al.*, *Social Inequalities in Climate Change-Attributed Impacts of Hurricane Harvey*, «Nature Communications», 13, 1, 2022, p. 3418: doi.org/10.1038/s41467-022-31056-2.

30. Alabama Weather Forecast Office (NWS Birmingham), *Hurricane Katrina Coverage for Central Alabama*, NOAA's National Weather Service, 29 agosto 2005: www.weather.gov/bmx/event_katrina2005.

31. K. Bhatia *et al.*, *A Potential Explanation for the Global Increase in Tropical Cyclone Rapid Intensification*, «Nature Communications», 13, 1, 2022, p. 6626: doi.org/10.1038/s41467-022-34321-6.

32. L. Li e P. Chakraborty, *Slower Decay of Landfalling Hurricanes in a Warming World*, «Nature», 587, 7833, 2020, pp. 230-34: doi.org/10.1038/s41586-020-2867-7.

33. M.F. Wehner e J.P. Kossin, *The Growing Inadequacy of an Open-Ended Saffir-Simpson Hurricane Wind Scale in a Warming World*, «Proceedings of the National Academy of Sciences», 121, 7, 2024, e2308901121: doi.org/10.1073/pnas.2308901121.

34. M.K. Tippett, C. Lepore e J.E. Cohen, *More Tornadoes in the Most Extreme U.S. Tornado Outbreaks*, «Science», 354, 6318, 2016, pp. 1419-23: doi.org/10.1126/science.aah7393.

35. J.B. Elsner, T. Fricker e Z. Schroder, *Increasingly Powerful Tornadoes in the United States*, «Geophysical Research Letters», 46, 1, 2019, pp. 392-98: doi.org/10.1029/2018GL080819.

36. T.W. Moore, *Annual and Seasonal Tornado Trends in the Contiguous United States and Its Regions*, «International Journal of Climatology», 38, 3, 2018, pp. 1582-94: doi.org/10.1002/joc.5285.

37. H. Hu, L.R. Leung e Z. Feng, *Observed Warm-Season Characteristics of MCS and Non-MCS Rainfall and Their Recent Changes in the Central United States*, «Geophysical Research Letters», 47, 6, 2020, e2019GL086783: doi.org/10.1029/2019GL086783.

38. B.H. Tang, V.A. Gensini e C.R. Homeyer, *Trends in United States Large Hail Environments and Observations*, «Npj Climate and Atmospheric Science», 2, 1, 2019, pp. 1-7: doi.org/10.1038/s41612-019-0103-7.

39. A. Sobel, *Storm Surge: Hurricane Sandy, Our Changing Climate, and Extreme Weather of the Past and Future*, HarperCollins, New York 2014.

40. B.H. Strauss *et al.*, *Economic Damages from Hurricane Sandy Attributable to Sea Level Rise Caused by Anthropogenic Climate Change*, «Nature Communications», 12, 1, 2021, p. 2720: doi.org/10.1038/s41467-021-22838-1.

41. S.n., *Ice Sheets*, NASA Climate Change: climate.nasa.gov/vital-signs/ice-sheets?intent=121.

42. T. Parsons *et al.*, *The Weight of New York City: Possible Contributions to Subsidence From Anthropogenic Sources*, «Earth's Future», 11, 5, 2023, e2022EF003465: doi.org/10.1029/2022EF003465.

43. S.n., *Climate Change Indicators: Ocean Heat*, Reports and Assessments, 27 giugno 2016, disponibile online presso il sito della United States Environmental Protection Agency: www.epa.gov/climate-indicators/climate-change-indicators-ocean-heat. Dati nuovamente aggiornati online il 15 gennaio 2025 [*N.d.T.*].

44. S. Cooley *et al.*, *Oceans and Coastal Ecosystems and Their Services*, in *Climate Change 2022: Impacts, Adaptation and Vulnerability. Contribution of Working Group II to the Sixth Assessment Report of the Intergovernmental Panel on Climate Change*, a cura di H.-O. Pörtner *et al.*, Cambridge University Press, Cambridge-New York 2023, pp. 379-550: doi.org/10.1017/9781009325844.005.

45. S.n., *Sea Level Rise, U.S. Sea Level Change*: sealevel.globalchange.gov.

46. K. Naughten, P.R. Holland e J. De Rydt, *Unavoidable Future Increase in West Antarctic Ice-Shelf Melting over the Twenty-First Century*, «Nature Climate Change», 13, 11, 2023, pp. 1222-28: doi.org/10.1038/s41558-023-01818-x.

47. B.C. Calvan, *Superstorm Sandy Legacy: Recovery Far from Equal on NY Shore*, «The Independent», 26 ottobre 2022: www.independent.co.uk/news/ap-new-york-recovery-communities-black-b2210632.html.

48. I. Cohen, *In New York City, «Managed Retreat» Has Become a Grim Reality*, «Inside Climate News», 4 luglio 2020: insideclimatenews.org/news/04072020/new-york-city-managed-retreat-sea-level-rise.

49. Marvel *et al.*, *Climate Trends* cit.

50. D. Singh *et al.*, *2023: Focus on Compound Events*, in *Fifth National Climate Assessment*, a cura di A.R. Crimmins *et al.*, U.S. Global Change Research Program, Washington D.C. 2023: doi.org/10.7930/NCA5.2023.F1.

51. P.E. Wheeler, *The Thermoregulatory Advantages of Hominid Bipedalism in Open Equatorial Environments: The Contribution of Increased Convective*

Heat Loss and Cutaneous Evaporative Cooling, «Journal of Human Evolution», 21, 2, 1991, pp. 107-15: doi.org/10.1016/0047-2484(91)90002-D.

52. R. Stull, *Wet-Bulb Temperature from Relative Humidity and Air Temperature*, «Journal of Applied Meteorology and Climatology», 50, 11, 2011, pp. 2267-69: doi.org/10.1175/JAMC-D-11-0143.1.

53. C. Raymond, T. Matthews e R.M. Horton, *The Emergence of Heat and Humidity Too Severe for Human Tolerance*, «Science Advances», 6, 19, 2020, eaaw1838: doi.org/10.1126/sciadv.aaw1838.

54. AEV («avanti era volgare») equivale al tradizionale a.C. («avanti Cristo») e traduce l'acronimo BCE, ossia *Before Common Era*, presente nel testo in inglese; allo stesso modo, EV («era volgare») corrisponde a d.C. («dopo Cristo») e traduce l'originale CE, cioè *Common Era* [*N.d.T.*].

55. J.R. McConnell *et al.*, *Extreme Climate after Massive Eruption of Alaska's Okmok Volcano in 43* BCE *and Effects on the Late Roman Republic and Ptolemaic Kingdom*, «Proceedings of the National Academy of Sciences», 117, 27, 2020, pp. 15443-49: doi.org/10.1073/pnas.2002722117.

56. J.G. Manning *et al.*, *Volcanic Suppression of Nile Summer Flooding Triggers Revolt and Constrains Interstate Conflict in Ancient Egypt*, «Nature Communications», 8, 1, 2017, 900: doi.org/10.1038/s41467-017-00957-y.

57. L.B. Larsen *et al.*, *New Ice Core Evidence for a Volcanic Cause of the A.D. 536 Dust Veil*, «Geophysical Research Letters», 35, 4, 2008, L04708: doi.org/10.1029/2007GL032450.

58. M. Sigl *et al.*, *Timing and Climate Forcing of Volcanic Eruptions for the Past 2,500 Years*, «Nature», 523, 7562, 2015, pp. 543-49: doi.org/10.1038/nature14565.

59. U. Büntgen *et al.*, *Cooling and Societal Change during the Late Antique Little Ice Age from 536 to around 660* AD, «Nature Geoscience», 9, 3, 2016, pp. 231-36: doi.org/10.1038/ngeo2652.

60. E.P. Hoberg e D.R. Brooks, *Evolution in Action: Climate Change, Biodiversity Dynamics and Emerging Infectious Disease*, «Philosophical Transactions of the Royal Society B: Biological Sciences», 370, 1665, 2015, 20130553: doi.org/10.1098/rstb.2013.0553.

61. C.J. Carlson *et al.*, *Climate Change Increases Cross-Species Viral Transmission Risk*, «Nature», 607, 7919, 2022, pp. 555-62: doi.org/10.1038/s41586-022-04788-w.

62. C. McMichael, *Climate Change-Related Migration and Infectious Disease*, «Virulence», 6, 6, 2015, pp. 548-53: doi.org/10.1080/21505594.2015.1021539.

63. K.J. Anchukaitis *et al.*, *Last Millennium Northern Hemisphere Summer Temperatures from Tree Rings: Part* II, *Spatially Resolved Reconstructions*, «Qua-

ternary Science Reviews», 163, 2017, pp. 1-22: doi.org/10.1016/j.quascirev.2017.02.020.

64. J. Weatherford, *Genghis Khan and the Making of the Modern World*, Three Rivers Press, New York 2012 [ed. it. *Gengis Khan. La nascita del mondo moderno*, trad. di K. Plessini, LEG, Gorizia 2015].

65. N. Pederson *et al.*, *Pluvials, Droughts, the Mongol Empire, and Modern Mongolia*, «Proceedings of the National Academy of Sciences», 111, 12, 2014, pp. 4375-79: doi.org/10.1073/pnas.1318677111.

66. M. Burke, S.M. Hsiang e E. Miguel, *Climate and Conflict*, «Annual Review of Economics», 7, 1, 2015, pp. 577-617: doi.org/10.1146/annurev-economics-080614-115430.

67. M. McCormick *et al.*, *Climate Change during and after the Roman Empire: Reconstructing the Past from Scientific and Historical Evidence*, «The Journal of Interdisciplinary History», 43, 2, 2012, pp. 169-220: doi.org/10.1162/JINH_a_00379.

68. Per i maya si veda P.B. deMenocal, *Cultural Responses to Climate Change During the Late Holocene*, «Science», 292, 5517, 2001, pp. 667-73: doi.org/10.1126/science.1059287; per l'impero accadico si rimanda a H. Weiss *et al.*, *The Genesis and Collapse of Third Millennium North Mesopotamian Civilization*, «Science», 261, 5124, 1993, pp. 995-1004: doi.org/10.1126/science.261.5124.995; per quanto riguarda invece le dinastie Ming e Qing si legga D. Degroot *et al.*, *The History of Climate and Society: A Review of the Influence of Climate Change on the Human Past*, «Environmental Research Letters», 17, 10, 2022, 103001: doi.org/10.1088/1748-9326/ac8faa.

5. *Dolore*

1. C.C. Patterson, *Age of Meteorites and the Earth*, «Geochimica et Cosmochimica Acta», 10, 4, 1956, pp. 230-37: doi.org/10.1016/0016-7037(56)90036-9.

2. M. Kageyama *et al.*, *The PMIP4 Contribution to CMIP6 – Part 1: Overview and over-Arching Analysis Plan*, «Geoscientific Model Development», 11, 3, 2018, pp. 1033-57: doi.org/10.5194/gmd-11-1033-2018.

3. C.M. Schrein, *Lucy: A Marvelous Specimen*, «Nature Education Knowledge», 6, 7, 2015, p. 2: www.nature.com/scitable/knowledge/library/lucy-a-marvelous-specimen-135716086.

4. The Cenozoic CO_2 Proxy Integration Project (CenCOPIP) Consortium, *Toward a Cenozoic History of Atmospheric CO_2*, «Science», 382, 6675, 2023, eadi5177: doi.org/10.1126/science.adi5177.

5. E. De La Vega *et al.*, *Atmospheric CO_2 during the Mid-Piacenzian Warm Period and the M2 Glaciation*, «Scientific Reports», 10, 1, 2020, p. 11002: doi.org/10.1038/s41598-020-67154-8.

6. R.A. Betts *et al.*, *El Niño and a Record* CO_2 *Rise*, «Nature Climate Change», 6, 9, 2016, pp. 806-10: doi.org/10.1038/nclimate3063.
7. K.D. Burke *et al.*, *Pliocene and Eocene Provide Best Analogs for Near-Future Climates*, «Proceedings of the National Academy of Sciences», 115, 52, 2018, pp. 13288-93: doi.org/10.1073/pnas.1809600115.
8. J.E. Tierney *et al.*, *Bayesian Calibration of the Mg/Ca Paleothermometer in Planktic Foraminifera*, «Paleoceanography and Paleoclimatology», 34, 12, 2019, pp. 2005-30: doi.org/10.1029/2019PA003744.
9. Burke *et al.*, *Pliocene and Eocene*... cit.
10. C.L. Powell II, *The Purisima Formation and Related Rocks (Upper Miocene – Pliocene), Greater San Francisco Bay Area, Central California; Review of Literature and USGS Collection Now Housed at the Museum of Paleontology, University of California, Berkeley*, United States Geological Survey Open-File Report, 1998, USGS Publications Warehouse: doi.org/10.3133/ofr98594.
11. L.E. Lisiecki e M.E. Raymo, *A Pliocene-Pleistocene Stack of 57 Globally Distributed Benthic* $\delta^{18}O$ *Records*, «Paleoceanography», 20, 1, 2005, PA1003: doi.org/10.1029/2004PA001071.
12. K.G. Miller *et al.*, *Peak Sea Level during the Warm Pliocene: Errors, Limitations, and Constraints*, «Past Global Changes Magazine», 27, 1, 2019, pp. 4-5: doi.org/10.22498/pages.27.1.4.
13. W.V. Sweet *et al.*, *Global and Regional Sea Level Rise Scenarios for the United States: Updated Mean Projections and Extreme Water Level Probabilities along US Coastlines*, National Oceanic and Atmospheric Administration, Report 70229139, 2022, USGS Publications Warehouse: www.usgs.gov/publications/global-and-regional-sea-level-rise-scenarios-united-states.
14. S. Karlamangla, *What Will Happen to West Cliff Drive in Santa Cruz?*, «The New York Times», 25 aprile 2024: www.nytimes.com/2024/04/25/us/west-cliff-drive-santa-cruz.html.
15. G. Griggs, *Rising Seas in California: An Update on Sea-Level Rise Science*, in *World Scientific Encyclopedia of Climate Change. Volume 3*, a cura di J.W. Dash, World Scientific, Singapore-Hackensack-New York-London 2021, pp. 105-11.
16. H.J. Dowsett e T.M. Cronin, *High Eustatic Sea Level during the Middle Pliocene: Evidence from the Southeastern US Atlantic Coastal Plain*, «Geology», 18, 5, 1990, pp. 435-38: doi.org/10.1130/0091-7613(1990)018%3C0435:HESLDT%3E2.3.CO;2.
17. S.n., *Geology of Yosemite National Park*, U.S. Geological Survey: www.usgs.gov/geology-and-ecology-of-national-parks/geology-yosemite-national-park.

18. M. Kageyama *et al.*, *The PMIP4 Last Glacial Maximum Experiments: Preliminary Results and Comparison with the PMIP3 Simulations*, «Climate of the Past», 17, 3, 2021, pp. 1065-89: doi.org/10.5194/cp-17-1065-2021.

19. Per i sedimenti oceanici si veda S. Barker *et al.*, *Planktonic Foraminiferal Mg/Ca as a Proxy for Past Oceanic Temperatures: A Methodological Overview and Data Compilation for the Last Glacial Maximum*, «Quaternary Science Reviews», 24, 7-9, 2005, pp. 821-34: doi.org/10.1016/j.quascirev.2004.07.016; per le cavità speleologiche si può consultare M. Luetscher *et al.*, *North Atlantic Storm Track Changes during the Last Glacial Maximum Recorded by Alpine Speleothems*, «Nature Communications», 6, 1, 2015, 6344: doi.org/10.1038/ncomms7344; infine, per quanto riguarda i nidi e i cumuli «fossili» dei roditori, si rimanda a L.E. Strickland *et al.*, *Plant Macrofossil Data for 48-0 Ka in the USGS North American Packrat Midden Database, Version 5.0*, «Scientific Data», 11, 1, 2024, 68: doi.org/10.1038/s41597-023-02616-y.

20. Per i due valori si vedano, rispettivamente, J.D. Annan, J.C. Hargreaves e T. Mauritsen, *A New Global Surface Temperature Reconstruction for the Last Glacial Maximum*, «Climate of the Past», 18, 8, 2022, pp. 1883-96: doi.org/10.5194/cp-18-1883-2022; e J.E. Tierney *et al.*, *Glacial Cooling and Climate Sensitivity Revisited*, «Nature», 584, 7822, 2020, pp. 569-73: doi.org/10.1038/s41586-020-2617-x.

21. B. Bereiter *et al.*, *Revision of the EPICA Dome C CO_2 Record from 800 to 600 Kyr before Present*, «Geophysical Research Letters», 42, 2, 2014, pp. 542-49: doi.org/10.1002/2014GL061957.

22. S. Khatiwala, A. Schmittner e J. Muglia, *Air-Sea Disequilibrium Enhances Ocean Carbon Storage during Glacial Periods*, «Science Advances», 5, 6, 2019, eaaw4981: doi.org/10.1126/sciadv.aaw4981.

23. R. Röthlisberger *et al.*, *Ice Core Evidence for the Extent of Past Atmospheric CO_2 Change Due to Iron Fertilisation*, «Geophysical Research Letters», 31, 16, 2004, L16207: doi.org/10.1029/2004GL020338.

24. Kageyama *et al.*, *The PMIP4 Last Glacial Maximum Experiments*... cit.

25. R.P. Allan *et al.*, *Intergovernmental Panel on Climate Change (IPCC): Summary for Policymakers*, in *Climate Change 2021: The Physical Science Basis. Contribution of Working Group I to the Sixth Assessment Report of the Intergovernmental Panel on Climate Change*, a cura di V. Masson-Delmotte *et al.*, Cambridge University Press, Cambridge-New York 2023, pp. 3-32: doi.org/10.1017/9781009157896.001.

26. R.S. Dodd e R. DeSilva, *Long-Term Demographic Decline and Late Glacial Divergence in a Californian Paleoendemic: «Sequoiadendron Giganteum» (Giant Sequoia)*, «Ecology and Evolution», 6, 10, 2016, pp. 3342-55: doi.org/10.1002/ece3.2122.

27. *Ibid.*

28. C.M. Brierley *et al.*, *Large-Scale Features and Evaluation of the PMIP4-CMIP6 «midHolocene» Simulations*, «Climate of the Past», 16, 5, 2020, pp. 1847-72: doi.org/10.5194/cp-16-1847-2020.

29. K.R. Johnson, *California's Volatile Hydroclimate: Lessons From the Paleoclimate Record*, «Geophysical Research Letters», 48, 23, 2021, e2021GL095512: doi.org/10.1029/2021GL095512.

30. T.W. Swetnam, *Fire History and Climate Change in Giant Sequoia Groves*, «Science», 262, 5135, 1993, pp. 885-89: doi.org/10.1126/science.262.5135.885.

31. E.R. Cook *et al.*, *Megadroughts in North America: Placing IPCC Projections of Hydroclimatic Change in a Long-term Palaeoclimate Context*, «Journal of Quaternary Science», 25, 1, 2010, pp. 48-61: doi.org/10.1002/jqs.1303.

32. Johnson, *California's Volatile Hydroclimate*... cit.

33. N.J. Steiger *et al.*, *Oceanic and Radiative Forcing of Medieval Megadroughts in the American Southwest*, «Science Advances», 5, 7, 2019, eaax0087: doi.org/10.1126/sciadv.aax0087.

34. D.R. Cayan *et al.*, *Future Dryness in the Southwest US and the Hydrology of the Early 21st Century Drought*, «Proceedings of the National Academy of Sciences», 107, 50, 2010, pp. 21271-76: doi.org/10.1073/pnas.0912391107.

35. C.J. Fettig *et al.*, *Tree Mortality Following Drought in the Central and Southern Sierra Nevada, California, US*, «Forest Ecology and Management», 432, 2019, pp. 164-78: doi.org/10.1016/j.foreco.2018.09.006.

36. A.P. Williams, B.I. Cook e J.E. Smerdon, *Rapid Intensification of the Emerging Southwestern North American Megadrought in 2020-2021*, «Nature Climate Change», 12, 3, 2022, pp. 232-34: doi.org/10.1038/s41558-022-01290-z.

37. S.n., *CliPlot: San Francisco Bay Area, CA*, Weather Forecast Office, US Department of Commerce, NOAA's National Weather Service: www.weather.gov/mtr/CliPlot.

38. S.n., *Giant Sequoias and Fire*, U.S. National Park Service: www.nps.gov/seki/learn/nature/giant-sequoias-and-fire.htm.

39. H.T. Harvey, *Giant Sequoia Ecology (Chapter 5)*, in *Giant Sequoia Ecology: Fire and Reproduction*, a cura di H.T. Harvey, H.S. Shellhammer e R.E. Stecker, U.S. Department of the Interior National Park Service Washington, 1980. Disponibile online: www.nps.gov/parkhistory/online_books/science/12/chap5.htm.

40. D.J. Hallett e R.S. Anderson, *Paleofire Reconstruction for High-Elevation Forests in the Sierra Nevada, California, with Implications for Wildfire Synchrony and Climate Variability in the Late Holocene*, «Quaternary Research», 73, 2, 2010, pp. 180-90: doi.org/10.1016/j.yqres.2009.11.008.

41. K.L. Shive *et al.*, *Ancient Trees and Modern Wildfires: Declining Resilience to Wildfire in the Highly Fire-Adapted Giant Sequoia*, «Forest Ecology and Management», 511, 2022, 120110: doi.org/10.1016/j.foreco.2022.120110.

42. D.L. Swain *et al.*, *Increasing Precipitation Volatility in Twenty-First-Century California*, «Nature Climate Change», 8, 5, 2018, pp. 427-33: doi.org/10.1038/s41558-018-0140-y.

43. J. Homann *et al.*, *Linked Fire Activity and Climate Whiplash in California during the Early Holocene*, «Nature Communications», 13, 1, 2022, 7175: doi.org/10.1038/s41467-022-34950-x.

44. C. Eriksen e D. L Hankins, *The Retention, Revival, and Subjugation of Indigenous Fire Knowledge through Agency Fire Fighting in Eastern Australia and California*, «Society & Natural Resources», 27, 12, 2014, pp. 1288-303: doi.org/10.1080/08941920.2014.918226.

45. S.J. Pyne, *The Pyrocene: How We Created an Age of Fire, and What Happens Next*, University of California Press, Oakland 2022 [ed. it. *Pirocene. Viaggio nell'età del fuoco, tra passato e futuro*, trad. di S. Frediani, Codice, Torino 2022].

46. D.N. Soderberg *et al.*, *Assessing Giant Sequoia Mortality and Regeneration Following High-severity Wildfire*, «Ecosphere», 15, 3, 2024, e4789: doi.org/10.1002/ecs2.4789.

47. S.L. Lewis, L. Simon e M.A. Maslin, *Defining the Anthropocene*, «Nature», 519, 7542, 2015, pp. 171-80: doi.org/10.1038/nature14258.

48. A. Witze, *Geologists Reject the Anthropocene as Earth's New Epoch – after 15 Years of Debate*, «Nature», 627, 8003, 2024, pp. 249-50: doi.org/10.1038/d41586-024-00675-8.

49. B.H. Strauss *et al.*, *Economic Damages from Hurricane Sandy Attributable to Sea Level Rise Caused by Anthropogenic Climate Change*, «Nature Communications», 12, 1, 2021, 2720: doi.org/10.1038/s41467-021-22838-1.

50. J.C. Whitehead *et al.*, *Northeast*, in *Fifth National Climate Assessment*, a cura di A.R. Crimmins *et al.*, U.S. Global Change Research Program, Washington D.C. 2023: doi.org/10.7930/NCA5.2023.CH21.

51. K. Chen *et al.*, *Canadian Wildfire Smoke and Asthma Syndrome Emergency Department Visits in New York City*, «Journal of the American Medical Association», 330, 14, 2023, 1385: doi.org/10.1001/jama.2023.18768.

52. K. Marvel *et al.*, *Climate Trends*, in *Fifth National Climate Assessment*, a cura di A.R. Crimmins *et al.*, Washington D.C., U.S. Global Change Research Program 2023: doi.org/10.7930/NCA5.2023.CH2.

53. W.J. Broad, *How the Ice Age Shaped New York*, «The New York Times», 5 giugno 2018: www.nytimes.com/2018/06/05/science/how-the-ice-age-shaped-new-york.html.

54. C.G. Piecuch *et al.*, *Origin of Spatial Variation in US East Coast Sea-Level Trends during 1900-2017*, «Nature», 564, 7736, 2018, pp. 400-04: doi.org/10.1038/s41586-018-0787-6.

55. La frase, così come quella successiva, riprende il celebre *refrain* «infuria, infuria contro il morire della luce» (*Rage, rage against the dying of the light*) e il titolo della celebre poesia *Do Not Go Gentle into that Good Night* («Non andartene, docile, in quella notte buona»), composta dal poeta gallese Dylan Thomas e pubblicata nel 1951 (trad. it. da D. Thomas, *Poesie e racconti*, a cura di A. Marianni, Einaudi, Torino 1996) [*N.d.T.*].

6. *Sorpresa*

Alla voce «i peggiori film che siano mai stati girati» vale la pena ricordare: *Biodome*, diretto da Jason Bloom (Metro-Goldwyn-Mayer Pictures, Stati Uniti 1996) e *Double Impact – Vendetta finale*, diretto da Sheldon Lettich (Columbia Pictures, Stati Uniti 1991).
Per sapere di più sulle cinque estinzioni di massa che hanno colpito il pianeta Terra nel passato rimando a P. Brannen, *The Ends of the World: Volcanic Apocalypses, Lethal Oceans, and Our Quest to Understand Earth's Past Mass Extinctions*, Ecco, New York 2017, e E. Kolbert, *The Sixth Extinction. An Unnatural History*, Picador/Henry Holt and Company, New York 2015 [ed. it. *La sesta estinzione. Una storia innaturale. Nuova edizione ampliata*, trad. di C. Peddis e R. Vitangeli, Neri Pozza, Vicenza 2024].

1. La cosa buffa è che entrambe le materie sono interessanti e, soprattutto, rilevanti per affrontare il cambiamento climatico.

2. S.C. Sherwood *et al.*, *An Assessment of Earth's Climate Sensitivity Using Multiple Lines of Evidence*, «Reviews of Geophysics», 58, 4, 2020, e2019RG000678: doi.org/10.1029/2019RG000678.

3. P. Friedlingstein, *Carbon Cycle Feedbacks and Future Climate Change*, «Philosophical Transactions of the Royal Society A: Mathematical, Physical and Engineering Sciences», 373, 2054, 2015, 20140421: doi.org/10.1098/rsta.2014.0421.

4. D.I. Armstrong McKay *et al.*, *Exceeding 1.5°C Global Warming Could Trigger Multiple Climate Tipping Points*, «Science», 377, 6611, 2022, eabn7950: doi.org/10.1126/science.abn7950.

5. B.C. O'Neill *et al.*, *The Scenario Model Intercomparison Project (ScenarioMIP) for CMIP6*, «Geoscientific Model Development», 9, 9, 2016, pp. 3461-82: doi.org/10.5194/gmd-9-3461-2016.

6. V. Eyring *et al.*, *Overview of the Coupled Model Intercomparison Project Phase 6 (CMIP6) Experimental Design and Organization*, «Geoscientific Model Development», 9, 5, 2016, pp. 1937-58: doi.org/10.5194/gmd-9-1937-2016.

7. M. Rugenstein *et al.*, *LongRunMIP: Motivation and Design for a Large Collection of Millennial-Length AOGCM Simulations*, «Bulletin of the American Meteorological Society», 100, 12, 2019, pp. 2551-70: doi.org/10.1175/BAMS-D-19-0068.1.

8. Ad Hoc Study Group on Carbon Dioxide and Climate, *Carbon Dioxide and Climate: A Scientific Assessment*, National Academy of Sciences, Washington D.C. 1979: doi.org/10.17226/12181.

9. P.J. Durack, *CMIP6_CVs. v6.2.53.5*. Disponibile online: github.com/WCRP-CMIP/CMIP6_CVs, versione valutata il 26 ottobre 2020.

10. Un collega che ha gentilmente accettato di rivedere questo capitolo mi ha fatto notare che oggi siamo riusciti a fare qualche piccolo passo in avanti per quanto riguarda la delimitazione della forbice di sensibilità climatica, che al momento si aggira tra 2,3°C e 4,7°C. Ti prego di perdonarmi gli scherzi sugli stereotipi inglesi, Mark… però tu non esagerare con il *fish and chips*! Si veda inoltre Sherwood *et al.*, *An Assessment of Earth's Climate Sensitivity*… cit.

11. P.T. Forster *et al.*, *The Earth's Energy Budget, Climate Feedbacks, and Climate Sensitivity*, in *Climate Change 2021: The Physical Science Basis. Contribution of Working Group I to the Sixth Assessment Report of the Intergovernmental Panel on Climate Change*, a cura di V.P. Masson-Delmotte *et al.*, Cambridge University Press, Cambridge-New York 2021, pp. 923-1054: doi.org/10.1017/9781009157896.009.

12. A. Hall, *The Role of Surface Albedo Feedback in Climate*, «Journal of Climate», 17, 7, 2004, pp. 1550-68: doi.org/10.1175/1520-0442(2004)017<1550:TROSAF>2.0.CO;2.

13. P.M. Caldwell *et al.*, *Quantifying the Sources of Intermodel Spread in Equilibrium Climate Sensitivity*, «Journal of Climate», 29, 2, 2016, pp. 513-24: doi.org/10.1175/JCLI-D-15-0352.1.

14. M.D. Zelinka *et al.*, *Causes of Higher Climate Sensitivity in CMIP6 Models*, «Geophysical Research Letters», 47, 1, 2020, e2019GL085782: doi.org/10.1029/2019GL085782.

15. Si scherza, ovviamente. Gli inglesi sono un popolo fenomenale. Voglio loro talmente bene che me ne sono portata uno a casa!

16. Si veda la figura 7.7 in O. Boucher *et al.*, *Clouds and Aerosols*, in *Climate Change 2013: The Physical Science Basis. Contribution of Working Group I to the Fifth Assessment Report of the Intergovernmental Panel on Climate Change*, a cura di T.F. Stocker *et al.*, Cambridge University Press, Cambridge (UK)-New York 2013: www.ipcc.ch/report/ar5/wg1/clouds-and-aerosols.

17. M.D. Zelinka, C. Zhou e S.A. Klein, *Insights from a Refined Decomposition of Cloud Feedbacks*, «Geophysical Research Letters», 43, 17, 2016, pp. 9259-69: doi.org/10.1002/2016GL069917.

18. M.D. Zelinka e D.L. Hartmann, *Why Is Longwave Cloud Feedback Positive?*, «Journal of Geophysical Research: Atmospheres», 115, D16, 2010: doi.org/10.1029/2010JD013817.
19. I. Tan, T. Storelvmo e M.D. Zelinka, *Observational Constraints on Mixed-Phase Clouds Imply Higher Climate Sensitivity*, «Science», 352, 6282, 2016, pp. 224-27: doi.org/10.1126/science.aad5300.
20. Zelinka *et al.*, *Causes of Higher Climate Sensitivity in CMIP6 Models* cit.
21. Sherwood *et al.*, *An Assessment of Earth's Climate Sensitivity*... cit.
22. P. Friedlingstein *et al.*, *Global Carbon Budget 2023*, «Earth System Science Data», 15, 12, 2023, pp. 5301-69: doi.org/10.5194/essd-15-5301-2023.
23. *Ibid.*
24. V. Haverd *et al.*, *Higher than Expected CO_2 Fertilization Inferred from Leaf to Global Observations*, «Global Change Biology», 26, 4, 2020, pp. 2390-402: doi.org/10.1111/gcb.14950.
25. T.M. Ellis *et al.*, *Global Increase in Wildfire Risk Due to Climate-Driven Declines in Fuel Moisture*, «Global Change Biology», 28, 4, 2022, pp. 1544-59: doi.org/10.1111/gcb.16006.
26. N. Gruber *et al.*, *Trends and Variability in the Ocean Carbon Sink*, «Nature Reviews Earth & Environment», 4, 2, 2023, pp. 119-34: doi.org/10.1038/s43017-022-00381-x.
27. E.A.G. Schuur *et al.*, *Permafrost and Climate Change: Carbon Cycle Feedbacks From the Warming Arctic*, «Annual Review of Environment and Resources», 47, 1, 2022, pp. 343-71: doi.org/10.1146/annurev-environ-012220-011847; E.A.G. Schuur *et al.*, *Tundra Underlain by Thawing Permafrost Persistently Emits Carbon to the Atmosphere Over 15 Years of Measurements*, «Journal of Geophysical Research: Biogeosciences», 126, 6, 2021, e2020JG006044: doi.org/10.1029/2020JG006044.
28. L'unica eccezione al modello base delle estinzioni di massa è costituita dall'asteroide che ha spazzato via i dinosauri alla fine del Cretaceo. A ogni modo, l'impatto ebbe il non trascurabile effetto collaterale di far divampare incendi nell'atmosfera, e credo che possiamo tranquillamente classificare questo effetto come «cambiamento climatico».
29. Alla fine mi trovo costretta a dare ragione all'adolescente che ero: «megastar di Hollywood» è un obiettivo molto più fattibile e realistico in termini di carriera di quanto non sia «ricercatrice con contratto a tempo determinato».
30. W.R. Boos e T. Storelvmo, *Near-Linear Response of Mean Monsoon Strength to a Broad Range of Radiative Forcings*, «Proceedings of the National Academy of Sciences», 113, 6, 2016, pp. 1510-15: doi.org/10.1073/pnas.1517143113.

31. K.H. Cook e E. K Vizy, *Coupled Model Simulations of the West African Monsoon System: Twentieth-and Twenty-First-Century Simulations*, «Journal of Climate», 19, 15, 2006, pp. 3681-703: doi.org/10.1175/JCLI3814.1.
32. Schuur *et al.*, *Permafrost and Climate Change* cit.
33. O. Hoegh-Guldberg *et al.*, *Coral Reefs Under Rapid Climate Change and Ocean Acidification*, «Science», 318, 5857, 2007, pp. 1737-42: doi.org/10.1126/science.1152509.
34. R. Seidl *et al.*, *Forest Disturbances under Climate Change*, «Nature Climate Change», 7, 6, 2017, pp. 395-402: doi.org/10.1038/nclimate3303.
35. B.M. Flores *et al.*, *Critical Transitions in the Amazon Forest System*, «Nature», 626, 7999, 2024, pp. 555-64: doi.org/10.1038/s41586-023-06970-0.
36. Y. Chen, B. Langenbrunner e J.T. Randerson, *Future Drying in Central America and Northern South America Linked With Atlantic Meridional Overturning Circulation*, «Geophysical Research Letters», 45, 17, 2018, pp. 9226-35: doi.org/10.1029/2018GL077953.
37. No, non vi dirò mai di chi si tratta; sappiate solo che fa parte della categoria di chi ha uno stuolo di *avvocati* a disposizione se qualcuno volesse divulgare l'identità dell'interlocutore quando in ballo ci sono conversazioni private come questa.
38. L. Tarasov e W.R. Peltier, *Arctic Freshwater Forcing of the Younger Dryas Cold Reversal*, «Nature», 435, 7042, 2005, pp. 662-65: doi.org/10.1038/nature03617.
39. L.D. Keigwin *et al.*, *Deglacial Meltwater Discharge, North Atlantic Deep Circulation, and Abrupt Climate Change*, «Journal of Geophysical Research: Oceans», 96, C9, 1991, pp. 16811-26: doi.org/10.1029/91JC01624.
40. S. Rahmstorf *et al.*, *Exceptional Twentieth-Century Slowdown in Atlantic Ocean Overturning Circulation*, «Nature Climate Change», 5, 5, 2015, pp. 475-80: doi.org/10.1038/nclimate2554.
41. T.M. Lenton *et al.*, *Tipping Elements in the Earth's Climate System*, «Proceedings of the National Academy of Sciences», 105, 6, 2008, pp. 1786-93: doi.org/10.1073/pnas.0705414105.
42. R.M. Van Westen, M. Kliphuis e H.A. Dijkstra, *Physics-Based Early Warning Signal Shows That AMOC Is on Tipping Course*, «Science Advances», 10, 6, 2024, eadk1189: doi.org/10.1126/sciadv.adk1189.
43. K. Naughten, P.R. Holland e J. De Rydt, *Unavoidable Future Increase in West Antarctic Ice-Shelf Melting over the Twenty-First Century*, «Nature Climate Change», 13, 11, 2023, pp. 1222-28: doi.org/10.1038/s41558-023-01818-x.
44. Y.-H. Kim *et al.*, *Observationally-Constrained Projections of an Ice-Free Arctic Even under a Low Emission Scenario*, «Nature Communications», 14, 1, 2023, 3139: doi.org/10.1038/s41467-023-38511-8.

45. O. Hoegh-Guldberg *et al.*, *Coral Reefs Under Rapid Climate Change and Ocean Acidification*, «Science», 318, 5857, 2007, pp. 1737-42: doi.org/10.1126/science.1152509.
46. Mia nonna era svedese, beveva all'incirca nove tazze di caffè molto forte al giorno ed è vissuta fino a novantacinque anni.
47. C.R. Marshall *et al.*, *Absolute Abundance and Preservation Rate of «Tyrannosaurus Rex»*, «Science», 372, 6539, 2021, pp. 284-87: doi.org/10.1126/science.abc8300.
48. G.A. Schmidt e A. Frank, *The Silurian Hypothesis: Would It Be Possible to Detect an Industrial Civilization in the Geological Record?*, «International Journal of Astrobiology», 18, 2, 2019, pp. 142-50: doi.org/10.1017/S1473550418000095. Questo studio è assolutamente affascinante (e non lo dico solo perché uno degli autori è il mio datore di lavoro).
49. R.E. Zeebe, A. Ridgwell e J.C. Zachos, *Anthropogenic Carbon Release Rate Unprecedented during the Past 66 Million Years*, «Nature Geoscience», 9, 4, 2016, pp. 325-29: doi.org/10.1038/ngeo2681.
50. P.N. Pearson *et al.*, *Stable Warm Tropical Climate through the Eocene Epoch*, «Geology», 35, 3, 2007, pp. 211-14: doi.org/10.1130/G23175A.1.
51. D.N. Schmidt *et al.*, *Strategies in Times of Crisis: Insights into the Benthic Foraminiferal Record of the Palaeocene-Eocene Thermal Maximum*, «Philosophical Transactions of the Royal Society A: Mathematical, Physical and Engineering Sciences», 376, 2130, 2018, 20170328: doi.org/10.1098/rsta.2017.0328.
52. R. Secord *et al.*, *Evolution of the Earliest Horses Driven by Climate Change in the Paleocene-Eocene Thermal Maximum*, «Science», 335, 6071, 2012, pp. 959-62: doi.org/10.1126/science.1213859.
53. A.R. D'Ambrosia *et al.*, *Repetitive Mammalian Dwarfing during Ancient Greenhouse Warming Events*, «Science Advances», 3, 3, 2017, e1601430: doi.org/10.1126/sciadv.1601430.
54. G.L. Foster *et al.*, *Placing Our Current «Hyperthermal» in the Context of Rapid Climate Change in Our Geological Past*, «Philosophical Transactions of the Royal Society A: Mathematical, Physical and Engineering Sciences», 376, 2130, 2018, 20170086: doi.org/10.1098/rsta.2017.0086.
55. J.T. Wright, *Prior Indigenous Technological Species*, «International Journal of Astrobiology», 17, 1, 2018, pp. 96-100: doi.org/10.1017/S1473550417000143.

7. *Orgoglio*

Un libro che mi è piaciuto molto sulla storia dei vichinghi è N. Price, *The Children of Ash and Elm. A History of the Vikings*, Penguin, London 2020

[ed. it. *Vichinghi. Ritratto di un popolo tra storia e mitologia*, trad. di D. Ferrari e S. Malfatti, Mondadori, Milano 2022].
I registri di volo della missione Apollo 13 sono molto interessanti da leggere e si possono trovare in D. Woods *et al.*, *The Apollo 13 Flight Journal*, NASA, 6 aprile 2020: www.nasa.gov/history/afj/ap13fj/index.html.

1. Cit. adattata da G. Eliot, *Middlemarch*, trad. it. di M. Manzari, BUR, Rizzoli 2010, ed. digitale [*N.d.T.*].
2. Si veda la biografia di Caligola in Svetonio, *Le vite dei Cesari*, XLVI, testo in inglese disponibile online presso www.gutenberg.org/files/6400/6400-h/6400-h.htm#link2H_4_0005. Per l'ed. it. si rimanda a *Le vite dei Cesari*, a cura di I. Lana, UTET, Torino 1956, p. 298 [*N.d.T.*].
3. H. Ritchie e M. Roser, *Half of the World's Habitable Land Is Used for Agriculture*, disponibile online presso *Our World in Data*, pubblicato originariamente nel 2019 e aggiornato il 16 febbraio 2024: ourworldindata.org/global-land-for-agriculture.
4. R. Geyer, J.R. Jambeck e K. Lavender Law, *Production, Use, and Fate of All Plastics Ever Made*, «Science Advances», 3, 7, 2017, e1700782: doi.org/10.1126/sciadv.1700782.
5. Y.M. Bar-On, R. Phillips e R. Milo, *The Biomass Distribution on Earth*, «Proceedings of the National Academy of Sciences», 115, 25, 2018, pp. 6506-11: doi.org/10.1073/pnas.1711842115.
6. National Academies of Sciences, Engineering and Medicine, *Reflecting Sunlight: Recommendations for Solar Geoengineering Research and Research Governance*, The National Academies Press, Washington D.C. 2021: doi.org/10.17226/25762.
7. Committee on Developing a Research Agenda for Carbon Dioxide Removal and Reliable Sequestration, Board on Atmospheric Sciences and Climate, Board on Energy and Environmental Systems, Board on Agriculture and Natural Resources, Board on Earth Sciences and Resources, Board on Chemical Sciences and Technology, Ocean Studies Board, Division on Earth and Life Studies e National Academies of Sciences, Engineering, and Medicine, *Negative Emissions Technologies and Reliable Sequestration: A Research Agenda*, National Academies Press, Washington D.C. 2019: doi.org/10.17226/25259.
8. E.L. Jackson, *The Laki Eruption of 1783: Impacts on Population and Settlement in Iceland*, «Geography», 67, 1, 1982, pp. 42-50: doi.org/10.1080/20436564.1982.12219675.
9. J. Grattan e M. Brayshay, *An Amazing and Portentous Summer: Environmental and Social Responses in Britain to the 1783 Eruption of an Iceland Volcano*, «The Geographical Journal», 161, 2, 1995, pp. 125-34: doi.org/10.2307/3059970.

10. D.S. Stevenson *et al.*, *Atmospheric Impact of the 1783-1784 Laki Eruption: Part I Chemistry Modelling*, «Atmospheric Chemistry and Physics», 3, 3, 2003, pp. 487-507: doi.org/10.5194/acp-3-487-2003.
11. T. Thordarson e S. Self, *The Laki (Skaftár Fires) and Grímsvötn Eruptions in 1783-1785*, «Bulletin of Volcanology», 55, 4, 1993, pp. 233-63: doi.org/10.1007/BF00624353.
12. B. Zambri *et al.*, *Modeling the 1783-1784 Laki Eruption in Iceland: 1. Aerosol Evolution and Global Stratospheric Circulation Impacts*, «Journal of Geophysical Research: Atmospheres», 124, 13, 2019, pp. 6750-69: doi.org/10.1029/2018JD029553.
13. P.J. Crutzen, *Albedo Enhancement by Stratospheric Sulfur Injections: A Contribution to Resolve a Policy Dilemma?*, «Climatic Change», 77, 3-4, 2006, pp. 211-20: doi.org/10.1007/s10584-006-9101-y.
14. P. Manshausen *et al.*, *Invisible Ship Tracks Show Large Cloud Sensitivity to Aerosol*, «Nature», 610, 7930, 2022, pp. 101-06: doi.org/10.1038/s41586-022-05122-0.
15. J. Latham, *Amelioration of Global Warming by Controlled Enhancement of the Albedo and Longevity of Low-Level Maritime Clouds*, «Atmospheric Science Letters», 3, 2-4, 2002, pp. 52-58: doi.org/10.1006/asle.2002.0048.
16. D. Visioni *et al.*, *Identifying the Sources of Uncertainty in Climate Model Simulations of Solar Radiation Modification with the G6sulfur and G6solar Geoengineering Model Intercomparison Project (GeoMIP) Simulations*, «Atmospheric Chemistry and Physics», 21, 13, 2021, pp. 10039-63: doi.org/10.5194/acp-21-10039-2021.
17. Zambri *et al.*, *Modeling the 1783-1784 Laki Eruption in Iceland: 1. Aerosol Evolution*... cit.
18. B. Zambri *et al.*, *Modeling the 1783-1784 Laki Eruption in Iceland: 2. Climate Impacts*, «Journal of Geophysical Research: Atmospheres», 124, 13, 2019, pp. 6770-90: doi.org/10.1029/2018JD029554.
19. M. Brayshay e J. Grattan, *Environmental and Social Responses in Europe to the 1783 Eruption of the Laki Fissure Volcano in Iceland: A Consideration of Contemporary Documentary Evidence*, «Geological Society Special Publications», 161, 1, 1999, pp. 173-87: doi.org/10.1144/GSL.SP.1999.161.01.12.
20. R. D'Arrigo *et al.*, *The Anomalous Winter of 1783-1784: Was the Laki Eruption or an Analog of the 2009-2010 Winter to Blame?*, «Geophysical Research Letters», 38, 5, 2011, L05706: doi.org/10.1029/2011GL046696.
21. R. Glaser *et al.*, *The Variability of European Floods since AD 1500*, «Climatic Change», 101, 2010, pp. 235-56: doi.org/10.1007/s10584-010-9816-7.

22. E.R. Cook *et al.*, *Old World Megadroughts and Pluvials during the Common Era*, «Science Advances», 1, 10, 2015, e1500561: doi.org/10.1126/sciadv.1500561.
23. C.R. Harington (a cura di), *Year without a Summer: World Climate in 1816*, Canadian Museum of Nature, Ottawa 1992, cit. in D'Arrigo *et al.*, *The Anomalous Winter of 1783-1784*... cit.
24. M. Sigl *et al.*, *Timing and Climate Forcing of Volcanic Eruptions for the Past 2,500 Years*, «Nature», 523, 7562, 2015, pp. 543-49: doi.org/10.1038/nature14565.
25. A. Gibbons, *Why 536 Was «the Worst Year to Be Alive»*, «Science», 15 novembre 2018: doi.org/10.1126/science.aaw0632.
26. K.A.F. Zonneveld *et al.*, *Climate Change, Society, and Pandemic Disease in Roman Italy between 200* BCE *and 600* CE, «Science Advances», 10, 4, 2024, eadk1033: doi.org/10.1126/sciadv.adk1033.
27. G. Bala, P.B. Duffy e K.E. Taylor, *Impact of Geoengineering Schemes on the Global Hydrological Cycle*, «Proceedings of the National Academy of Sciences», 105, 22, 2008, pp. 7664-69: doi.org/10.1073/pnas.0711648105.
28. H.N. Huynh e V.F. McNeill, *The Potential Environmental and Climate Impacts of Stratospheric Aerosol Injection: A Review*, «Environmental Science: Atmospheres», 4, 2, 2024, pp. 114-43: doi.org/10.1039/D3EA00134B.
29. A. Parker e P.J. Irvine, *The Risk of Termination Shock from Solar Geoengineering*, «Earth's Future», 6, 3, 2018, pp. 456-67: doi.org/10.1002/2017EF000735.
30. O.O. Táíwò e S. Talati, *Who Are the Engineers? Solar Geoengineering Research and Justice*, «Global Environmental Politics», 22, 1, 2022, pp. 12-18: doi.org/10.1162/glep_a_00620.
31. T.W. Crowther *et al.*, *Mapping Tree Density at a Global Scale*, «Nature», 525, 7568, 2015, pp. 201-05: doi.org/10.1038/nature14967.
32. J.S. Wright *et al.*, *Rainforest-Initiated Wet Season Onset over the Southern Amazon*, «Proceedings of the National Academy of Sciences», 114, 32, 2017, pp. 8481-86: doi.org/10.1073/pnas.1621516114.
33. V.H.D. Zuazo e C.R. Rodríguez Pleguezuelo, *Soil-Erosion and Runoff Prevention by Plant Covers: A Review*, «Sustainable Agriculture», 28, 2008, pp. 65-86: doi.org/10.1051/agro:2007062.
34. F.J. Escobedo, T. Kroeger e J.E. Wagner, *Urban Forests and Pollution Mitigation: Analyzing Ecosystem Services and Disservices*, «Environmental Pollution», 159, 8-9, 2011, pp. 2078-87: doi.org/10.1016/j.envpol.2011.01.010.
35. P. Friedlingstein *et al.*, *Global Carbon Budget 2023*, «Earth System Science Data», 15, 12, 2023, pp. 5301-69: doi.org/10.5194/essd-15-5301-2023.

36. Z. Hausfather, *Let's Not Pretend Planting Trees Is a Permanent Climate Solution*, «The New York Times», 4 giugno 2022: www.nytimes.com/2022/06/04/opinion/environment/climate-change-trees-carbon-removal.html.
37. H. Ritchie, *Deforestation and Forest Loss*, disponibile online presso *Our World in Data*, pubblicato originariamente a febbraio 2021 e aggiornato a novembre 2024: ourworldindata.org/deforestation.
38. Friedlingstein *et al.*, *Global Carbon Budget 2023* cit.
39. T.M. Ellis *et al.*, *Global Increase in Wildfire Risk Due to Climate-Driven Declines in Fuel Moisture*, «Global Change Biology», 28, 4, 2022, pp. 1544-59: doi.org/10.1111/gcb.16006.
40. W.A. Kurz *et al.*, *Mountain Pine Beetle and Forest Carbon Feedback to Climate Change*, «Nature», 452, 7190, 2008, pp. 987-90: doi.org/10.1111/gcb.16006.
41. R.N. Sturrock *et al.*, *Climate Change and Forest Diseases*, «Plant Pathology», 60, 1, 2011, pp. 133-49: doi.org/10.1111/j.1365-3059.2010.02406.x.
42. R.M. Bright *et al.*, *Quantifying Surface Albedo and Other Direct Biogeophysical Climate Forcings of Forestry Activities*, «Global Change Biology», 21, 9, 2015, pp. 3246-66: doi.org/10.1111/gcb.12951.
43. J.J. Bukoski *et al.*, *Rates and Drivers of Aboveground Carbon Accumulation in Global Monoculture Plantation Forests*, «Nature Communications», 13, 1, 2022, 4206: doi.org/10.1038/s41467-022-31380-7.
44. A. Paquette e C. Messier, *The Role of Plantations in Managing the World's Forests in the Anthropocene*, «Frontiers in Ecology and the Environment», 8, 1, 2010, pp. 27-34: doi.org/10.1890/080116.
45. A. Moseman, C. Harvey e C. Terrer, *How Many New Trees Would We Need to Offset Our Carbon Emissions?*, *Climate Portal*, aggiornato il 5 gennaio 2024, disponibile online: climate.mit.edu/ask-mit/how-many-new-trees-would-we-need-offset-our-carbon-emissions.
46. N. McQueen *et al.*, *A Review of Direct Air Capture (DAC): Scaling up Commercial Technologies and Innovating for the Future*, «Progress in Energy», 3, 3, 2021, 032001: doi.org/10.1088/2516-1083/abf1ce.
47. H. Ritchie, P. Rosado e M. Roser, *CO_2 and Greenhouse Gas Emissions*, disponibile online presso *Our World in Data* con la collaborazione di Global Carbon Project, 2023: ourworldindata.org/grapher/cumulative-co-emissions.
48. E. Elhacham *et al.*, *Global Human-Made Mass Exceeds All Living Biomass*, «Nature», 588, 7838, 2020, pp. 442-44: doi.org/10.1038/s41586-020-3010-5.
49. K. Liebling *et al.*, *6 Things to Know About Direct Air Capture*, disponibile online presso *World Resources Institute Insights*, 2 maggio 2022: www.wri.

org/insights/direct-air-capture-resource-considerations-and-costs-carbon-removal.

50. D.T. Ho, *Carbon Dioxide Removal Is Not a Current Climate Solution – We Need to Change the Narrative*, «Nature», 616, 7955, 2023, p. 9: doi.org/10.1038/d41586-023-00953-x.

51. *Ibid.*

52. H.J. Buck, *Mining the Air: Political Ecologies of the Circular Carbon Economy*, «Environment and Planning E: Nature and Space», 5, 3, 2022, pp. 1086-105: doi.org/10.1177/25148486211061452.

53. R.M. Woolley *et al.*, *CO_2PipeHaz: Quantitative Hazard Assessment for next Generation CO_2 Pipelines*, «Energy Procedia», 63, 2014, pp. 2510-29: doi.org/10.1016/j.egypro.2014.11.274.

54. D.R. Morrow *et al.*, *Principles for Thinking about Carbon Dioxide Removal in Just Climate Policy*, «One Earth», 3, 2, 2020, pp. 150-53: doi.org/10.1016/j.oneear.2020.07.015.

55. J.D. Müller *et al.*, *Decadal Trends in the Oceanic Storage of Anthropogenic Carbon From 1994 to 2014*, «AGU Advances», 4, 4, 2023, e2023AV000875: doi.org/10.1029/2023AV000875.

56. Committee on A Research Strategy for Ocean-Based Carbon Dioxide Removal and Sequestration, Ocean Studies Board, Division on Earth and Life Studies e National Academies of Sciences, Engineering, and Medicine, *A Research Strategy for Ocean-Based Carbon Dioxide Removal and Sequestration*, National Academies Press, Washington D.C. 2022: doi.org/10.17226/26278.

57. K.J. Kroeker *et al.*, *Impacts of Ocean Acidification on Marine Organisms: Quantifying Sensitivities and Interaction with Warming*, «Global Change Biology», 19, 6, 2013, pp. 1884-96: doi.org/10.1111/gcb.12179.

58. J. Tollefson, *Start-Ups Are Adding Antacids to the Ocean to Slow Global Warming. Will It Work?*, «Nature», 618, 7967, 2023, pp. 902-04: doi.org/10.1038/d41586-023-02032-7.

59. H.S. Kheshgi, *Sequestering Atmospheric Carbon Dioxide by Increasing Ocean Alkalinity*, «Energy», 20, 9, 1995, pp. 915-22: doi.org/10.1016/0360-5442(95)00035-F.

60. O. Oloye e A.P. O'Mullane, *Electrochemical Capture and Storage of CO_2 as Calcium Carbonate*, «ChemSusChem: Chemistry – Sustainability – Energy – Materials», 14, 7, 2021, pp. 1767-75: doi.org/10.1002/cssc.202100134.

61. S. Blain *et al.*, *Effect of Natural Iron Fertilization on Carbon Sequestration in the Southern Ocean*, «Nature», 446, 7139, 2007, pp. 1070-74: doi.org/10.1038/nature05700.

62. M. Jürchott, A. Oschlies e W. Koeve, *Artificial Upwelling: A Refined Narrative*, «Geophysical Research Letters», 50, 4, 2023, e2022GL101870: doi.org/10.1029/2022GL101870.
63. I.B. Arzeno-Soltero *et al.*, *Large Global Variations in the Carbon Dioxide Removal Potential of Seaweed Farming Due to Biophysical Constraints*, «Communications Earth & Environment», 4, 1, 2023, 185: doi.org/10.1038/s43247-023-00833-2.
64. *A Research Strategy for Ocean-based Carbon Dioxide Removal and Sequestration* cit., p. 224.
65. D.J. Beerling *et al.*, *Potential for Large-Scale CO_2 Removal via Enhanced Rock Weathering with Croplands*, «Nature», 583, 7815, 2020, pp. 242-48: doi.org/10.1038/s41586-020-2448-9.
66. D.J. Beerling *et al.*, *Farming with Crops and Rocks to Address Global Climate, Food and Soil Security*, «Nature Plants», 4, 3, 2018, pp. 138-47: doi.org/10.1038/s41477-018-0108-y.
67. P. Renforth *et al.*, *Silicate Production and Availability for Mineral Carbonation*, «Environmental Science & Technology», 45, 6, 2011, pp. 2035-41: doi.org/10.1021/es103241w.
68. D.P. Edwards *et al.*, *Climate Change Mitigation: Potential Benefits and Pitfalls of Enhanced Rock Weathering in Tropical Agriculture*, «Biology Letters», 13, 4, 2017, 20160715: doi.org/10.1098/rsbl.2016.0715.

8. *Speranza*

1. Cit. adattata da A. Roy, *Guida all'impero per la gente comune*, trad. it. di G. Cavallo, P. Leodi e L. Quagliuolo, Guanda, Milano 2012, ed. digitale [*N.d.T.*].
2. S.n., *Climate Change*, NASA, s.d.: climate.nasa.gov.
3. R. Fouquet, *Historical Energy Transitions: Speed, Prices and System Transformation*, «Energy Research & Social Science», 22, 2016, pp. 7-12: doi.org/10.1016/j.erss.2016.08.014.
4. Per tutti i dati in merito si rimanda al seguente sito: drawdown.org/drawdown-foundations.
5. L. Clarke *et al.*, *Energy Systems*, in *Climate Change 2022: Mitigation of Climate Change. Contribution of Working Group III to the Sixth Assessment Report of the Intergovernmental Panel on Climate Change*, a cura di P.R. Shukla *et al.*, Cambridge University Press, Cambridge-New York 2023, pp. 613-746: doi.org/10.1017/9781009157926.008.
6. S.n., *Nuclear Explained: Nuclear Power and the Environment*, U.S. Energy Information Administration, aggiornato il 7 novembre 2022: www.eia.gov/energyexplained/nuclear/nuclear-power-and-the-environment.php.

7. C. Augustine, *Update to Enhanced Geothermal System Resource Potential Estimate National Renewable Energy Laboratory. Presented at the 40th GRC Annual Meeting, Sacramento, California, October 23-26, 2016*, NREL/CP-6A20-66428, National Renewable Energy Laboratory, ottobre 2016: www.nrel.gov/docs/fy17osti/66428.pdf.

8. J.D. Jenkins *et al.*, *Mission Net-Zero America: The Nation-Building Path to a Prosperous, Net-Zero Emissions Economy*, «Joule», 5, 11, 2021, pp. 2755-61: doi.org/10.1016/j.joule.2021.10.016.

9. J. Rand *et al.*, *Queued Up: 2024 Edition. Characteristics of Power Plants Seeking Transmission Interconnection as of the End of 2023*, Lawrence Berkeley National Laboratory, aprile 2024: escholarship.org/uc/item/5od9w4tn.

10. M. Roser, *Why Did Renewables Become so Cheap so Fast?*, disponibile online presso *Our World in Data*, 2020: ourworldindata.org/cheap-renewables-growth.

11. A. Hoekstra, M. Steinbuch e G. Verbong, *Creating Agent-Based Energy Transition Management Models That Can Uncover Profitable Pathways to Climate Change Mitigation*, «Complexity», 2017, 1967645, pp. 1-23: doi.org/10.1155/2017/1967645.

12. Fouquet, *Historical Energy Transitions* cit.

13. R. York, *Why Petroleum Did Not Save the Whales*, «Socius: Sociological Research for a Dynamic World», 3, 2017, 2378023117739217: doi.org/10.1177/2378023117739217.

14. H. Ritchie, *Global Whaling Peaked in the 1960s*, disponibile online presso *Our World in Data*, 2022: ourworldindata.org/whaling.

15. L'Endangered Species Act («Legge per la salvaguardia delle specie minacciate») è una legge federale approvata dal Congresso degli Stati Uniti nel 1973 allo scopo di tutelare gli ecosistemi in pericolo e gli animali a rischio di estinzione a causa dello sfruttamento incontrollato delle risorse naturali [*N.d.T.*].

16. S.n., *Transmission Problems in Cars Linked to Ban on Whale Killing*, «The New York Times», 17 aprile 1975, p. 32: www.nytimes.com/1975/04/17/archives/transmission-problems-in-cars-linked-to-ban-on-whale-killing.html. Lo spermaceti è una sostanza grassa e oleosa che viene prodotta in un organo specifico contenuto all'interno di una concavità del cranio dei capodogli – il cui nome stesso («capo d'olio») ricorda questa particolarità; la sua funzione principale sembra essere legata al controllo di galleggiamento e immersione da parte dell'animale, ed è forse implicata anche nell'ecolocalizzazione [*N.d.T.*].

17. S.n., *History and Purpose*, dal sito dell'International Whaling Commission, s.d.: iwc.int/commission/history-and-purpose.

18. S.n., *Brazil Meeting Votes to Protect World's Whale Population*, dal sito della BBC, 14 settembre 2018: www.bbc.co.uk/news/world-latin-america-45516234.

19. S.n., *The Great Smog of 1952*, dal sito del Met Office, s.d.: weather.metoffice.gov.uk/learn-about/weather/case-studies/great-smog.

20. M.L. Bell, D.L. Davis e T. Fletcher, *A Retrospective Assessment of Mortality from the London Smog Episode of 1952: The Role of Influenza and Pollution*, «Environmental Health Perspectives», 112, 1, 2004, pp. 6-8: doi.org/10.1289/ehp.6539.

21. *Committee on Air Pollution (Beaver): Final Report*, The National Archives, 1954-1955, POWE 37/390 (B136/3/1): discovery.nationalarchives.gov.uk/details/r/C1706382.

22. J.C. Minx *et al.*, *A Comprehensive Dataset for Global, Regional and National Greenhouse Gas Emissions by Sector 1970-2019*, «Earth System Science Data Discussions», 13, 11, 2021, pp. 1-63: doi.org/10.5194/essd-13-5213-2021.

23. S.n., *Insulation*, dal sito di Project Drawdown, s.d.: drawdown.org/solutions/insulation.

24. S.n., *High Performance Glass*, dal sito di Project Drawdown, s.d.: drawdown.org/solutions/high-performance-glass.

25. O. Stoner *et al.*, *Household Cooking Fuel Estimates at Global and Country Level for 1990 to 2030*, «Nature Communications», 12, 1, 2021, 5793: doi.org/10.1038/s41467-021-26036-x.

26. S.n., *High Efficiency Heat Pumps*, dal sito di Project Drawdown, s.d.: drawdown.org/index.php/solutions/high-efficiency-heat-pumps.

27. S.n., *Sir Gerald Nabarro Dies at 60: Flamboyant Conservative M.P.*, «The New York Times», 19 novembre 1973, p. 38: www.nytimes.com/1973/11/19/archives/sir-gerald-nabarro-dies-at-60-flamboyant-conservative-mp.html.

28. J. Sutherland, *Sir Gerald and the Roundabout*, «The Guardian», 27 dicembre 1999: www.theguardian.com/uk/1999/dec/27/hamiltonvalfayed.features11.

29. G. Nabarro, *Clean Air Bill. Volume 536: Debated on Friday 4 February 1955*, consultabile presso il sito dello UK Parliament: hansard.parliament.uk/commons/1955-02-04/debates/139ce8ba-de47-4889-9873-90749549817f/CleanAirBill.

30. P. Simons, *King Edward's I's Clean Air Law*, «The Times», 19 dicembre 2016: www.thetimes.com/article/king-edwards-is-clean-air-law-xrkdxj95t.

31. *Clean Air Act 1956*, consultabile presso il sito legislation.gov.uk: www.legislation.gov.uk/ukpga/Eliz2/4-5/52/enacted.

32. S.n., *70 Years Since the Great London Smog: 1952 Air Quality in a Modern Context*, dal sito ufficiale della città di Londra *London City Hall*, 5 dicembre

2022: www.london.gov.uk/programmes-strategies/environment-and-climate-change/environment-and-climate-change-publications/70-years-great-london-smog.

33. M. Williams, *Air Pollution and Policy 1952-2002*, «Science of the Total Environment, Highway and Urban Pollution», 334/335, 2004, pp. 15-20: doi.org/10.1016/j.scitotenv.2004.04.026.

34. E.T. Jacobs, J.L. Burgess e M.B. Abbott, *The Donora Smog Revisited: 70 Years After the Event That Inspired the Clean Air Act*, «American Journal of Public Health», 108, S2, 2018, pp. S85-88: doi.org/10.2105/AJPH.2017.304219.

35. W.H. Helfand, J. Lazarus e P. Theerman, *Donora, Pennsylvania: An Environmental Disaster of the 20th Century*, «American Journal of Public Health», 91, 4, 2001, p. 553: doi.org/10.2105/AJPH.91.4.553.

36. Jacobs, Burgess e Abbott, *The Donora Smog Revisited* cit.

37. T. Kleier e H.-J. Seiter, *The Steel Industry in 2050*, disponibile online presso SMS Group, 6 marzo 2024: www.sms-group.com/insights/all-insights/the-steel-industry-in-2050.

38. R.M. Andrew, *Global CO_2 Emissions from Cement Production*, «Earth System Science Data», 10, 1, 2018, pp. 195-217: doi.org/10.5194/essd-10-195-2018.

39. Minx *et al.*, *A Comprehensive Dataset for Global, Regional and National Greenhouse Gas Emissions*... cit.

40. W.W.Y. Lau *et al.*, *Evaluating Scenarios toward Zero Plastic Pollution*, «Science», 369, 6510, 2020, pp. 1455-61: doi.org/10.1126/science.aba9475.

41. K. Kuklinska, L. Wolska e J. Namiesnik, *Air Quality Policy in the US and the EU: A Review*, «Atmospheric Pollution Research», 6, 1, 2015, pp. 129-37: doi.org/10.5094/APR.2015.015.

42. A.D. Orford, *The Clean Air Act of 1963: Postwar Environmental Politics and the Debate over Federal Power*, «Hastings Environmental Law Journal», 27, 2, 2021: repository.uchastings.edu/hastings_environmental_law_journal/vol27/iss2/2. Il Chirurgo generale degli Stati Uniti è una carica istituzionale del governo federale statunitense senza equivalenti italiani; viene nominato dal presidente degli Stati Uniti ed è a capo del Public Health Service Commissioned Corps («Corpo degli ufficiali del servizio sanitario pubblico»), un ufficio posto sotto la direzione del Dipartimento della Salute e dei Servizi Umani [*N.d.T.*].

43. J. Lewis, *The Spirit of the First Earth Day*, «EPA Journal», gennaio-febbraio 1990: www.epa.gov/archive/epa/aboutepa/spirit-first-earth-day.html.

44. M. Roser, *Data Review: How Many People Die from Air Pollution?*, disponibile online presso *Our World in Data*, 2021: dir.md/ourworldindata.org/data-review-air-pollution-deaths.

45. *1990 Clean Air Act Amendment Summary*, disponibile online presso il sito della US Environmental Protection Agency, s.d.: www.epa.gov/clean-air-act-overview/1990-clean-air-act-amendment-summary.

46. B. Arter, *Man-Made Cavern*, originariamente pubblicato sul «Columbus Dispatch Magazine» nel 1965, ora disponibile online presso il sito della Worthington Historical Society: www.worthingtonmemory.org/scrapbook/text/man-made-cavern.

47. K. Eschner, *Leaded Gas Was a Known Poison the Day It Was Invented*, «Smithsonian Magazine», 9 dicembre 2016: www.smithsonianmag.com/smart-news/leaded-gas-poison-invented-180961368.

48. S. Oldham, *How Leaded Gas Came to Be and Why We Don't Miss It*, «Car and Driver», 31 maggio 2018: www.caranddriver.com/features/a20970380/how-leaded-gas-came-to-be-and-why-we-dont-miss-it.

49. Minx *et al.*, *A Comprehensive Dataset for Global, Regional and National Greenhouse Gas Emissions...* cit.

50. S.n., *U.S. Energy-Related Carbon Dioxide Emissions, 2023*, disponibile online presso il sito della US Energy Information Administration, 25 aprile 2024: www.eia.gov/environment/emissions/carbon.

51. Z. Hausfather, *Factcheck: How Electric Vehicles Help to Tackle Climate Change*, «Carbon Brief», 13 maggio 2019, aggiornato il 7 febbraio 2020: www.carbonbrief.org/factcheck-how-electric-vehicles-help-to-tackle-climate-change.

52. J.R. McConnell *et al.*, *Lead Pollution Recorded in Greenland Ice Indicates European Emissions Tracked Plagues, Wars, and Imperial Expansion during Antiquity*, «Proceedings of the National Academy of Sciences», 115, 22, 2018, pp. 5726-31: doi.org/10.1073/pnas.1721818115.

53. G.R. Tilton, *Clair Cameron Patterson*, National Academies Press, Washington D.C. 1998.

54. C.C. Patterson, *Age of Meteorites and the Earth*, «Geochimica et Cosmochimica Acta», 10, 4, 1956, pp. 230-37: doi.org/10.1016/0016-7037(56)90036-9.

55. C.C. Patterson, *Contaminated and Natural Lead Environments of Man*, «Archives of Environmental Health: An International Journal», 11, 3, 1965, pp. 344-60: doi.org/10.1080/00039896.1965.10664229.

56. D.E. Jacobs e M.J. Brown, *Childhood Lead Poisoning 1970-2022: Charting Progress and Needed Reforms*, «Journal of Public Health Management and Practice», 29, 2, 2023, pp. 230-40: doi.org/10.1097/PHH.0000000000001664.

57. J.O. Nriagu, *Clair Patterson and Robert Kehoe's Paradigm of «Show Me the Data» on Environmental Lead Poisoning*, «Environmental Research», 78, 2, 1998, pp. 71-78: doi.org/10.1006/enrs.1997.3808.

58. Tilton, *Clair Cameron Patterson* cit.

59. S.n., *Clean Air Act Requirements and History*, disponibile online presso il sito della US Energy Information Administration, 6 agosto 2024: www.epa.gov/clean-air-act-overview/clean-air-act-requirements-and-history.

60. H. Ritchie, *How the World Eliminated Lead from Gasoline*, disponibile online presso *Our World in Data*, 11 gennaio 2022: ourworldindata.org/leaded-gasoline-phase-out.

61. H. Ritchie, *Lead Exposure Has Fallen Dramatically in the United States Since the 1970s*, disponibile online presso *Our World in Data*, 25 settembre 2024: ourworldindata.org/data-insights/lead-exposure-has-fallen-dramatically-in-the-united-states-since-the-1970s.

62. S.n., *Asteroid (2511) Patterson*, disponibile online presso *3D Asteroid Catalogue*, ultimo aggiornamento datato 24 agosto 2021: 3d-asteroids.space/asteroids/2511-Patterson.

63. J.A. Foley *et al.*, *Solutions for a Cultivated Planet*, «Nature», 478, 7369, 2011, pp. 337-42: doi.org/10.1038/nature10452.

64. H. Ritchie, *How Much of the World's Land Would We Need in Order to Feed the Global Population with the Average Diet of a Given Country?*, disponibile online presso *Our World in Data*, 3 ottobre 2017: ourworldindata.org/agricultural-land-by-global-diets.

65. M. Saunois *et al.*, *Global Methane Budget 2000-2020*, «Earth System Science Data», 2025, versione preprint accettata per la pubblicazione: doi.org/10.5194/essd-2024-115.

66. H. Tian *et al.*, *A Comprehensive Quantification of Global Nitrous Oxide Sources and Sinks*, «Nature», 586, 7828, 2020, pp. 248-56: doi.org/10.1038/s41586-020-2780-0.

67. N.L. Harris *et al.*, *Global Maps of Twenty-First Century Forest Carbon Fluxes*, «Nature Climate Change», 11, 3, 2021, pp. 234-40: doi.org/10.1038/s41558-020-00976-6.

68. M. Weisse, E. Goldman e S. Carter, *Forest Pulse 2024*, disponibile online presso il sito del World Resources Institute, 4 aprile 2024: gfr.wri.org/latest-analysis-deforestation-trends. Art. reintitolato *Fires Drove Record-breaking Tropical Forest Loss in 2024* e aggiornato da E. Goldman, S. Carter e M. Sims il 21 maggio 2025 [*N.d.T.*].

69. W.T. Ball *et al.*, *Stratospheric Ozone Trends for 1985-2018: Sensitivity to Recent Large Variability*, «Atmospheric Chemistry and Physics», 19, 19, 2019, pp. 12731-48: doi.org/10.5194/acp-19-12731-2019.

70. M.J. Molina e F.S. Rowland, *Stratospheric Sink for Chlorofluoromethanes: Chlorine Atom-Catalysed Destruction of Ozone*, «Nature», 249, 5460, 1974, pp. 810-12: doi.org/10.1038/249810a0.

71. M.O. McLinden e M.L. Huber, *(R)Evolution of Refrigerants*, «Journal of Chemical and Engineering Data», 65, 9, 2020, pp. 4176-93: doi.org/10.1021/acs.jced.0c00338.

72. J.W. Elkins, *Chlorofluorocarbons (CFCs)*, in *The Chapman & Hall Encyclopedia of Environmental Science*, a cura di D.E. Alexander e R.W. Fairbridge, Kluwer Academic, Boston (Mass.) 1999, pp. 78-80.

73. Molina e Rowland, *Stratospheric Sink for Chlorofluoromethanes* cit.

74. P.J. Crutzen, *Estimates of Possible Future Ozone Reductions from Continued Use of Fluoro-Chloro-Methanes* (CF_2Cl_2, $CFCl_3$), «Geophysical Research Letters», 1, 5, 1974, pp. 205-08: doi.org/10.1029/GL001i005p00205.

75. S. Solomon *et al.*, *On the Depletion of Antarctic Ozone*, «Nature», 321, 6072, 1986, pp. 755-58: doi.org/10.1038/321755a0.

76. S.n., *The Nobel Prize in Chemistry 1995: Press Release*, disponibile online presso NobelPrize.org, 11 ottobre 1995: www.nobelprize.org/prizes/chemistry/1995/press-release.

77. S.n., *Montreal Protocol*, disponibile online presso Dupont.com, s.d.: www.dupont.com/position-statements/montreal-protocol.html. La versione della pagina web datata luglio 2022 e consultata il 28 marzo 2025 non contiene dati in merito e sembra essere stata sottoposta a *greenwashing*, ossia la «strategia di comunicazione o di marketing perseguita da aziende, istituzioni, enti che presentano come ecosostenibili le proprie attività, cercando di occultarne l'impatto ambientale negativo»; da *Neologismi* (2021), disponibile online presso il sito Treccani.it: www.treccani.it/vocabolario/greenwashing_%28Neologismi%29 [*N.d.T.*].

78. J. Maxwell e F. Briscoe, *There's Money in the Air: The CFC Ban and DuPont's Regulatory Strategy*, «Business Strategy and the Environment», 6, 5, 1997, pp. 276-86: doi.org/10.1002/(SICI)1099-0836(199711)6:5%3C276::AID-BSE123%3E3.0.CO;2-A.

79. Nonostante il titolo ufficiale possa trarre in inganno, gli ambiti del segretario degli Interni del governo statunitense riguardano ambiente e territorio [*N.d.T.*].

80. R. Gillette, *Suggests Wearing Hats, Sunscreen Instead of Saving Ozone Layer: Hodel Proposal Irks Environmentalists*, «Los Angeles Times», 30 maggio 1987: www.latimes.com/archives/la-xpm-1987-05-30-mn-3572-story.html.

81. V. Kiernan, *Leave Ozone Hole to Nature, Say Republicans*, «New Scientist», 30 settembre 1995: www.newscientist.com/article/mg14719971-200-leave-ozone-hole-to-nature-say-republicans.

82. S.n., *About Montreal Protocol*, disponibile online presso il sito dello UN Environment Program, s.d.: www.unep.org/ozonaction/who-we-are/about-montreal-protocol.
83. S.E. Strahan e A.R. Douglass, *Decline in Antarctic Ozone Depletion and Lower Stratospheric Chlorine Determined from Aura Microwave Limb Sounder Observations*, «Geophysical Research Letters», 45, 1, 2018, pp. 382-90: doi.org/10.1002/2017GL074830.
84. R. Goyal *et al.*, *Reduction in Surface Climate Change Achieved by the 1987 Montreal Protocol*, «Environmental Research Letters», 14, 12, 2019, 124041: doi.org/10.1088/1748-9326/ab4874.
85. P.J. Young *et al.*, *The Montreal Protocol Protects the Terrestrial Carbon Sink*, «Nature», 596, 7872, 2021, pp. 384-88: doi.org/10.1038/s41586-021-03737-3.

9. *Amore*

1. Cit. adattata da C. Sagan, *Contact*, trad. it. di F. Ascari, Rizzoli, Milano 1997, p. 393 [*N.d.T.*].
2. H.P. Huntington *et al.*, *Alaska*, in *Fifth National Climate Assessment*, a cura di A.R. Crimmins *et al.*, US Global Change Research Program, Washington D.C. 2023: doi.org/10.7930/NCA5.2023.CH29.
3. S.n., *Star Basics*, NASA: science.nasa.gov/universe/stars.
4. J.R. Gott III *et al.*, *A Map of the Universe*, «The Astrophysical Journal», 624, 2, 2005, pp. 463-84: doi.org/10.1086/428890.
5. S.n., *Atoms and Their Sizes*, dal sito dell'American Museum of Natural History, s.d.: www.amnh.org/exhibitions/permanent/scales-of-the-universe/atoms.
6. Water Science School, *How Much Water is There on Earth?*, dal sito dello U.S. Geological Survey, 13 novembre 2019: www.usgs.gov/geology-and-ecology-of-national-parks/geology-yosemite-national-park.
7. P. Friedlingstein *et al.*, *Global Carbon Budget 2023*, «Earth System Science Data», 15, 12, 2023, pp. 5301-69: doi.org/10.5194/essd-15-5301-2023.
8. L'autrice fa qui nuovamente riferimento all'inno *Jerusalem* («Gerusalemme») composto dal visionario poeta e artista inglese William Blake (1757-1827), dove vengono ricordati gli *England's pleasant pastures* (i «piacevoli pascoli dell'Inghilterra»). In origine il componimento rappresentava la prefazione all'opera di Blake intitolata *Milton: A Poem in Two Books* e fu messo in musica poco più di un secolo dopo da Hubert Parry [*N.d.T.*].
9. S.n., *So, You Own a Woodland? An Introductory Guide to Woodland Management*, disponibile online presso il sito della Royal Forestry Society, 2015:

rfs.org.uk/wp-content/uploads/2021/05/7.-A-Brief-History-of-British-Woodlands.pdf.

10. R. Seage *et al.*, *Is the Gulf Stream Responsible for Europe's Mild Winters?*, «Quarterly Journal of the Royal Meteorological Society: A Journal of the Atmospheric Sciences, Applied Meteorology and Physical Oceanography», 128, 586, 2002, pp. 2563-86: doi.org/10.1256/qj.01.128.

11. Il passaggio rimanda tacitamente al noto componimento del poeta statunitense Walt Whitman (1819-92) con il quale l'autrice ha aperto il suo libro: «Mi contraddico, forse? Molto bene, allora mi contraddico (Sono vasto, contengo moltitudini». I versi citati sono contenuti nella poesia *Song of Myself* («Il canto di me stesso»), pubblicata originariamente senza titolo nella raccolta *Leaves of Grass* («Foglie d'erba», 1ª ed. 1855) [*N.d.T.*].

12. A. Nesbitt *et al.*, *Impact of Recent Climate Change and Weather Variability on the Viability of UK Viticulture – Combining Weather and Climate Records with Producers' Perspectives: Climate and Weather Impacts on UK Viticulture*, «Australian Journal of Grape and Wine Research», 22, 2, 2016, pp. 324-35: doi.org/10.1111/ajgw.12215.

13. S.n., *UK Climate Projections (UKCP)*, disponibile online presso il sito del MET Office, s.d.: www.metoffice.gov.uk/research/approach/collaboration/ukcp.

14. S.n., *Research and Analysis: Heat Mortality Monitoring Report: 2022*, disponibile online presso la pagina UK Health Security Agency del governo inglese: www.gov.uk/government/publications/heat-mortality-monitoring-reports/heat-mortality-monitoring-report-2022, consultata il 1° ottobre 2024. Pagina aggiornata il 3 aprile 2025 [*N.d.T.*].

15. Sul riferimento poetico a moltitudini e contraddizioni si veda la nota 11 di questo capitolo [*N.d.T.*].

16. L'autrice richiama qui le Norne della mitologia norrena, che avevano ruoli e funzioni in parte simili a quelli delle Moire nella mitologia greca e delle Parche in quella romana, e che compaiono, trasfigurate in tre streghe, nel *Macbeth* di Shakespeare [*N.d.T.*].

Nuovi Saggi Bollati Boringhieri

Mark Miodownik

Gassss...

Le sostanze sublimi che pervadono il mondo

Apparentemente, il nostro mondo è fatto di cose che possiamo toccare e sentire, come sedie, libri, tazze di tè. Eppure esiste una classe di materiali invisibili che ci circonda e ci pervade: sono i gas. Ogni giorno una persona media inala dodici chili d'aria, una miscela che non solo ci sostiene, ma rende abitabile il pianeta. Nello spazio, i gas danno vita alle stelle; sulla Terra, influenzano l'umore, la salute e persino il comportamento degli esseri umani: fumi, vapori, umidità, profumi e tossine giocano un ruolo straordinario nelle nostre vite. Tuttavia, per la maggior parte del tempo, trascuriamo le meraviglie dei gas.
Con uno stile brillante e inconfondibile, Mark Miodownik ci svela i segreti di queste sostanze antiche e potenti, che hanno plasmato la vita sulla Terra. Dai vapori che i popoli del passato attribuivano agli dèi, alle valvole d'aria che ci hanno regalato biciclette, automobili e scarpe da ginnastica, fino alla crisi climatica alimentata dall'anidride carbonica, questo libro ripercorre la storia dei gas e delle invenzioni che hanno rivoluzionato la modernità.
In un viaggio che unisce scienza, storia e curiosità, Miodownik esplora il lato esilarante, terrificante e sorprendente dei gas, ricordandoci che spesso sono proprio le forze più invisibili quelle che danno forma al nostro mondo.

Bollati Boringhieri

Nuovi Saggi Bollati Boringhieri

Julian Treasure

Ascoltare il mondo

Come il suono influenza le nostre vite e il nostro benessere

Tutti i giorni i suoni influenzano ogni aspetto della nostra esperienza e modificano radicalmente la qualità della nostra vita. L'udito è il primo senso che sviluppiamo nel grembo materno, ed è il senso primario di allarme, profondamente radicato nel nostro cervello. Eppure, in un mondo sempre più rumoroso e distratto, prestiamo sempre meno attenzione ai suoni che ci circondano e abbiamo perso contatto con la nostra abilità di ascolto. Vivendo per lo più in rumorose metropoli, miliardi di persone non sperimentano mai nella loro vita i suoni del mondo naturale, che sono ricchi di sfumature e benefici per la salute fisica e mentale.
Julian Treasure ci accompagna in questo viaggio alla riscoperta delle meraviglie del suono, mostrandoci quanto sia potente il suo impatto su di noi, indipendentemente dal fatto che vi prestiamo attenzione o meno. In queste pagine scopriremo che oltre agli animali e agli uomini, anche il cosmo emette suoni, così come la Terra, le cellule del nostro corpo e le piante di una foresta. La ricca audioteca associata al libro, accessibile al sito www.soundaffectsbook.com, fornisce molti esempi memorabili. Siamo letteralmente immersi in un'immensa sinfonia e saperla ascoltare può davvero cambiarci la vita.

CELVM STELLATVM

Bollati Boringhieri